互联网监管与
网络道德建设

主　编　傅思明　李文鹏　钱　刚

国家行政学院出版社

图书在版编目（CIP）数据

互联网监管与网络道德建设 / 傅思明，李文鹏，钱刚主编.
—北京：国家行政学院出版社，2012.12
ISBN 978 - 7 - 5150 - 0570 - 6

Ⅰ.①互…　Ⅱ.①傅…　②李…　③钱…　Ⅲ.①互联网
络—监管制度—研究 ②互联网络—道德规范—研究　Ⅳ.
①TP393

中国版本图书馆 CIP 数据核字（2012）第 317807 号

书　　名　互联网监管与网络道德建设
主　　编　傅思明　李文鹏　钱　刚
责任编辑　沈桂晴
出版发行　国家行政学院出版社
　　　　　（北京市海淀区长春桥路 6 号　　100089）
　　　　　（010）68920640　68929037
　　　　　http://cbs.nsa.gov.cn
编 辑 部　（010）68928789
经　　销　新华书店
印　　刷　河北育新印刷有限公司
版　　次　2013 年 3 月北京第 1 版
印　　次　2014 年 4 月第 5 次印刷
开　　本　880 毫米×1230 毫米　32 开
印　　张　10
字　　数　294 千字
书　　号　ISBN 978 - 7 - 5150 - 0570 - 6
定　　价　28.00 元

加强互联网信息管理

提高网络社会管理水平

（代前言）

互联网在我国日益普及，使得网络向社会生活的渗透明显提速。网上学校、商场、图书馆、医院、银行、证券、电影院、音乐厅大量增加，互联网服务形式和内容从深度和广度上不断扩展，人们足不出户就可以自由轻松地在网上进行办公、娱乐、购物、教育等活动。互联网不仅提升了人们的生活质量和工作效率，而且改变了人们的生活、工作和思维方式，它已经开始从最初的辅助性工具逐渐成为很多人日常生活、工作和学习的重要组成部分，甚至已经形成了一个有别于现实社会的网络社会。

网络社会是现实社会在互联网上的延伸，网络社会管理创新是社会管理创新的全新领域。中国互联网信息中心最新统计数据显示，截至 2012 年 6 月底，中国网民数量达到 5.38 亿人，互联网普及率为 39.9％，在普及率达到约四成的同时，中国网民增长速度延续了自 2011 年以来放缓的趋势，2012 年上半年网民增量为 2450 万，普及率提 1.6 个百分点。[①] 如何为数亿网民提供一个绿色、文明的网络环境，是我国政府和社会必须面对的新课题。胡锦涛同志就加强网络文化建设和管理提出五项具体要求：一是要坚持社会主义先进文化的发展方向；二是要提高网络文化产品和服务的供给能力，提高网络文化产业的规

---

① 中国互联网络信息中心：《中国互联网络发展状况统计报告》，2012 年 6 月 15 日。

模化、专业化水平；三是要加强网上思想舆论阵地建设，掌握网上舆论主导权；四是要倡导文明办网、文明上网，净化网络环境；五是要坚持依法管理、科学管理、有效管理，综合运用法律、行政、经济、技术、思想教育、行业自律等手段，加快形成依法监管、行业自律、社会监督、规范有序的互联网信息传播秩序，切实维护国家文化信息安全。互联网的建设需要通过各方共同努力。加强互联网信息的管理，扩大我国宣传思想工作的阵地及社会主义精神文明的辐射力和感染力，是增强我国软实力的重要手段。由于互联网形成的网络社会具有不同于现实社会的特征，使得这个网络社会管理不断面临有别于传统现实社会管理的新问题和挑战。加强网络社会管理的主要目的在于，通过网络社会的有效管理，保障网络社会的良性运行，从而确保我国整体社会管理的有效推进。由此，为了适应网络社会管理的需要，必须在理念、制度、方式等方面创新。党的十八大报告明确提出："加强和改进网络内容建设，唱响网上主旋律。加强网络社会管理，推进网络依法规范有序运行。"加强网络社会管理与创新，必须进一步提高对网络社会的认识，注重研究网络社会的内在规律，依法保证网络健康有序发展，真正实现互联网的可管可控，做到趋利避害、为我所用。

一、网络社会的特性

网络社会是一种崭新的社会形态，与现实社会相比，具有网络化、信息化、数字化等特征。它是一种新型的、水平的、横向的、多维度的、复杂的网络结构，改变了传统的、垂直的、等级的、单维度的、简单的结构。更为重要的是，网络社会运动的扩展，使社会生活方式日益从行政管理型、政府主导型、政治动员型向社会自我组织型、草根型、公民社会型转变，这就对我们现有的社会管理方式提出了新的要求。网络社会的"主体虚拟性"既有利于人的个性全面发展，也容易助长很多在现实生活中不敢从事的不良行为。一方面，网络社会的"主体虚拟性"可以帮助任何人做回真实的自己，彰显个性，全面成长；另一方面，这种"隐身效应"也使得某些人在虚拟的伪装下,为所欲为,挑起各种社会矛盾,侵犯他人合法权利,而不易受到应有的惩罚。

网络社会的"无中心性",使得社会成员的交往趋向平等化。网络社会是民主的天然平台,从网络结构上看,任何网络上的节点彼此间都具有相同的网络地位,这造成了两方面的影响:一方面,冲击了政府或任何组织信息中心的地位。从理论上讲,由于网络平行的信息传输方式,打破了现有权力结构自上而下的控制方式,使任何权威在网络上,都只能采用对话而非广播的传递方式,对话是为了增进理解,只有在增进理解、产生互信之后才能有效地传达信息。另一方面,也使得任何个人或组织都有可能通过网络,实现全球范围内的信息传递。网络社会的"偶发性"、"盲目性",使得爆发网络群体性事件的概率大大增加,使得政府对于网络议题的设置更加不易。传播学上的"蝴蝶效应"在网络社会可以得到最好的体现,任何一条网民不经意间发到网络上的信息,都可能引发一场网民的集体行动,在社会上引起轩然大波。谁也无法预料明天将会发生什么网络事件。在网络上形成的社会运动中,虽有发起者有意挑动的,但更多的是网民无序的网络行动形成的。许多网络社会运动在人们的感觉中几乎是瞬间形成的,它的孕育和发展过程往往在网络技术平台支撑下迅速完成。

二、目前网络社会存在的问题

网络社会的形成,为促进社会信息的交流、扩展社会交往、提升社会互助、加强社会参与,发挥了十分重要的作用。但是,网络社会并非一个"理想王国"和"洁净天地",它同样存在许多现实社会中常见的社会问题,甚至衍生出一些现实社会中少见的社会困扰:一是数字鸿沟问题。互联网信息化的发展,网络社会的形成,在一定程度上造成了一种新的社会区隔,这就是能够上网的人和不能上网的人之间的社会区隔。这明显地加剧了社会分化和区隔状况。二是互联网信息混杂。在互联网时代,人们在充分享受信息传递自由的同时,各种各样杂乱无章的信息也开始生成、积累、传播和泛滥,由此形成了一种严重的信息公害,这就是网上信息污染或网上信息环境污染。三是网络失范现象相当严重。所谓网络失范现象指人们在网络空间中采取不符合社会规范的、不合法的手段去实现自己目标的社会现象。四是互联网欺诈犯罪日益猖獗。五是网络群体性事件时有发生。网络群体性事件是人们利用网络,在网络社会中发起的群体性行为。六是网瘾群体非常庞大。由于网络空间的无限性、网络游戏的沉迷性、网上不良信息的诱导性,部分网民沉溺于网络而不能自拔,形成了所谓的网瘾群体。七是网络社会管理薄弱,主要表现在管理机关过多,相关法律制度不完善。

三、互联网监管的重要性

网络技术发展一日千里,网络对社会生活的全方位渗透使得网络失序及其治理越来越受到更为普遍的关注。网络主体滥用网络自由是造成网络失序的直接原因。互联网信息发布、传递的高效率与低成本往往使得网络用户对网络行为正当性的关注显著降低,网络用户对自身在网络上实施的行为表现出来的负责态度远远不及现实生活中的实际行为。网络主体种种不恰当甚至不合法的行为扰乱了正常的网络秩序,影响其他网络主体对网络的正常合理使用,严重侵犯他人合法权益,对青少年形成不良诱导,乃至违反国家刑事法律。法国伟大的启蒙思想家、法学家孟德斯鸠在其《论法的精神》一书中指出:"自由是做法律所许可的一切事情的权利。如果一个公民能够做法律禁止的事情,他就不再自由了,因为其他人也同样会有这个权利。"网络自由的维护需要网络各参与主体遵循合理的行为规范,尊重他人权利。任何一个不当网络行为都会对其他网络行为主体的权益构成侵害,从整体意义上讲,也是对自身权益的一种破坏。只有网络行为得到规范,网络失序现象才能得到缓解乃至消除,真正的网络自由才能实现。

（一）网络监管是互联网发展的需要

在互联网发展初期，国际社会普遍以不加干预、鼓励发展为主态度，我国也不例外。但互联网经过十几年的快速发展，这种无序状态也暴露出越来越多的弊端和缺陷，如利用互联网进行诈骗、盗窃；通过网络造谣、诽谤，侵犯他人隐私或名誉；煽动颠覆国家政权，破坏国家统一；利用互联网窃取、泄露国家机密或军事秘密；利用互联网组织邪教组织破坏社会稳定；利用网络传播淫秽影片、图片等。如果任由互联网自行发展，这些不良现象势必会给整个社会带来非常多的负面影响。由于行业自律和道德规范的非强制性和内部自律性，仅仅依靠互联网自身的调节功能已不能满足现实管理的需求。因此，政府在积极推进互联网的行业自律建设和网民的道德建设的同时，还需要通过法律对其加以规范。

（二）网络监管是互联网安全的需要

由于互联网信息化程度的日益加深，不论是人们生产、生活，还是国家机关、各种社会组织进行社会管理、提供社会服务以及网络社会自身的有序运转，都与信息网络越来越紧密地连在一起；不论是发展社会经济，还是进行政治外交、国防军事等活动，都越来越依赖互联网信息系统。现如今，互联网信息系统已经成为一国经济、政治、文化和社会活动的神经中枢和基础平台，如果一个国家的能源、交通、金融、通信、国防军事等关系国计民生和国家核心利益的关键基础设施所依赖的网络信息系统遭到破坏，而处于无法运转或失控状态，将可能导致国家通信系统中断、金融体系瘫痪、国防能力严重削弱，甚至会引起经济崩溃、政治动荡、社会秩序混乱及国家面临生存危机等严重后果。因此，网络信息的安全问题是国家安全的重要组成部分，信息安全不论是网络数据安全还是网络内容上的安全都需要政府的依法监管。

（三）网络监管是现实社会的需要

网络社会虽与现实社会有一定的区别，但两者却存在着千丝万缕的联系：网络社会由现实社会所产生，是与现实社会相互作用的产物，现实社会决定和制约着网络社会的发展，网络社会反过来又对现实社会造成影响。现实社会的结构、关系、运行状态和环境条件，决定和制约着网络社会的形成和发展；网络社会并非是完全虚拟的，其实质还是人们现实中的活动在网络上的延伸和扩展。例如，随着互联网不良信息的传播，一些被其所吸引的网络用户逐渐接受了这些不良信息的负面价值取向，并把网络社会这些错误的价值观带进了现实社会，其不良行为必然严重扰乱现实社会的秩序。如色情信息不仅败坏了网络社会的风气，污染了现实社会的环境，而且声像、图文并茂的色情信息更能够刺激人的性欲，一些不能进行自控的人，很可能走上违法犯罪的道路。特别是色情信息会对未成年人的心理、人格产生很大的负面影响。暴力信息更能够诱发人们的好斗情绪，在现实生活中可能为一点小事就大打出手，扰乱社会治安秩序。赌博信息使得一些人常年沉溺于赌博之中而不能自拔，不但使自己走入了歧途，而且可能会破坏一个健康的家庭，给家人带来伤害。这些不良信息的发布、传播给社会秩序造成极其恶劣的影响。因此，网络监管不但是维护良好的互联网秩序的需要，归根到底也是维护整个社会良好秩序的需要。

（四）网络监管是世界各国的共同选择

网络监管已成为所有国家政府和民众的共识。作为国家利益和公众利益的代表，各国政府积极介入互联网管理，成立专门机构，促进立法和执法，敦促行业自律，推动公众教育，并开展国际合作。如美国自 1978 年以来，先后出台 130 多项涉及互联网管理的法律法规，包括联邦立法和各州立法。尤其在互联网飞速发展的 1996 年，美国出台了《电信法》，明确将互联网世界定性为"与真实世界一样需要进行管控"的领域，它主要涉及保护国家安全、未成年人、知识产权及计算机安全四个方面，明确规定，不允许利用互联网宣扬恐怖主义、侵犯知识产权、向未成年人传播色情信息，以及从事其他违反美国法律的行为。

2010年6月24日,美国国会参议院国土安全与政府事务委员会通过对2002年国土安全法案的修正案《将保护网络作为国家资产法案》。修正案规定联邦政府在紧急状况下,拥有绝对的权力来关闭互联网,再次扩大了联邦政府在紧急状况下的权力。这只是目前美国政府对互联网限制的第一步,第二步是运营网站须经政府许可以及个人身份信息验证。英国主要是建立了一个叫"互联网监看基金会"的机构。这是一个由政府牵头成立的互联网行业自律组织,多年来在打击网络色情等方面作出了突出贡献,也为英国互联网管理探索出一个良好的行业自律模式。法国早在2006年就通过了《信息社会法案》,旨在加强对互联网的"共同调控",在给人们提供自由空间和人权自由的同时,充分保护网民的隐私权、著作权以及国家和个人的安全。新加坡是世界上推广互联网最早和互联网普及率最高的国家之一,也是在网络管理方面最为成功的国家之一。新加坡从立法、执法、准入以及公民自我约束等方面加强网络管理,在确保国家安全及社会稳定的前提下,最大限度地保障网民的网络遨游权利。韩国是世界上互联网最发达、普及率最高的国家之一,也是世界上首个强制实行网络实名制的国家。经过多年的发展和完善,韩国目前已通过立法、监督、管理和教育等措施,对邮箱、论坛、博客,甚至网络视频和游戏网站等实行了实名制管理。在韩国,要想在网上"发言"、申请邮箱或注册会员,都会事先被要求填写真实姓名、身份证号、住址等详细信息,系统核对无误后,才能提供相应的账号。

四、加强网络道德建设的重要性

网络道德问题的产生特别是网络道德失范行为的频频出现,不仅妨碍了网民个人正常的网络社会生活,而且也破坏了整个网络社会的生产、生活秩序,并在一定程度上影响了网络社会正常发展的进程。从网络社会种种社会公共事件可以看出,大多负面社会现象的出现都是由网络道德问题而引起的,其原因正是由于传统的社会道德及其运行机制在网络社会中并不完全适用,而网络社会主体对网络道德建设又不够重视,以致一些落后、低俗、腐朽、没落的思想价值观在网络社会中逐渐形成、扩散,导致网络道德失范现象频频出现,最终这些网络不良思想及网络失范行为影响了人们的身心健康,破坏了正常的经济秩序和社会秩序,甚至危害了国家改革发展的稳定大局。与此同时,随着网络技术的不断发展、网络社会化普及程度的提高,网络道德在网络社会生活中所起的作用越来越重要。所以,加强网络道德建设、增强网络主体的道德意识已成为网络社会发展的一项紧迫而长期的任务。

(一)网络道德建设是维护网络社会健康有序发展的需要

任何社会都只有在一定的秩序中才能正常运转,"网络社会"作为人类社会生活的一个领域也同样如此。为了维持网络的正常秩序,保障网络社会的健康有序运行,使网络技术更好地为人类服务,就必须形成相应的社会管理系统,以克服或避免上述网络道德问题。网络社会虽然是建立在现代计算机通信技术进步的基础上的,但技术本身不能解决社会的一切问题,许多问题超出技术范围之外,在很大程度上是伦理道德问题。因此,在维持网络社会秩序的社会管理系统中,法律和道德是两种不可或缺的力量。对网络社会的治理来说,法律和道德是相辅相成、相互促进的。法律是通过强制性的手段,来约束和调节人们的行为。没有法律的约束,网络社会的秩序不可能得到维护,人们的利益不可能得到切实的保障。"子曰:道之以政,齐之以刑,民免而无耻;道之以德,齐之以礼,有耻且格。"这是孔子在《论语·为政》篇里的一段话,大意是:"用行政命令来治理国家,制定相应的刑法,人们虽然想到免于刑罚,但还不能从心理上想到犯罪是可耻的;以道德来治理国家,以礼仪规范来约束百姓,人们就会有耻辱之心,并且知道如何遵守规矩。"道德凭借社会舆论、疏导沟通等方式,通过唤起人们内在的理性和良心来发挥作用。没有道德作用的发挥,"徒法不足以自行",不仅网络社会的秩序不可能得到维持,而且网络违法犯罪行为的思想根源也不可能得以根除。只有"道之以德,齐之以礼"才能够增强网民的道德意识,使其自觉地遵守网络道德,从而避免网络活动中的不道德行为。因此,要保障网络的正常、有序运行,除了依法治网,加强网络法制建设外,还要以德治网,加强网络道德建设。

(二)网络道德建设是社会精神文明建设的需要

社会主义思想道德建设与精神文明建设在我们国家的政治生活中占有非常重要的位置。早在1982年9月中国共产党第十二次代表大会时,邓小平就在开幕词中提出了20世纪末近20年内的四件工作,其中之一就是建设社会主义精神文明。党的十二大报告中,系统阐述了精神文明内容及其重要性,报告指出,我们在建设高度物质文明的同时,一定要努力建设社会主义精神文明,这是建设社会主义的一个战略方针问题,它关系到社会主义的兴衰和成败。在之后的党的十三大至十八大都把社会主义精神文明建设放在极其重要的地位,指出没有高度的精神文明就不能称其为社会主义。从总体上说,社会主义精神文明建设包括思想道德建设和教育科学文化建设两个方面。而在全部工作中,思想道德建设是中心环节。思想道德建设决定着精神文明建设的性质,思想道德建设为我们整个民族树立坚实的精神支柱,提供强大的精神动力。

互联网的迅猛发展,已经使其成为传播思想文化的新阵地和开展舆论斗争的新舞台。这既为我们加强思想道德建设提供了现代化手段,又为我们拓展了思想道德建设的新的工作渠道。一方面,网络为精神文明建设提供了新的发展机遇,互联网信息传播快速、时间空间无界限的特点加快了我国社会主义核心价值体系的传播速度,扩大了社会主义核心价值体系的辐射面,而网络受众面广的特点又增强了我国的社会主义政治文明、经济文明、社会文明、生态文明等文明价值观的普及力度,促进了社会主义意识形态的传播和社会主义新人的培育;另一方面,互联网的发展在带来契机的同时,也带来了挑战。网络匿名、虚拟的特点,使一些垃圾文化泛滥,多元价值观念的传播也在不断冲击着我们的主流价值观念,社会突发事件在网上舆论的发酵和放大,也增加了社会的不稳定因素。而且,西方发达国家也把互联网作为传播资本主义思想观念、进行文化渗透的便宜工具。因此,我们必须充分认识到互联网对我国精神文明建设来说,是一柄双刃剑。我们必须重视互联网发展过程中的网络道德建设问题,抓住机遇,迎接挑战,才能在新的国际政治经济环境和技术文化环境下更好地建设我国社会主义的精神文明。

(三)网络道德建设是个人全面发展的需要

一个道德发展程度越高的社会,也必将是一个人与社会的自由全面发展程度越高的社会。网络社会的形成,为人与社会的自由全面发展提供了巨大的可能性。互联网使人们的工作方式和生活方式发生了革命性的变化,人们可以在家工作,网上购物,足不出户就能满足日常需要,一些个人化的个性需要也能够得到满足。互联网极大地提高了劳动生产率,满足了人的全面发展所需要的各种消费需求,丰富了社会物质财富,并且把人从繁重的体力劳动和脑力劳动中逐步解放出来,缩短了人的劳动时间,人的全面发展所需的自由时间也就相应增加了。网络社会的建立必将引起人们社会生活方方面面的变革。这种变革将给人带来充足的自由时间和发展空间,将会促进人的个性的全面发展,将大大有利于人的自我实现,将有利于人的社会关系的全面发展。可以说,这些都是互联网对人的全面发展的促进作用。但是,互联网的发展是一柄"双刃剑"。在促进个人全面发展的同时,互联网同样给网络社会带来了相当多的道德问题。而最终解决这些道德问题,规范人的网络道德行为,必须依靠适应网络社会伦理要求的网络道德。网络道德在网络社会中不断规范每一位网络成员的道德行为,互联网的发展只是为网络成员的全面发展提供了可能性,而网络道德则具体地规范、引导网络人不断走向自由全面发展。

五、网络社会管理的发展趋势

（一）高度重视网络社会的管理

网络社会是与现实社会结合在一起的。所有参与网络的人都生活在现实中,网络社会中的行为会深刻影响现实生活。由此,对网络社会的管理是世界各国通行的做法,没有哪个国家会对网络世界中的行为放任不管。面对网络社会的发展,要提高社会管理水平,必须把对虚拟社会与现实社会的管理统筹起来。比如,化解社会矛盾是加强社会管理的主要基础性工作,而现实的社会矛盾大都会在网上有所反映,这一方面有利于了解矛盾所在与群众关切;另一方面,社会矛盾容易在网上集中和扩散,形成较大范围的情绪对立,如果不能有效应对,必将影响现实社会中矛盾的化解。由于我们原有的社会管理体系是建立在对现实社会管理需要的基础上,要统筹管理网络社会与现实社会,必然要在原有的社会管理体系、思路、队伍等方面进行创新,以适应网络社会与现实社会管理的需要。

（二）树立网络社会管理的正确理念

网络社会是一种基于网络技术的发展而形成的新的社会场域与社会形态,加强网络社会管理必须坚持积极利用、科学发展、依法管理、确保安全的基本政策,深刻认识和准确把握网络社会管理规律,既要防止"一放就乱",又要避免"一管就死",切实提高整个社会管理的科学化水平。为此,首先应当树立网络社会管理的正确理念。一是"执政为民"与"信息公开"理念。执政者如果不想着为人民服务,遇到问题肯定绕着走,而现代信息传播的速度与广度与传统社会完全不同了,政府在信息提供方面不作为,人们可以从许多渠道,包括网络渠道寻找信息,而网络信息有可能存在模棱两可和不确定性,于是在危机事件发生时,可能导致社会混乱。二是"疏导信息"与"公开对话"理念。没有不好的问题,只有不好的回答。现在我们缺少的,就是像有些报纸评论版那样有能力即时回应各种热点问题的互联网时政评论员。三是"社会减压阀"与"网上统一战线"理念。网络传播具有颠覆性的一面,但也是活跃思想的社会减压阀。网络意见把民众的不满分散到一个又一个新闻事件当中,分散地释放了怨气,避免了把社会不满凝结在某个断裂带上。对待这些意见,要诚实引导,求同存异,聚同化异,可以在一定限度内意见多样化。

(三)提高网络社会管理水平

党的十八大报告明确提出:"要围绕构建中国特色社会主义社会管理体系,加快形成党委领导、政府负责、社会协同、公众参与、法治保障的社会管理体制"。当前,创新社会管理体制,完善社会动员参与机制,充分发挥社会组织作用,整合社会资源,加强社会协同,构建政府主导与社会参与相结合的网络社会协同建设格局,是我国网络社会建设与管理的必然要求。

总之,网络社会运动本身就是一种现实的社会运动。网络社会运动的扩展,使社会生活方式日益从行政管理型、政府主导型、政治动员型向社会自我组织型、草根型、公民社会型转变,这就对我们现有的社会管理方式提出了新的要求。在深入推进社会建设与创新社会管理的进程中,党中央提出要把对网络社会与对现实社会的管理统筹起来抓,加强互联网管理能力建设和机制创新,积极构建和谐网络社会。

傅思明

2012 年 10 月

目　录

第一章
我国互联网发展现状及其成因

在 20 世纪 80 年代中后期,中国的科研人员和学者在国外同行的帮助下,积极尝试利用互联网。在 1992 年、1993 年国际互联网年会等场合,中国计算机界的专家学者曾多次提出接入国际互联网的要求,并得到国际同行们的理解与支持。1994 年 4 月,在美国华盛顿召开中美科技合作联委会会议期间,中国代表与美国国家科学基金会最终就中国接入国际互联网达成一致意见。1994 年 4 月 20 日,北京中关村地区教育与科研示范网接入国际互联网的 64K 专线开通,实现了与国际互联网的全功能连接,这标志着中国正式接入国际互联网。

之后,中国政府先后制定了一系列政策,规划互联网发展,明确互联网阶段性发展重点,推进社会信息化进程。1993 年,中国成立国家经济信息化联席会议,负责领导国家公用经济信息通信网建设。1997年,制定《国家信息化"九五"规划和 2010 年远景目标》,将互联网列入国家信息基础设施建设,提出通过大力发展互联网产业,推进国民经济信息化进程。2002 年,颁布《国民经济和社会发展第十个五年计划信息化专项规划》,确定中国信息化发展的重点包括推行电子政务、振兴软件产业、加强信息资源开发利用、加快发展电子商务等。2002 年11 月,中国共产党第十六次全国代表大会提出,以信息化带动工业化,以工业化促进信息化,走出一条新型工业化路子。2005 年 11 月,制定了《国家信息化发展战略(2006-2020 年)》,进一步明确了互联网发展的重点:提出围绕调整经济结构和转变经济增长方式,推进国民经济信息化;围绕提高治国理政能力,推行电子政务;围绕构建和谐社会,推进社会信息化等。2006年3月,全国人民代表大会审议通过《国民经济和社会发展第十一个五年规划纲要》,提出推进电信网、广播电视网和互联网三网融合,构建下一代互联网,加快商业化应用。2007年4月,中国共产党中央政治局会议提出大力发展网络文化产业,发展网络文化信息装备制造业。2007年10月,中国共产党第十七次全国代表大会确立"发展现代产业体系,大力推进信息化与工业化融合,促进工业由大变强"的发展战略。2010年1月,国务院决定加快推进电信网、广播电视网和互联网三网融合,促进信息和文化产业发展。党的十八大报告明确提出:"建设下一代信息基础设施,发展现代信息技术产业体系,健全信息安全保障体系,推进信息网络技术广泛运用。"在中央的正确领导下,我国大力推动互联网建设和运用,互联网蓬勃发展,网络规模不断扩大,网络应用水平不断提高,网络文化不断繁荣发展,互联网已成为现代社会生产的新工具、科学技术创新的新手段、经贸商务使用的新载体、社会公共服务的新平台、大众文化传播的新途径、人们生活娱乐的新空间,成为推动经济发展和社会进步的巨大力量。

一、我国互联网发展现状和特点

(一)网民规模增长进入平台期

截至2011年12月底,中国网民数量突破5亿人,达到5.13亿人,全年新增网民5580万人。互联网普及率较2010年年底提升4个百分点,达到38.3%。总结过去五年中国网民增长情况,从2006年互联网普及率升至10.5%开始,网民规模迎来一轮快速增长,平均每年普及率提升约6个百分点,尤其在2008年和2009年,网民年增长量接近9000万人。在2011年,这一增长势头出现减缓迹象。如图1-1所示。

图 1 - 1 中国网民规模与普及率

　　当前互联网在全民中的普及率不到四成,网民增长还有十分广阔的空间,但是考虑年龄、受教育水平、收入水平等种种因素,目前我国居民中具备上网条件和技能的人已经基本转化为网民,接下来网民规模增长的难度加大。

　　年龄方面,过去五年内 10～29 岁群体互联网使用率保持高速增长,目前已接近高位,未来在这一人群的提升空间有限;而 50 岁以上人群的互联网使用率变化幅度很小;30～39 岁群体的互联网使用率逐步攀升,目前还有一定增长空间,将成为下一阶段网民增长的主要群体。如图 1 - 2 所示。

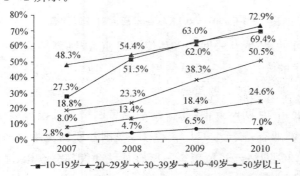

图 1 - 2　2007—2010 年中国各年龄段人群互联网普及率

学历方面,大专及以上学历人群中互联网使用率在 2011 年已达 96.1％,目前基本饱和;过去五年内高中学历人群的渗透率增长最为明显,2011 年网民比重也已经超过九成,达到 90.9％;而在小学及以下学历人群中,互联网渗透率增长始终缓慢。总之,过去五年内助推网民规模快速增长的几类人群中,互联网普及率即将触顶,而其他年龄段和教育水平的人群对互联网的接受速度很难达到年轻和高学历群体的水平,未来中国整体网民规模的增速会进入平台期,如图 1－3 所示。

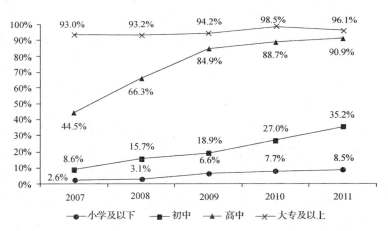

图 1－3 2007－2011 年各学历人群互联网普及率

由此可见,降低互联网接入和使用门槛,鼓励高龄人群、低学历人群等新技术的晚期接受者尝试使用互联网工具,将是下一阶段推动我国网民规模进一步扩大的重要条件。2011 年,我国政府扎实推进通信业转型发展,在互联网方面,积极推动宽带网络基础设施建设,加快发展新技术、新业态,截至 2011 年 11 月,我国互联网宽带接入用户达到 1.55 亿户,3G 网络已经覆盖全国所有县城和大部分乡镇,硬件设施的不断完备为互联网深入普及提供了良好的外部环境。①

（二）互联网基础资源稳步提升，产业初具规模

1997—2009 年，全国共完成互联网基础设施建设投资 4.3 万亿元人民币，建成辐射全国的通信光缆网络，总长度达 826.7 万千米，其中长途光缆线路 84 万千米。到 2009 年年底，中国基础电信企业互联网宽带接入端口已达 1.36 亿个，互联网国际出口带宽达866367Gbps，拥有 7 条登陆海缆、20 条陆缆，总容量超过 1600Gb。中国 99.3％的乡镇和91.5％的行政村接通了互联网，96.0％的乡镇接通了宽带。2009年 1 月，中国政府开始发放第三代移动通信（3G）牌照，目前 3G 网络已基本覆盖全国。移动互联网正快速发展，互联网将惠及更广泛的人群。

早在 2009 年中国就拥有 IPv4 地址约 2.3 亿个，成为世界第二大IPv4 地址拥有国。截至 2011 年 12 月底，我国 IPv4 地址数量增长为3.30 亿个，如图 1-4 所示。拥有 IPv6 地址 9398 块/32，如图 1-5 所示。IPv6 是下一代互联网的发展起点，其意义不仅在于解决 IPv4 时代地址资源枯竭的问题，同时 IPv6 还将成为其他技术发展的基础，支撑物联网、云计算等新兴互联网产业的发展。面对这一机遇，我国政府极为重视并积极推动相关战略的制定，2011 年 12 月，国务院常务会议研究部署加快发展我国下一代互联网产业，明确了我国发展下一代互联网的路线图，提出将在 2013 年年底前开展 IPv6 网络小规模商用，并在 2014—2015 年开展大规模部署和商用，这一规划将加速我国IPv6 及下一代互联网产业的发展步伐，提升我国在一系列新兴互联网产业中的国际竞争力。

---

① 数据来源：工业和信息化部网站 http://www.miit.gov.cn/n11293472/n11293877/n14395765/n14395861/n14396152/14404568.html.

我国域名总数为 775 万个,其中 CN 域名数止跌回升,达到 353 万个,较 2011 年 6 月上涨 0.7%。国家在 2010 年加大互联网领域的安全治理力度后,中国网站数量下降,而整体质量得以提高,在此基础上,2011 年网站数量重新开始稳步回升至 230 万个。国际出口带宽为 1389529Mbps,较 2011 年 6 月增加 17.5%。

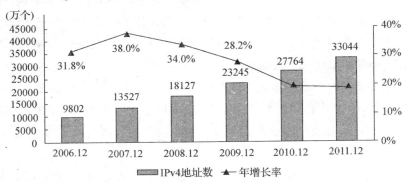

图 1-4　中国 IPv4 地址资源变化情况

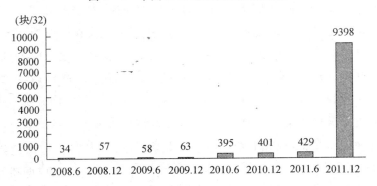

图 1-5　中国 IPv6 地址资源变化情况

除此之外,近年来中国电信、中国网通等互联网单位为支撑中国互联网发展,不断加大投入,不仅对骨干网进行了多次扩容和升级,而且加大对新技术、新业务的试验力度,打造出容量充足、结构清晰、功能齐全,能满足语音、视频、数据业务承载要求且具备差异化服务能力的综合承载网络,为新兴的互联网应用及向下一代互联网转型打下了坚实的基础。在互联网综合服务领域,中国电信、中国网通、中国移动、中国联通等基础运营企业充分发挥了主力军的作用;在信息服务领域,几大门户网站搜狐、网易、新浪等逐步脱颖而出,百度、盛大、腾讯等也开始崭露头角。我国互联网产业已初步形成以基础电信运营企业为主体、以综合性门户网站和各专业网站为辅助的,层次清晰、相互支撑、相互促进的发展格局。

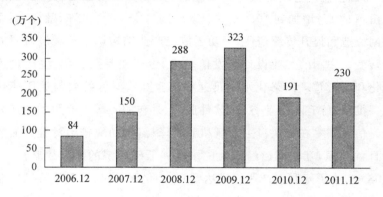

图 1-6　中国网站数量变化情况

同时,我国还大力推动电信网、广播电视网和互联网三网融合,2010 年 1 月,国务院常务会议决定加快推进三网融合,明确了时间表,三网融合已经进入实质性阶段。三网融合的发展将极大提高网络资源利用率,使人们更加方便快捷使用文字、语音、数据、图像、视频等多媒体综合业务,推动移动多媒体广播电视、手机电视、数字电视宽带上网等业务的应用,推动产业形态创新,促进文化产业、信息产业和其他现代服务业快速发展。

（三）互联网继续渗透到经济和社会活动中，力助国民经济发展和信息化进程

互联网在促进经济结构调整、转变经济发展方式等方面发挥着越来越重要的作用。互联网也日益成为人们生活、工作、学习不可或缺的工具，正对社会生活的方方面面产生着深刻影响。

互联网成为推动中国经济发展的重要引擎。包括互联网在内的信息技术与产业，对中国经济高速增长做出了重要贡献。过去十多年，中国信息产业增加值年均增速超过 26.6％，占国内生产总值的比重由不足 1％增加到 10％左右。互联网与实体经济不断融合，利用互联网改造和提升传统产业，带动了传统产业结构调整和经济发展方式的转变。中国的工业设计研发信息化、生产装备数字化、生产过程智能化和经营管理网络化水平迅速提高。互联网的发展与运用还催生了一批新兴产业，工业咨询、软件服务、外包服务等工业服务业蓬勃兴起。信息技术在加快自主创新和节能降耗，推动减排治污等方面的作用日益凸显，互联网已经成为中国发展低碳经济的新型战略性产业。2008 年，中国互联网产业规模达到 6500 亿元人民币，其中互联网制造业销售规模接近 5000 亿元人民币，相当于国内生产总值的 1/60，占全球互联网制造业销售总额的 1/10；软件运营服务市场规模达 198.4 亿元人民币，比 2007 年增长了 26％。

值得一提的是，电子商务发展非常迅速。大型企业电子商务正在从网上信息发布、采购、销售等基础性应用向上下游企业间网上设计、制造、计划管理等全方位协同方向发展。中小企业电子商务应用意识普遍提高，应用电子商务的中小企业数量保持较高的增长速度。网上零售规模增长迅速，市场逐步规范。据调查，建立了电子商务系统的大型企业已超过 50％，通过互联网寻找供应商的中小企业超过 30％，通过互联网从事营销推广的中小企业达 24％，中国网络购物用户接近

2 亿人(如图 1 - 7 所示)。我国电子商务交易总额持续增长,2009 年突破 3.6 万亿元人民币,2010 年达 4.5 万亿元人民币,而仅 2011 年上半年电子商务交易总额就已达 2010 年的 70%。随着电子商务在各领域应用的不断拓展和深化,数字认证、电子支付、物流配送等电子商务应用支撑体系正在逐步形成,创新的动力和能力不断增强,电子商务正在与实体经济深度融合,成为推动国民经济增长的新动力。

　　互联网促进了文化产业发展。网络游戏、网络动漫、网络音乐、网络影视等产业迅速崛起,大大增强了中国文化产业的总体实力。2004－2009 年,中国网络广告市场始终保持约 30% 的年均增长速度,2009 年市场规模达到 200 多亿元人民币。2009 年中国网络游戏市场规模为 258 亿元人民币,同比 2008 年增长 39.5%,居世界前列。中国网络文学、网络音乐、网络广播、网络电视等均呈快速发展态势。截至 2011 年 12 月底,中国网络游戏用户规模达到 3.24 亿人,网络文学用户规模达 2.03 亿人,网络视频用户数量增至 3.25 亿人。持续扩张的网络文化消费催生了一批新型产业,同时直接带动电信业务收入的增长。截至 2010 年 3 月,中国已有各种经营模式的上市互联网企业 30 多家,分别在美国、中国香港和中国内地上市。网络文化产业已成为中国文化产业的重要组成部分。中国政府大力推动优秀民族文化的网络化传播,实施了一系列文化资源共享工程,全国在线数据库总量达到 30 多万个,初步构建起具有一定规模的文化信息资源库群,有效满足了人们多样化的精神文化需求。①

---

① 国务院:《中国互联网状况》白皮书,2010 年 6 月 8 日。

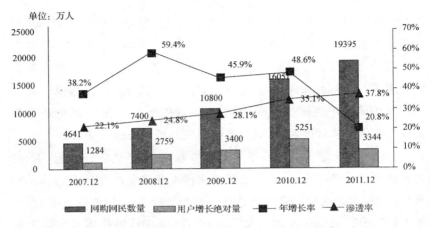

图 1-7 2007.12－2011.12 我国网购用户数量、增长率及渗透率

(四)互联网提高了政府社会管理与公共服务能力

20 世纪 90 年代中期,中国政府全面启动"政府上网工程"。2004 年 12 月,我国提出要"建立健全政府信息公开制度,加强政务信息共享,规范政务信息资源社会化增值开发利用工作",加快推进机关办公业务网、办公业务资源网、政府公众信息网和政府办公业务信息资源数据库等"三网一库"建设。2006 年 1 月,中央人民政府门户网站开通。截至 2011 年年底,中国已建立政府门户网站 5 万多个,75 个中央和国家机关、32 个省级政府、333 个地级市政府和 80％以上的县级政府都建立了电子政务网站,提供便于人们工作和生活的各类在线服务。目前,金桥、金关、金卡、金税、金卫、金财、金农、金盾、金保、金水、金质、金审"十二金"重大电子政务工程取得积极进展,医疗卫生、劳动社会保障等一系列公共服务信息投入运行。电子政务建设在增强政府行政能力和提高公共服务水平等方面发挥了重要作用。

2008 年颁布实施的《中华人民共和国政府信息公开条例》(以下简称《政府信息公开条例》)第十五条规定,"行政机关应当将主动公开的政府信息,通过政府公报、政府网站、新闻发布会以及报刊、广播、电视等便于公众知晓的方式公开"。中央政府要求各级政府建立相应制度,针对公众关注的问题,及时做出解答。各级政府正不断完善新闻发言人制度,通过包括互联网在内的各类媒体及时发布权威信息,向公众介绍相关政策的执行情况,以及自然灾害、公共卫生和社会突发事件等的处置进展。互联网在满足公众知情要求等方面的作用日益凸显。同时,党和政府高度重视互联网上的民意表达,认真解决网民反映的问题。胡锦涛同志、温家宝同志在人民网、新华网与网民亲切交流,充分体现了党中央对网络舆论的高度重视。各级政府出台重大政策前,通过互联网征求意见已成为普遍做法。互联网为党和政府把握社情民意、密切联系群众提供了便捷渠道,为党和政府实现人民意愿、满足人民需要、保护人民利益发挥了重要作用,提高了政府依法执政、科学执政、民主执政水平,推进了我国社会主义民主政治建设。

(五)互联网应用多样化

随着技术业务的不断发展和互联网的进一步普及应用,电子邮件、搜索引擎、网络银行、在线交易、网络广告、网络新闻、网络游戏、即时通信等互联网业务继续保持快速发展,并不断出现新的服务形式。互联网已经成为人们社会生活的重要工具。据抽样调查统计,2009年,中国约有2.3亿人经常使用搜索引擎查询各类信息,约2.4亿人经常利用即时通信工具进行沟通交流,约4600万人利用互联网学习和接受教育,约3500万人利用互联网进行证券交易,约1500万人通过互联网求职,约1400万人通过互联网安排旅行。而到了2011年,这些数字几乎都翻了一番。在中国,越来越多的人通过互联网获取信息、丰富知识;越来越多的人通过互联网创业,实现自己的理想;越来越多的人通过互联网交流沟通,密切相互间的关系。

与此同时,随着 Web2.0 的提出与发展,各种新的业务应用不断涌现,互联网的服务模式实现了由一对多向一对一、多对一的个性化服务模式转换;互联网内容明显增多,网民上网时间也随之增加。据统计,2011 年我国网民平均每周上网时长为 18.7 小时,甚至已经超过了世界上许多互联网发达国家和地区网民的平均上网时长,如图 1－8 所示。

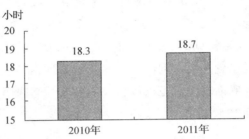

图 1－8 网民平均每周上网时长

互联网多元化趋势增强,加速向更多的行业和领域扩展。门户网站明显增多,专业化经营取得成功,不仅吸引了风险投资的加入,也促使一些门户网站开始向某一特定领域深入发展,专业网络信息服务显著增强。从行业应用角度看,信息化的全面推进为互联网的发展提供了良好的机遇。互联网已逐步应用到工业、农业、金融、医疗、教育等多个行业,而且在每一行业内的应用也正向纵深发展,深入到生产、运营、销售等多个环节,实现了融合应用。互联网及互联网与移动互联网相结合的信息化整体解决方案已在公共安全、证券、交通等领域发挥了积极的作用。行业应用已经成为未来互联网应用发展的趋势之一,发展空间十分广阔。

(六)互联网行业管理日趋规范

在大力推进互联网建设的同时,我国坚持一手抓发展、一手抓管理,不断创新互联网管理的方法和手段。第一,从管理格局上探索建立了法律规范、行政监管、行业自律、技术保障相结合的管理体系,初步形成了分工负责、齐抓共管的管理格局。第二,为了适应我国信息化发展形势,保障公民权益,维护社会稳定,大力推进互联网法律制度建设,制定了《全国人民代表大会常务委员会关于维护互联网安全的决定》(以下简称《全国人大常委会关于维护互联网安全的决定》)、《中国人民代表大会常务委员会关于加强网络信息保护的决定》(以下简称《全国人大常委会关于加强网络信息保护的决定》)等多部针对互联网的法律、行政法规、司法解释和部门规章,基本形成了专门立法和其他立法相结合、涵盖不同法律层级、覆盖互联网管理主要领域和主要环节的互联网法律制度。第三,初步建立了互联网基础管理制度。依法加强对互联网基础资源、关键环节以及信息内容服务的监管。规范域名、IP 地址和登记备案、接入服务管理。建立互联网信息服务准入退出机制。依法对涉及公共利益的网络信息服务实行许可审批,建立健全日常监管、年度审核、行政处罚等一系列管理制度。第四,初步形成了网络信息安全保障体系。坚持"积极防御、综合防范"的方针,立足国情,以我为主,加强网络信息安全保障建设,初步形成了安全与发展并重、管理与技术相结合的网络信息安全保障体系。信息安全等级保护制度逐步落实,国家基础信息网络和重要信息系统风险评估管理不断规范。第五,坚决净化网络环境。按照中央要求,有关部门坚持打击和防范相结合、惩戒和教育相结合、日常监管和集中整治相结合,连续在全国开展打击互联网和手机媒体淫秽色情、整治互联网低俗之风、整治网络暴力等专项行动,得到社会各界拥护。经过整治,网上淫秽色情信息明显减少,低俗之风得到明显遏制,网络环境明显改善,得到社会各界热情赞扬和大力支持。第六,积极开展国际交流与合作。我国先后与 70 多个国家和国际组织开展了对话与交流,说明我国互联网管理政策,介绍我国互联网建设成就,阐述我国网络观和安全观。2007 年以来,每年举办中美互联网论坛、中英互联网圆桌会议,在国际社会引起积极反响。相关部门积极参与国际互联网治理研究与合作,积极参加相关国际学术交流活动,支持高校和企业参与国际技术标准制定,与有关国家和国际组织联合应对网络攻击、垃圾邮件、网络淫秽色情等问题。

二、我国互联网发展过程中存在的问题

(一)网络信息基础设施建设依然薄弱

宽带网络作为实现信息化的重要载体,是经济社会发展的关键基础设施。目前,我国网络和宽带接入用户规模均为世界第一。与"十五"期末相比,(固定)互联网宽带接入用户增长 237%,达到 1.26 亿户,其中光纤入户用户和 WLAN 用户分别达到 100 万户与 200 万户。3G 用户达到 4705 万户。但同时,我国在接入带宽、宽带普及率等方面与发达国家还有较大差距。高带宽业务应用的普及程度不高,种类不够丰富,宽带发展的业务驱动力不足。行业间统筹发展机制不完善,宽带网络基础设施尚未纳入城乡规划。缺乏国家战略层面对宽带网络发展的指导,相关配套政策有待完善。

(二)互联网区域发展不均衡,数字鸿沟依然存在

中国互联网发展、普及和应用存在区域和城乡发展不平衡问题。受经济发展、教育和社会整体信息化水平等因素的制约,中国互联网呈现东部发展快、西部发展慢,城市普及率高、乡村普及率低的特点。截至 2011 年,我国互联网发展的地域差异依然延续,北京市的互联网

普及率已经超过七成,达到 70.3％,而互联网普及程度较低的云南、江西、贵州等省份互联网普及率不到 25％。

与 2011 年全球互联网普及率(30.2％)进行比较,我国超过这一水平的省、市、自治区数量达到 21 个,相比 2010 年年底增加一个。在这 21 个省、市、自治区中,北京、上海、广东、福建、浙江、天津、辽宁、江苏、新疆、山西、海南和陕西等 12 个省、市、自治区的互联网普及程度超过全国平均水平,这些省市大部分集中在东部沿海。其中,由于第六次人口普查数据中上海市和广东省人口数量出现大幅跃升,根据这一数据计算的两地网民数量也出现明显上升,造成 2011 年上海市和广东省的网民规模增速分列全国前两位。

另有山东、湖北、重庆、青海、河北、吉林、内蒙古、宁夏和黑龙江 9 省、市、自治区的互联网普及率高于全球平均水平,但低于我国互联网整体普及率。宁夏与河北网民增速较快,其中宁夏互联网普及率在 2011 年首次超过全球平均水平。

我国互联网普及率低于全球平均水平的省、市、自治区共有 10 个,包括西藏、湖南、广西、四川、河南、甘肃、安徽、云南、江西和贵州,大部分为中部和西部地区较不发达省份,见表 1-2。

表 1-2　2011 年分省网民规模及增速

省　份	网民数(万人)	普及率	增长率	普及率排名	网民增速排名
北京	1379	70.3％	13.2％	1	9
上海	1525	66.2％	23.1％	2	1
广东	6300	60.4％	18.3％	3	2
福建	2102	57.0％	13.7％	4	8
浙江	3052	56.1％	9.5％	5	23
天津	719	55.6％	10.9％	6	17

省 份	网民数（万人）	普及率	增长率	普及率排名	网民增速排名
辽宁	2092	47.8%	9.2%	7	25
江苏	3685	46.8%	11.5%	8	15
新疆	882	40.4%	7.7%	9	28
山西	1405	39.3%	12.4%	10	10
海南	338	38.9%	11.4%	11	16
陕西	1429	38.3%	10.3%	12	22
山东	3625	37.8%	8.8%	13	26
湖北	2129	37.2%	11.9%	14	11
重庆	1068	37.0%	7.9%	15	27
青海	208	36.9%	10.4%	16	20
河北	2597	36.1%	18.2%	17	3
吉林	966	35.2%	9.5%	18	24
内蒙古	854	34.6%	14.4%	19	6
宁夏	207	32.8%	18.2%	20	4
黑龙江	1206	31.5%	7.0%	21	29
西藏	90	29.9%	10.8%	22	19
湖南	1936	29.5%	10.8%	23	18
广西	1353	29.4%	10.4%	24	21
四川	2229	27.7%	11.6%	25	14
河南	2582	27.5%	6.8%	26	31
甘肃	700	27.4%	6.9%	27	30
安徽	1585	26.6%	13.9%	28	7
云南	1140	24.8%	11.7%	29	13

省　份	网民数(万人)	普及率	增长率	普及率排名	网民增速排名
江西	1088	24.4%	14.5%	30	5
贵州	840	24.2%	11.9%	31	12
全国总计	51310	38.3%	12.2%	—	—

　　而在城乡结构上,2011年农村网民规模为1.36亿人,比2010年增加1113万人,占整体网民比例为26.5%。与2010年相比,农村网民占比下降0.8个百分点,其增幅依然低于城镇,如图1-9所示。

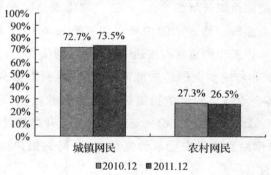

图1-9　2010.12—2011.12 网民城乡结构

　　近年来,我国农村网民比例在低位徘徊,其中包含中国城市化进程加快、大量农村人口涌入城市等整体人口结构变动因素的作用,然而农村居民自身缺乏计算机和网络使用技能是制约我国农村地区互联网发展的重要障碍:2011年有57.8%的农村非网民表示"不懂计算机/网络"是其不上网的原因,这一比例在城镇非网民中为45.7%。在大力改善农村地区互联网接入条件的同时,提升农民网络使用技能和意识也是缩小互联网城乡发展差距的重要手段。[①]

---

　　① 中国互联网络信息中心:《中国互联网络发展状况统计报告》,2012年1月16日。

(三)网络与信息安全问题依然严峻

随着互联网向经济、社会、文化等各个领域的不断扩展,网络与信息安全问题日益成为社会各界普遍关注的热点问题。当前在全球范围内,系统安全漏洞频繁出现,网络蠕虫、黑客攻击等事件时有发生,不仅制约了互联网的持续健康发展,而且使得网络安全问题日益严重,严重威胁国家利益、公共利益和社会公众的合法权益。

1. 基础网络防护能力明显提升,但安全隐患不容忽视

根据工信部组织开展的 2011 年通信网络安全防护检查情况,基础电信运营企业的网络安全防护意识和水平较 2010 年均有所提高,对网络安全防护工作的重视程度进一步加大,网络安全防护管理水平明显提升,对非传统安全的防护能力显著增强,网络安全防护达标率稳步提高,各企业网络安全防护措施总体达标率为 98.78%,较 2010 年的 92.25%、2009 年的 78.61%呈逐年稳步上升趋势。

2. 政府网站篡改类安全事件显著减少,网站用户信息泄露引发社会高度关注

据国家互联网应急中心(CNCERT)监测,2011 年中国大陆被篡改的政府网站为 2807 个,比 2010 年大幅下降 39.4%;从国家互联网应急中心专门面向国务院部门门户网站的安全监测结果来看,国务院部门门户网站存在低级别安全风险的比例从 2010 年的 60%进一步降低为 50%。但从整体来看,2011 年网站安全情况有一定恶化趋势。在国家互联网应急中心接收的网络安全事件(不含漏洞)中,网站安全类事件占到 61.7%;境内被篡改网站数量为 36612 个,较 2010 年增加 5.1%;4 月—12 月被植入网站后门的境内网站为 12513 个。国家信息安全漏洞共享平台(CNVD)接收的漏洞中,涉及网站相关的漏洞占 22.7%,较 2010 年大幅上升,排名由第三位上升至第二位。网站安全问题进一步引发网站用户信息和数据的安全问题。2011 年年底，CSDN中文 IT 社区、天涯等网站发生用户信息泄露事件引起社会广泛关注，被公开的疑似泄露数据库 26 个，涉及账号、密码信息 2.78 亿条，严重威胁了互联网用户的合法权益和互联网安全。根据调查和研判发现，我国部分网站的用户信息仍采用明文的方式存储，相关漏洞修补不及时，安全防护水平较低。

3. 我国遭受境外的网络攻击持续增多

2011 年，国家互联网应急中心抽样监测发现，境外有近 4.7 万个 IP 地址作为木马或僵尸网络控制服务器参与控制我国境内主机，虽然其数量较 2010 年的 22.1 万个大幅降低，但其控制的境内主机数量却由 2010 年的近 500 万台增加至近 890 万台，呈现大规模化趋势。其中位于日本（22.8％）、美国（20.4％）和韩国（7.1％）的控制服务器 IP 数量居前三位，美国继 2009 年和 2010 年两度位居榜首后，2011 年其控制服务器 IP 数量下降至第二，以 9528 个 IP 控制着我国境内近 885 万台主机，控制我国境内主机数仍然高居榜首。在网站安全方面，境外黑客对境内 1116 个网站实施了网页篡改；境外 11851 个 IP 通过植入后门对境内 10593 个网站实施远程控制，其中美国有 3328 个 IP（占 28.1％）控制着境内 3437 个网站，位居第一，源于韩国（占 8.0％）和尼日利亚（占 5.8％）的 IP 位居第二、第三位；仿冒境内银行网站的服务器 IP 有 95.8％位于境外，其中美国仍然排名首位——共有 481 个 IP（占 72.1％）仿冒了境内 2943 个银行网站的站点，中国香港（占 17.8％）和韩国（占 2.7％）分列第二、第三位。总体来看，2011 年位于美国、日本和韩国的恶意 IP 地址对我国的威胁最为严重。另据工业和信息化部互联网网络安全信息通报成员单位报送的数据，2011 年在我国实施网页挂马、网络钓鱼等不法行为所利用的恶意域名约有 65％在境外注册。此外，网络互联网应急中心在 2011 年还监测并处理多起境外 IP 对我国网站和系统的拒绝服务攻击事件。这些情况表明我国面临的境外网络攻击和安全威胁越来越严重。

4. 网上银行面临的钓鱼威胁愈演愈烈

随着我国网上银行的蓬勃发展,广大网银用户成为黑客实施网络攻击的主要目标。2011 年年初,全国范围大面积爆发了假冒中国银行网银口令卡升级的骗局,据报道此次事件中有客户损失超过百万元。据国家互联网应急中心监测,2011 年针对网银用户名和密码、网银口令卡的网银大盗、Zeus 等恶意程序较往年更加活跃,3 月—12 月发现针对我国网银的钓鱼网站域名 3841 个。国家互联网应急中心全年共接收网络钓鱼事件举报 5459 件,较 2010 年增长近 2.5 倍,占总接收事件的 35.5%;重点处理网页钓鱼事件 1833 件,较 2010 年增长近两倍。

5. 工业控制系统安全事件呈现增长态势

继 2010 年伊朗布舍尔核电站遭到 Stuxnet 病毒攻击后,2011 年美国伊利诺伊州一家水厂的工业控制系统遭受黑客入侵导致其水泵被烧毁并停止运作,11 月 Stuxnet 病毒转变为专门窃取工业控制系统信息的 Duqu 木马。2011 年国家信息安全漏洞共享平台收录了 100 余个对我国影响广泛的工业控制系统软件安全漏洞,较 2010 年大幅增长近 10 倍,涉及西门子、北京亚控和北京三维力控等国内外知名工业控制系统制造商的产品。相关企业虽然能够积极配合国家互联网应急中心处置安全漏洞,但在处置过程中部分企业也表现出产品安全开发能力不足的问题。

6. 手机恶意程序现多发态势

随着移动互联网生机勃勃的发展,黑客也将其视为攫取经济利益的重要目标。2011 年国家互联网应急中心捕获移动互联网恶意程序 6249 个,较 2010 年增加超过两倍。其中,恶意扣费类恶意程序数量最多,为 1317 个,占 21.08%,其次是恶意传播类、信息窃取类、流氓行为类和远程控制类。从手机平台来看,约有 60.7% 的恶意程序针对 Symbian 平台,该比例较 2010 年有所下降,针对 Android 平台的恶意程序较 2010 年大幅增加,有望迅速超过 Symbian 平台。2011 年境内约 712 万个上网的智能手机曾感染手机恶意程序,严重威胁和损害手机用户的权益。

7. 木马和僵尸网络活动越发猖獗

2011 年,国家互联网应急中心全年共发现 890 余万个境内主机 IP 地址感染了木马或僵尸程序,较 2010 年大幅增加 78.5%。其中,感染窃密类木马的境内主机 IP 地址为 5.6 万余个,国家、企业以及网民的信息安全面临严重威胁。根据工业和信息化部互联网网络安全信息通报成员单位报告,2011 年截获的恶意程序样本数量较 2010 年增加 26.1%,位于较高水平。黑客在疯狂制造新的恶意程序的同时,也在想方设法逃避监测和打击。例如,越来越多的黑客采用在境外注册域名、频繁更换域名指向 IP 等手段规避安全机构的监测和处置。

8. 应用软件漏洞呈现迅猛增长趋势

2011 年,国家信息安全漏洞共享平台共收集整理并公开发布信息安全漏洞 5547 个,较 2010 年大幅增加 60.9%。其中,高危漏洞有 2164 个,较 2010 年增加约 2.3 倍。在所有漏洞中,涉及各种应用程序的最多,占 62.6%;涉及各类网站系统的漏洞位居第二,占 22.7%;而涉及各种操作系统的漏洞则排到第三位,占 8.8%。除发布预警外,国家信息安全漏洞共享平台还重点协调处置了大量威胁严重的漏洞,涵盖网站内容管理系统、电子邮件系统、工业控制系统、网络设备、网页浏览器、手机应用软件等类型以及政务、电信、银行、民航等重要部门。上述事件暴露了厂商在产品研发阶段对安全问题重视不够,质量控制不严格,发生安全事件后应急处置能力薄弱等问题。由于相关产品用户群体较大,因此一旦某个产品被黑客发现存在漏洞,将导致大量用户和单位的信息系统面临威胁。这种规模效应也吸引黑客加强了对软件和网站漏洞的挖掘和攻击活动。

9. DDoS 攻击①仍然呈现频率高、规模大和转嫁攻击的特点

2011 年,DDoS 仍然是影响互联网安全的主要因素之一,表现出三个特点。一是 DDoS 攻击事件发生频率高,且多采用虚假源 IP 地址。据国家互联网应急中心抽样监测发现,我国境内日均发生攻击总流量超过 1Gbps 的较大规模的 DDoS 攻击事件 365 起。其中,TCP SYN FLOOD 和 UDP FLOOD 等常见虚假源 IP 地址攻击事件约占 70%,对其溯源和处置难度较大。二是在经济利益驱使下的有组织的 DDoS 攻击规模十分巨大,难以防范。例如,2011 年针对浙江某游戏网站的攻击持续了数月,综合采用了 DNS 请求攻击、UDP FLOOD、TCP SYN FLOOD、HTTP 请求攻击等多种方式,攻击峰值流量达数十 Gbps。三是受攻击方恶意将流量转嫁给无辜者的情况屡见不鲜。2011 年多家省部级政府网站都遭受过流量转嫁攻击,且这些流量转嫁事件多数是由游戏私服网站争斗引起的。②

(四)互联网诚信缺失

近年来,我国互联网业界大力倡导文明办网、文明上网,成立"网络诚信自律同盟"等行业诚信组织,开展互联网服务信用等级评价,发动公众监督举报网上失信行为,推广旨在保护青少年的绿色上网行动,努力净化网络环境,取得了积极效果。但互联网上诚信缺失的现

---

① 通过使网络过载来干扰甚至阻断正常的网络通信,大多通过向服务器提交大量请求,使服务器超负荷,阻断某一用户访问服务器或阻断某服务与特定系统或个人的通信。

② 国家互联网应急中心(CNCERT):《2011 年中国互联网网络安全态势报告》,2012 年 3 月 19 日。

象依然存在,有时还显得十分突出。国务院新闻办主任王晨在第八届中国网络媒体论坛上把网络不诚信问题概括为十种表现:①发布虚假信息,扩散小道消息,发表不负责任言论,干扰网上信息传播秩序;②热衷于打擦边球,靠哗众取宠吸引点击,损害网上舆论环境,影响社会稳定;③传播赌博、淫秽色情等有害和低俗信息,毒化网络环境,严重危害青少年身心健康;④网上恶搞、网络暴力、人肉搜索等情绪化和非理性行为,侵犯他人权益,危害公共利益;⑤违规开展增值服务,设置用户消费陷阱,损害消费者利益;⑥运行不健康网络游戏,采取不恰当手段吸引玩家,导致出现青少年沉溺网游等不良后果;⑦发布虚假广告,进行虚假商业宣传,误导公众;⑧破坏电子交易规则,网络仿冒、网络钓鱼等欺诈行为,危害网上交易安全;⑨发送垃圾邮件和垃圾短信,影响网络有效应用,已成为网络公害和社会公害;⑩传播网络病毒,恶意进行网络攻击,威胁互联网技术安全等。上述网上失信问题的存在,既有互联网开放性、隐匿性等技术特性的客观因素,也有少数网站重经济效益轻社会效益、罔顾法规制约、不顾社会道德,少数网民法规意识淡薄、网上自我约束力不强等主观上的原因。互联网上的种种不诚信现象,严重损害互联网企业的信誉和互联网诚信环境,影响互联网健康发展。

(五)互联网市场行为亟待规范

近年来,我国互联网市场迅猛发展,据统计 2010 年我国网络购物用户达 1.6 亿个,与 2009 年相比增长 48.6%;网络购物交易规模为 4610 亿元,占全国社会消费品零售总额的3.2%,是社会主义大市场新的组成部分。互联网市场及其衍生产业是新型的经营业态,不同于传统意义上的市场,没有现存的管理模式和经验,监管难度大;实践中也存在缺陷和不足。如 2010 年闹得沸沸扬扬的腾讯与奇虎 360 安全卫士之争涉嫌垄断和不正当竞争事件；2011年2月份披露的全球消费者投诉2326名"阿里巴巴金牌会员"（中国供应商）涉嫌欺诈等事件。虽然腾讯奇虎之争在行业主管部门的直接介入等多种因素影响下偃旗息鼓；阿里巴巴壮士断腕，处理了责任人员，但是这些事件给互联网市场的健康发展带来了严重的负面影响，也给互联网市场监管提出了新的课题和挑战。企业按照内部管理制度处理责任人员，只是企业行为。而政府应该建立健全监管制度和监管机制，明确法律主体，理顺法律关系，落实法律责任，运用公权力保障互联网市场正常的竞争秩序，维护消费者的合法权益，防范和化解互联网市场的风险，促进互联网市场的健康繁荣和发展。

（六）互联网产业创新活力不足

2012年5月，网易公司发布声明称，其新闻客户端产品在整体布局、跟帖页面、图片浏览页面等设计上遭到腾讯公司的抄袭，并要求腾讯公司将产品从苹果应用商店下架，否则将采取必要的法律措施。腾讯公司随后回应，腾讯是最早推出客户端的新闻门户之一，4月11日发布的新版本在产品功能、交互设计和内容框架上"进行了大量的创新"。此类"抄袭"纠纷目前在互联网业内并不罕见，国内市值排名前列的互联网上市公司中，百度、腾讯、新浪、网易、盛大、搜狐等都曾面临类似纠纷，或指责对方抄袭，或被指存在抄袭，涉及产品包括网页设计、游戏、客户端及文字内容等。

纠纷频发反映出国内互联网企业的确缺乏创新力，行业龙头理应借创新带动整个产业的发展，但现实情况是，一些企业一直热衷于维护封闭的在线服务平台，对新出现的网络服务采取抄袭、借鉴的手法。虽然，拥有一定的行业地位后，互联网龙头企业有条件依赖庞大用户量，对新的服务进行低成本的模仿，然而长此以往缺乏持续的创新，只会造成企业竞争力减退。2011 年,谷歌公司预计获得专利数量超过 2 万件,几乎成为全球年度获得专利最多的公司,相比之下,中国互联网企业所获专利,与国外同行企业相比相距甚远。

三、互联网发展的趋势

(一)创新应用体系,培育发展互联网新兴业态

全面推进互联网应用创新。强化应用创新的引导与规范,大力发展生产性、民生性互联网应用创新服务,支持健康向上的数字内容服务。构建互联网应用创新生态体系,优化基础电信运营、互联网服务、内容提供及软件开发企业间互动发展格局,加强对中小企业特别是创新型企业的知识产权保护和服务。全面深化对互联网信息资源的利用,在保障安全和用户隐私的前提下提升信息整合、挖掘能力,培育和规范基于信息数据的新应用新市场。突破智能搜索、新一代 Web 及浏览器、多媒体等互联网应用关键技术,加快互联网应用基础平台、智能终端操作系统等的研发推广,构建基于互联网能力开放的应用聚合及业务创新体系。

推进移动互联网整体突破。积极推动产业链协作,构建移动互联网生态体系。加快移动智能终端操作系统平台协作研发,推进操作系统、中间件、移动浏览器、应用服务、核心芯片、智能终端等领域取得突破。推动移动互联网应用发展,加快标准化,优先形成行业通用的高层应用平台,鼓励开放第三方应用开发程序接口并形成跨终端平台的应用商店,推动大规模协作的应用创新。

推进云计算服务商业化发展。部署和开展云计算商业应用示范,引导和支持企业等开放自身的计算存储等资源和服务管理能力,构建

公共云计算服务平台,促进云计算业务创新和商业模式创新,推进公有云的商业化发展。

推动物联网与互联网的融合集成应用。结合互联网架构优化和移动互联网发展,统筹协调传感器网络等感知基础设施和智能处理中心等应用基础设施,形成依托互联网的融合发展布局。整合互联网与物联网新兴服务,开展在工业、生产性服务业、重要基础设施、城市管理、交通运输等领域的先导应用。围绕应用共性需求,建设互联网与物联网相结合的技术、测试、资源管理、信息等公共服务平台。

积极推动电子商务加快发展。建设第三方电子商务平台,以移动互联网和移动支付发展为契机推动移动电子商务规模应用,大力发展面向中小企业的电子商务服务,完善支付体系和诚信体系等支撑环境。

(二)服务两化融合,全面支撑经济社会发展

推进互联网在工农业领域的广泛应用与综合集成。将互联网与研发设计融合,构建网络化、协同化的研发设计体系;将互联网与企业营销生产融合;将互联网融合于企业生产经营管理,建立高效协同供应链管理、营销管理和物流体系,实现市场需求智能化感知和动态响应。大力推进互联网在农业、农村的应用,发展面向三农的互联网综合信息服务。

全面应用互联网推进服务业的现代化。积极推动互联网在服务业中的广泛普及和深化应用,推动金融、商贸、物流、旅游等服务领域的信息化改造和网络化经营,延伸服务产业链,显著提升服务水平和附加价值,推动服务业高端发展和向现代服务业的优化升级。

完善互联网社会信息化服务平台。加强互联网在教育、医疗、社保、人口等领域中的应用,提高公共服务效率和能力。完善政府门户

网站和基于互联网的公共服务系统,支撑政府建设在线公共服务与政民互动的新技术新业务手段,推动提升互联网时代的政府公共服务和管理能力。完善基于互联网的公共信息服务系统。

促进社会就业、创业。以电子商务、网络创作、应用程序和新兴互联网服务等为重点,不断拓展新领域、发展新业态、培育新热点,创造就业机会、降低创业门槛,促进高校毕业生创业就业,吸纳城镇新增就业人员,帮助农村就业人口实现"离土不离乡"。

(三)建设"宽带中国",推进网络基础设施优化升级

加快网络接入的宽带化建设。实施宽带中国战略,综合利用光纤接入和宽带无线移动通信等手段,加速网络宽带化进程。在城市地区推进光纤到楼入户,在乡镇和行政村推进光纤网络向下延伸。大力发展新一代移动通信,加快提升 3G 覆盖范围和质量,统筹推进 LTE 商用,建设宽带无线城市。逐步提高农村、学校与医院等公共机构和特殊人群的网络覆盖和应用普及,缩小数字鸿沟。

优化调整互联网国内整体架构。推动本地直联试点和长途互联方式的转变,合理布局骨干直联点,减少网络间流量绕转。探索交换中心发展模式,对交换中心进行配套改造,充分发挥交换中心流量疏导作用。保障互联网网间带宽适时扩容,严格保证网间带宽利用和性能指标,在提升网间通信质量的同时加强网络安全性。统筹协调运营商互联网网络建设,配合互联网网间架构调整,引导其进行网内建设。

完善互联网国际网络布局,持续提升国际出入口能力。根据业务发展需要,在具备条件的国家和地区增设骨干网海外 POP 点,扩展国际业务直达范围。适时建设国际数据中心,在全球范围形成更加广泛的网络通达和业务覆盖。加强海缆建设和使用权购买,增加登陆海缆,完善国际陆缆建设。统筹协调运营企业海缆路由规划及海外 POP

点部署,加强安全防护。

加快构建互联网应用基础设施。综合考虑网络架构、市场需求、配套环境、地理能源、信息安全等因素,加强技术标准和产业政策引导,优化大型数据中心的建设布局,保障大型数据中心之间的网络高速畅通。全面开展以绿色节能和云计算技术为基础的 IDC 改造,提升数据中心能效和资源利用率,提升集约化管理运营水平。统筹推进CDN 建设,引导支持有条件的企业开展 CDN 建设和运营,扩展网络容量、覆盖范围和服务能力,积极完善安全管理制度和技术手段,逐步形成技术先进、安全可靠的 CDN 网络,提高互联网对多媒体、大带宽应用的支撑能力。

(四)推进整体布局,向下一代互联网发展演进

推进互联网向 IPv6 的平滑过渡。在同步考虑网络与信息安全的前提下制定国家层面推进方案,加快 IPv6 商用部署。以重点城市和重点网络为先导推进网络改造,以重点商业网站和政府网站为先导推进应用迁移,发展特色应用,积极推动固定终端和移动智能终端对IPv6 的支持,在网络中全面部署 IPv6 安全防护系统。加快 IPv6 产业链建设,形成网络设备制造、软件开发、运营服务、应用等创新链条和大规模产业。

加快面向未来互联网技术研发前沿布局。加快建设支持互联网网络和应用领域科学研究、技术研发和产业化的创新试验环境,以解决未来网络可扩展性、安全、质量和能耗等问题为重点,开展未来互联网理论研究和技术攻关,在创新性体系架构和重大关键技术上取得突破,适时开展应用示范。

(五)突破关键技术,夯实核心基础产业

抓住机遇突破互联网相关高端软件和基础软件。重点支持移动

智能终端操作系统、网络化操作系统平台、智能海量数据资源中心管理系统等新兴网络化基础软件研发与产业化,支持面向互联网新兴业态的关键应用软件和信息技术支撑软件研发及产业化。

支持高端服务器和核心网络设备等产业发展。研发高并发性、高吞吐量、高可靠性、高容错性的高端服务器,以及高处理能力、低成本、低能耗的超级服务器;研发低能耗高端路由器、大容量集群骨干核心路由器和虚拟化可编程路由器等核心网络设备。加强核心芯片设计制造能力,研发低能耗高端路由器芯片、高速接入设备芯片,以及支持下一代网络的智能终端芯片等核心器件。

(六)加强顶层设计,建立先进完备的互联网标准体系

开展 IP 地址、域名资源管理、域名安全技术标准的研发,加强中文域名、地址可信、域名安全解析等领域的标准研制。建立互联网业务应用类标准体系。完善以 IPv6 过渡和安全为重点的网络和设备标准体系,超前布局创新型网络体系结构标准研究。加快云计算标准体系设计和重点领域的标准制定。围绕 IDC、CDN 等应用基础设施的改造与布局,加快相应标准制修订。以架构体系和物品编码等为重点,建立物联网标准体系。加强网络与信息安全标准研制,完善安全防护系列标准,加强业务应用的安全标准研究。鼓励企业积极参与国际标准化活动,深化和扩大与主要国际标准组织的交流合作,大力推动国内标准的国际化,提升在国际标准中的影响力和话语权。

(七)完善监管体系,打造诚信守则的互联网市场环境

探索建立互联网业务分级分类指导的监管模式。综合考虑发展阶段、形态属性、市场规模等因素,探索互联网业务的分级分类管理模式。加强互联网电信业务市场准入与新闻、文化、出版、视听节目、教

育、医疗保健、药品和医疗器械等专项前后置审批的协同性,形成专项内容管理与互联网电信业务管理相互衔接、有效配合的管理局面。

强化市场监管体系建设。逐步建立互联网服务企业信用记录、评估与公示制度。完善市场规则和争议协调处理机制,规范互联网信息服务活动,理顺产业链上下游关系,维护公平、公正、有序的市场秩序。完善覆盖应用、接入、网络基础设施、资源各层的市场监测体系,建设和完善业务市场综合管理系统,加强系统间资源共享和高效联动,逐步建立互联网市场分级预警机制。

大力倡导行业自律。积极发挥行业协会作用,强化行业自律机制,完善行业规范与自律公约,加强从业规范宣传。督促企业加强自律,遵从商业道德,切实履行社会责任和社会义务,主动规范竞争等市场行为,加强内部管理和自律检查,自觉抵制排挤或诋毁竞争对手、侵害消费者利益等不良行为。积极引导消费者文明上网,加强网民自律。进一步健全举报渠道,鼓励社会公众积极监督、举报互联网上的不良信息传播与市场中不良竞争行为。

建立健全互联网用户权益保护机制。建立完善互联网用户权益保护协调处置机制。完善面向用户权益的互联网服务质量和服务规范指标体系。加快现有电信服务规范体系、服务测评和监督检查机制向互联网服务领域延伸,完善覆盖政府、企业、社会三方的互联网用户投诉申诉处理流程和工作机制。加强用户个人数据保护,明确互联网服务提供者保护用户个人数据的义务,制定用户数据保护标准,逐步建立独立第三方评估认证制度。

(八)健全管理制度,强化互联网基础管理

完善互联网资源发展和管理制度。进一步推动 IP 地址的申请,鼓励推广使用 IPv6 地址。优化域名产业发展政策,规范和引导域名

产业健康有序发展。推动建立域名注册和使用的诚信体系,在保障安全基础上推进".CN"、".中国"等国家顶级域的全球发展,提高中文域名及中文网站的国际影响力。建立健全 IP 地址管理制度,统筹规划 IP 地址资源的申请、使用和协调。完善域名注册管理办法和注册流程,强化域名注册管理机构和域名注册服务机构的企业责任,打击违法违规行为,规范市场秩序。探索建立域名解析服务标准和市场管理制度,提高域名解析服务质量。

加强技术手段研究和技术平台建设。建设完善网站备案、IP 地址、域名等互联网基础资源管理系统,进一步提高 IP 地址分配使用备案率的准确率和域名实名注册率。加大对域名系统及其安全技术的研究,保障域名注册数据和域名解析系统安全。

(九)加强体系建设,提升网络与信息安全保障能力

加强网络与信息安全管理。深入推进安全等级保护、安全评测、风险评估等基础工作,强化 IDC、域名体系等互联网基础设施安全保障,加大网络安全监测、冗余备份等安全基础设施建设力度,加强对增值电信业务、移动互联网和智能终端的网络安全监管工作。探索建立互联网新技术新业务信息安全评估体系,落实网络信息安全保护措施,提高安全防患和处置能力。进一步加强网络信息安全技术监管手段的属地化建设,强化企业网络与信息安全责任的落实。

加强互联网网络安全的应急管理能力。制定实施域名服务机构、网站分级规范,从健全工作机制、贯彻和完善工作预案等方面入手,提高重大活动保障和突发事件应急处置能力。持续推进公共网络环境治理,推进木马和僵尸网络专项打击与常态化治理,打击计算机和手机病毒利益链,组织开展网络安全联合应急演练,加强重要联网信息系统的安全监测。

提高互联网装备安全管控水平。坚持基础软硬件产品和专用安全产品并举,提高关键装备可控水平,支持安全技术产品研发,完善信息安全产业链,发展和规范网络与信息安全服务业。

培育网络信息安全环境和文化。宣贯安全责任,增强政府、企业、用户各个层面安全意识,提升安全防护能力,并通过行业自律、社会监督等多种方式培育安全环境和文化。[①]

---

① 工业和信息化部:《互联网行业"十二五"发展规划》,2012 年 5 月 4 日。

第二章

我国互联网监管与治理的立法

我国互联网发展的历史只有不到 20 年时间,由于发展迅速,各种问题已经逐渐显现出来。在这个过程中,相关管理部门颁布了大量的法律、法规、规章以及各种规范性文件,互联网管理的基本法律体系已经初步建立。

一、我国互联网监管立法的现状

我国目前的互联网管理法律法规可以分为两个方面:第一方面是其他法律法规中与网络有关的具体规范;第二方面是有关互联网方面的专门规范性文件。把这些法律法规以及自律公约从内容上进行划分主要包括以下几类:

(一)关于网络安全

我国互联网安全的具体内容包括网络运行安全和信息安全。主要包括《全国人大常委会关于维护互联网安全的决定》(全国人大常委会 2000 年 12 月 28 日颁布)、《中华人民共和国保守国家秘密法》(以下简称《保守国家秘密法》,全国人大常委会 2010 年 4 月 29 日修订)、

《中华人民共和国计算机信息系统安全保护条例》(以下简称《计算机信息系统安全保护条例》,国务院 1994 年 2 月 18 日颁布)、《中华人民共和国电信条例》(以下简称《电信条例》,国务院 2000 年 9 月 25 日颁布)、《互联网安全保护技术措施规定》(公安部 2005 年 12 月 13 日颁布)、《计算机信息网络国际联网安全保护管理办法》(公安部 1997 年 12 月 16 日颁布)等。

(二)关于网络信息服务与管理

我国将通过互联网向上网用户提供信息的服务活动,分为经营性和非经营性两类,并实行相应的管理制度。主要包括《互联网信息服务管理办法》(国务院 2009 年 9 月 25 日颁布)、《互联网文化管理暂行规定》(文化部 2011 年 2 月 17 日颁布)、《互联网 IP 地址备案管理办法》(信息产业部 2005 年 2 月 8 日颁布)、《非经营性互联网信息服务备案管理办法》(信息产业部 2005 年 2 月 8 日颁布)、《中国互联网络域名管理办法》(信息产业部 2004 年 11 月 5 日颁布)等。

(三)关于网络著作权保护

主要包括《中华人民共和国著作权法》(以下简称《著作权法》,全国人大常委会 2010 年 2 月 26 日修订)、《中华人民共和国出版管理条例》(以下简称《出版管理条例》,国务院 2011 年 3 月 19 日修订)、《中华人民共和国计算机软件保护条例》(以下简称《计算机软件保护条例》,国务院 2001 年 12 月 20 日颁布)、《中华人民共和国信息网络传播权保护条例》(以下简称《信息网络传播权保护条例》,国务院 2006 年 5 月 18 日颁布)等。

（四）关于电子商务

当事人订立合同，可以采用合同书、数据电文（包括电报、电传、传真、电子数据交换和电子邮件）等书面形式。当事人约定使用电子签名、数据电文的文书，不得仅因为其采用电子签名、数据电文的形式而否定其法律效力。主要包括《中华人民共和国电子签名法》（以下简称《电子签名法》，全国人大常委会 2004 年 8 月 28 日颁布）、《中华人民共和国合同法》（以下简称《合同法》，全国人大 1999 年 3 月 15 日颁布）等。

（五）关于个人信息保护

主要包括《全国人大常委会关于加强网络信息保护的决定》（全国人大常委会期 012 年 12 月 28 日颁布）、《国务院办公厅关于加快发展高技术服务业的指导意见》（国务院办公厅 2011 年 12 月 12 日颁布）、《规范互联网信息服务市场秩序若干规定》（工信部 2011 年 12 月 29 日颁布）、《互联网电子公告服务管理规定》（信息产业部 2000 年 11 月 6 日颁布）等。

（六）未成年人保护

国家采取措施，预防未成年人沉迷网络。国家鼓励研究开发有利于未成年人健康成长的网络产品，推广用于阻止未成年人沉迷网络的新技术。禁止任何组织、个人制作或向未成年人出售、出租或以其他方式传播淫秽、暴力、凶杀、恐怖、赌博等毒害未成年人的网络信息等。中小学校校园周边不得设置互联网上网服务营业场所。主要包括《中华人民共和国未成年人保护法》（以下简称《未成年人保护法》，全国人大常委会 2006 年 12 月 29 日修订)、《中华人民共和国预防未成年人犯罪法》(以下简称《预防未成年人犯罪法》,全国人大常委会 1999 年 6 月 28 日颁布)、《中华人民共和国互联网上网服务营业场所管理条例》(以下简称《互联网上网服务营业场所管理条例》,国务院 2002 年 9 月 29 日颁布)、《网络游戏管理暂行办法》(文化部 2010 年 6 月 3 日颁布)、《关于办理利用互联网、移动通讯终端、声讯台制作、复制、出版、贩卖、传播淫秽电子信息刑事案件具体应用法律若干问题的解释(二)》(最高人民法院、最高人民检察院 2010 年 2 月 2 日颁布)等。

(七)关于网络侵权以及预防和惩治网络犯罪

主要包括《中华人民共和国侵权责任法》(以下简称《侵权责任法》,全国人大常委会 2009 年 12 月 26 日颁布)、《中华人民共和国刑法》(以下简称《刑法》,全国人大常委会 2011 年 2 月 25 日修订)、《关于办理侵犯知识产权刑事案件适用法律若干问题的意见》(最高人民法院、最高人民检察院、公安部 2011 年 1 月 10 日颁布)、《关于办理网络赌博犯罪案件适用法律若干问题的意见》(最高人民法院、最高人民检察院、公安部 2010 年 8 月 30 日颁布)等。

二、我国互联网监管立法的缺陷

尽管当前我国互联网监管法律体系已经形成了一定的规模,并在互联网监管实践中发挥了实际作用。但是互联网高速发展所带来的立法滞后现象、政府在互联网监管实践中的缺位、越位等现象的存在,均反映出我国的互联网监管在立法、执法领域都存在一定的问题,亟待改进。互联网监管立法作为互联网监管的依据,是规范互联网监管行为的根本依据，它所存在的问题应当引起足够的重视。纵观当前我国互联网监管立法现状以及相关立法内容，主要存在以下几类问题。

（一）立法主体多元，立法层级不高

现有的互联网监管法律规范中，规范数量与规范的法律位阶存在反比关系，即我国现行的互联网监管法律与行政法规为数不多，大部分互联网监管法律规范集中在部门规章、地方政府规章以及行政机关制定的其他规范性文件上。这样的立法局面非常混乱：一方面，立法制定主体太多，除了法律的制定主体全国人大及其常委会、行政法规的制定主体国务院之外，其他互联网监管法律规范制定主体还非常多，如公安部、工信部、卫生部、科技部、文化部、国务院新闻办、新闻出版总署、国家版权局、国家广播电影电视总局、中国证监会、国家保密局等。除此之外，很多地方政府也制定了相应的互联网监管规章和规范性文件；另一方面，立法层次比较低，属于法律层面的互联网监管立法目前只有三个，即全国人大常委会通过的《关于维护互联网安全的决定》、《关于加强网络信息保护的决定》和《电子签名法》，甚至行政法规也只占很小的份额，更多的都是规范性文件。立法的位阶也较低，以部门规章、地方政府规章为主。

这种混乱局面源于我国政府职能部门的沿革和行政隶属关系等因素，这也使得中央与地方之间、各中央各部委之间在互联网管理上缺乏整体的规划。这些问题得不到迅速解决，将极大影响我国对互联网的管理。一方面，个别地方和部门往往为了地方或部门利益作出对本地方或本部门有利的规定；另一方面，根据我国立法法的相关规定，部门规章与地方政府规章多为执行性立法，需要有上位法作为其立法前提。缺乏统一的上位法，势必造成部门之间政出多门。特别是地方政府规章,如果没有法律、行政法规就相关互联网监管问题作出统一安排,不同地区的政府规章可能就相同问题作出相异的规定,而现实的行政疆域不能构成虚拟网络空间的界线,从而导致相应的监管执行困难并有害于网络主体合法权益的公平保护。

针对这种情况,2006 年中央 16 部门联合印发了《互联网站管理协调工作方案》,对我国互联网站的管理工作及职能部门做出了安排,这些主体也就是我国互联网监管的职能部门。根据《互联网站管理协调工作方案》,监管职能部门分为互联网行业部门(原信息产业部,现为工业和信息化部)、专项内容主管部门(包括国务院新闻办公室、教育部、文化部、卫生部、公安部、国家安全部、商务部、国家广播电影电视总局、新闻出版总署、国家保密局等)、前置审批部门(包括国务院新闻办公室、教育部、文化部、卫生部、国家广播电影电视总局、新闻出版总署、国家食品药品监督管理局等)、公益性互联网络单位主管部门(教育部、商务部、中国科学院、总参谋部通信部等)与企业登记主管部门(国家工商行政管理总局),中共中央宣传部对互联网意识形态工作进行宏观协调和指导。这一制度安排体现了我国多部门互联网监管的局面,对于多部联动、有效监管具有积极意义。不容忽视的是,由于多元监管主体的存在,各主体拥有相应的规范性文件制定权限,政府互联网监管立法主体多元的状况尚未理清,多元主体互联网监管立法的一致性、有效性依然难以保证。

(二)过于强调政府监管,缺乏对网络主体权利保护的关注

从立法目的上讲,政府对社会管理的终极目标是对权利的保护,因而政府监管对于互联网秩序的维护仅仅是一种手段,其目的终究要落实到维护网络自由,促进网络主体各项权益的实现上。第九届全国

人民代表大会常务委员会第十九次会议于 2000 年 12 月 28 日通过的《全国人大常委会维护互联网安全的决定》开篇就强调"为了兴利除弊,促进我国互联网的健康发展,维护国家安全和社会公共利益,保护个人、法人和其他组织的合法权益……"明确了互联网监管的目的不仅在于促进互联网的健康发展、维护国家安全和社会公共利益,也在于保护个人、法人和其他组织的合法权益。所以,政府对互联网的监督管理,只是对"促进我国互联网的健康发展,维护国家安全和社会公共利益,保护个人、法人和其他组织的合法权益"的手段,而非目的本身。然而,现行的政府互联网监管立法文件大多强调政府监管的实现,往往对于网络主体权益的保护缺乏应有的重视。如《互联网信息服务管理办法》第一条规定"为了规范互联网信息服务活动,促进互联网信息服务健康有序发展,制定本办法",《计算机信息网络国际联网安全保护管理办法》第 1 条规定"为了加强对计算机信息网络的国际联网的安全保护,维护公共秩序和社会稳定"等。尽管政府互联网监管立法中此类立法目的的规定并不直接发生执法上的效果,但是对立法目的的明确阐述,不仅有利于法律文件的理解与执行,更可以使得保障权益、维护互联网自由的理念深入执法者的意识层面,从而预防政府互联网监管实践中的失范、违法行为。由于对立法目的的片面理解,在我国互联网监管的进程中曾经出现过一些十分荒谬的做法。如针对在网吧浏览黄色网站问题,2001 年江苏省南通市工商局制定《南通市电脑网吧登记管理暂行办法》,规定各县(市)只设一个电脑网吧经营场所。① 一个偌大的县(市)只设一家网吧,这种简单粗暴的管理手段,不但损害了绝大多数网吧从业者的权益,导致过小的被批准机

---

① 　参见 2001 年 3 月 23 日《新华日报》相关报道。

会形成的垄断利润,而且还会导致找关系成风产生的腐败行为。相反的是,2011年鞍山市公安局在240多家网吧统一安装信息净化器,截至报道时已经有84家网吧安装完毕,从2011年3月3日到报道消息时,净化器已成功阻止了1.2万人次登录黄色网站。① 现在互联网行业已经成为我国经济增长点中非常耀眼的一部分,其所带来的不单只是经济效益,更多的是社会效益以及对人民群众学习、娱乐需求的满足。进行有效的管理,维护互联网正常的秩序是应当的,也是非常有必要的,但是不能为了管理的方便就因噎废食,忽略了进行互联网监管的终极目的,必须把互联网监管与互联网权益保护两者统一起来。

(三)立法程序的公众参与程度有限

公众参与是民主立法原则的现实体现,是立法法对行政立法的程序要求,也是行政立法合理、科学、便于执行的可靠保障之一。行政立法程序中公众参与的核心在于汇集公众对行政立法的意见、建议,这一过程实际上是信息收集、处理、使用的过程,而互联网为信息的发布与传递提供了前所未有的便捷平台。因此,互联网的存在为公众参与的扩大提供了良好的外部条件。对于互联网监管立法来说,公众参与更具有客观和主观上的优势:客观上,互联网为法律制定过程中的信息发布、传递与公众参与提供了前所未有的便捷平台;主观上,通过互联网平台发布、传递立法进程,更容易得到互联网各相关主体的关注和接受,从而提高公众参与的实际效果。

但是,我国目前的互联网监管立法并没有充分利用互联网的此种优点,大多是关门立法,而且制定程序非常宽泛,使得此类立法程序存

---

① 参见2001年3月21日新华社相关报道。

在科学性和民主性的瑕疵。它们大多没有广泛听取有关机关、组织和公民的意见，没有经过科学的公开论证就被颁布。现代行政法的基本内容之一就是要规范和制约行政行为，而由行政机关自己设定行政程序就会大大削弱行政程序的规则功能，并引发出一系列弊端，容易使行政机关制造不当的程序恶意妨碍行政相对人行政法权益及时有效的实现（如前文提到的 2001 年江苏省南通市工商局制定《南通市电脑网吧登记管理暂行办法》，规定各县（市）只设一个电脑网吧经营场所）。[①] 而且互联网行政监管程序不仅涉及机关的管理，还涉及对行政主体行使行政权的监督。很显然，由行政主体设定行政程序的规则，在形式上必然缺乏程序的公正性。反观世界各国，此类程序一般都是由立法机关制定的。令人倍感鼓舞的是，立法程序中的公众参与正越来越受到重视，互联网平台在立法公众参与中的角色也越来越受到重视，中国人大网开设了法律草案征求意见专栏，这是立法机关重视互联网平台上公众参与立法程序的生动体现。互联网监管立法也需要在这一方面作出改进，提高互联网监管行政立法程序中的公民参与程度，确保民主立法的贯彻落实。

（四）缺乏对政府违法监管行为的救济规定

罗马法中有句著名的谚语："法律恒须规定救济，救济设于权利之后"，指国家必须提供一种途径，使得所有权利或法律上利益受侵害者均可获得权利保障，从而使用国家所提供的权利救济途径，以实现其权利。国家所提供的权利救济途径必须是对于所有公民开放，无论公民的身份或职业，无论事件的属性与特质，只要权利或法律上的利益

---

① 　杨海坤主编：《中国行政法基础理论》，中国人事出版社 2000 年版，第 321 页。

受到侵害,均可向国家请求保护。此种无漏洞的权利救济途径,应符合"有权利必有救济"的法理,这是宪法保障人民基本权利的最基本要求。对互联网进行监管的目的在于通过维护互联网秩序从而实现互联网自由,使互联网主体的权利得到充分实现。我国现行的互联网监管法律规范中对政府监管职能的履行作了充分的规定,但是众多位阶不同的行政立法中均缺乏对政府违法监管侵害网络主体合法权益时的救济规定。从行政法控权论的角度来看,行政权对私权利构成严重威胁,必须为其设限,严防行政肆意滥权或者怠权,从而保护私权。政府在履行互联网监管职能的同时,一旦发生权力滥用或者怠于行使职权,必将损害监管相对人的合法权益。如果监管立法未能提供有效的机制恢复被损害的合法权益,那么监管立法维护网络主体权益、规范政府监管行为的目标均不能达成。救济制度是在行政权的行使已然对私权利造成损害的前提下保护合法权益的最后防线,互联网监管立法缺少救济制度的规定,对互联网监管保障网络权益、维护网络自由最终目标的实现带来了不可忽视的障碍。

(五)缺乏对个人信息的专门保护

提到互联网与个人信息,大家第一反应就是"人肉搜索"。所谓"人肉搜索"是指利用人工参与来提纯搜索引擎提供信息的一种机制。实际上就是通过其他人来搜索自己搜不到的东西,与知识搜索的概念差不多,只是更强调搜索过程的互动而已。机器搜索引擎有可能对一些问题不能进行解答,当用户的疑问在搜索引擎中不能得到解答时,他就会试图通过其他渠道来找到答案,或者通过人与人的沟通交流寻求答案。人肉搜索引擎之所以以"人肉"命名,是因为它与百度、Google等利用机器搜索技术不同,它更多的是利用人工参与来提纯搜索引擎提供的信息。人肉搜索的主要阵地是"猫扑网"以及"百度知道"一类的提问回答网站。先是一人提问,然后八方回应,通过网络社区集合广大网民的力量,追查某些事情或人物的真相与隐私,并把这些细节曝光。人肉搜索中或许没有标准答案,但人肉搜索追求的最高目标是:"不求最好,但求最肉"。

　　一方面,"人肉搜索"现象的出现,一定程度上有利于网络社会的德治与现实社会法治的结合。通常情况下,来自社会的道德监督的声音通常比较微弱,道德一向都以自律来发挥作用,然而两种方式的效果都较差。有了"人肉搜索"就有了"道德法庭",这样就能使德治和法治双管齐下,社会更稳定。另一方面,"人肉搜索"使用不当,容易引起网络暴力等消极影响。"人肉搜索"事件中,当被搜索对象的个人隐私被毫无保留地公布,他所面对的不仅仅是人们在网络上的口诛笔伐,甚至在现实生活中也遭受到人身攻击和伤害,如 2008 年的"周春梅事件。"①对于被搜索对象的搜索一旦失去控制,"人肉搜索"就超越了网络道德和网络文明所能承受的限度,容易成为网民集体演绎网络暴力非常态行为的舞台,侵犯了个人隐私权等相关权益,阻碍了"人肉搜

---

　　①　来自安徽的林明与周春梅于 2004 年相识于网络,并通过视频来联络感情。周春梅考上大学后,由于学历上的差异和家人的反对,周春梅决定与林明分手,"消失"在了林明的视野内。林明为找到她,于 2007 年 10 月,在网上发帖称周春梅因家境贫困、无力上学,安徽打工仔林明身兼数职供她读书,不料,她考入河南某大学后,却忘恩负义,对其不理不睬,现在,林明身患白血病,希望网友能热心相助,让他在生命最后一刻,见到这位美丽却没有良心的女孩。这个没有经过考证的帖子在网上掀起了轩然大波。愤怒的网友很快搜出了周春梅的详细个人信息,包括她所在的学校、家庭住址、照片、手机号、QQ 号、寝室号等,而她也被称为"史上最不义的女大学生"。由此,林明轻而易举找到了周春梅,周春梅当面表示要同他分手时,林明向她的颈部和胸部连刺数刀致其当场死亡。

索"发挥网络舆论监督作用,如 2008 年的"死亡博客事件"①。

事实上,"人肉搜索"在某种程度上,也是一种公民行使监督权、批评权的体现。网民在网上将涉嫌违法、违纪或道德上存在严重问题的

---

① 2007 年 12 月 29 日,31 岁的北京女白领姜岩从 24 层楼的家中纵身跳下,用生命声讨她的丈夫王菲和"第三者"。在自杀之前,姜岩在网络上写下了自己的"死亡博客",记录了她生命倒计时前 2 个月的心路历程。在博客中,她将自杀原因归咎为丈夫的不忠,并贴出了丈夫和"第三者"的照片。姜岩在自杀当天开放了其博客空间。

2008 年 1 月初,姜岩自杀前的博客开始被网友转载到各大论坛,引起了关于第三者问题的激烈讨论。一个自称姜岩的朋友的网友发表了《哀莫大于心死,从 24 楼跳下自杀 MM 最后的 BLOG 日记》的帖子。帖子中写道:"从张美然 3377 事件,到年底张斌胡紫薇事件,再到自杀的姜岩,小三的话题一次一次出现在视野里。而我们,除了谴责之外,其他,再也无能为力。"2008 年的第一场网络风暴由此展开。

网友在讨论谴责漫骂之后,动用了所谓的"人肉搜索"。并迅速搜查出姜岩的丈夫王菲和"第三者"的工作单位、电话、MSN 等资料,并在网上号召其所在行业驱逐他们。其后,王菲在网上发表声明,对事件作了另一个"版本"的解释,并声称:"网络是天堂,但同时也是地狱,现实与虚无并存,不管结果如何,相信在相关机构逐渐进入调查此事后,事情总会有水落石出的一天。我们相信网络,但我们更相信现实,正义只存在于现实中。"但此举不但没有平息网友的愤怒,反而火上浇油,被网友认为是"颠倒是非黑白"。很多网友将此事闹到王菲的单位,王菲因此遭到辞退,其他单位一接到王菲的求职信也退避三舍。王菲父母的住宅被人多次骚扰,激动的网友甚至在其门口用油漆写下了"逼死贤妻"等字样。

2008 年 3 月,王菲不堪忍受网友长期对其及家人不断恐吓漫骂和威胁的短信、邮件及现实中的骚扰,其求职更是没有用人单位敢接受,将"北飞的候鸟"、大旗网、天涯社区三网站告上法庭,要求恢复名誉,并索赔精神抚慰金和工资损失。

2008 年 12 月 18 日,由"死亡博客"引发的网络暴力第一案在朝阳法院公开宣判。大旗网和"北飞的候鸟"两家网站的经营者或管理者,被法院确认构成对原告王菲名誉及隐私权的侵犯,分别被判停止侵权、公开道歉,并赔偿王菲精神抚慰金 3000 元和 5000 元;天涯网因于王菲起诉前及时删除了侵权帖子,履行了监管义务,因此其经营者经判决认定不构成侵权。判决对于该案涉及的个人在网络上的隐私权、名誉权保护以及网站的监管义务等均进行了详细论证,对当前网上频发类似事件应具警示作用和指导意义。一审宣判后,"北飞的候鸟"网站的管理者张某不服判决提起上诉。

2009 年 12 月 23 日,北京二中院进行了终审宣判:王菲在与姜岩婚姻关系存续期间与他人有不正当男女关系,是造成姜岩自杀这一不幸事件的因素之一,王菲的上述行为应当受到批评和谴责。但对王菲的批评和谴责应在法律允许范围内进行,不应披露、宣扬其隐私。张某作为"北飞的候鸟"网站的管理者泄露王菲个人隐私已构成对王菲的名誉权的侵害,应当承担相应民事责任,法院故此维持原判。

人和事件以及相关信息公布在网上,进行评判,如果行使得当,将有利于社会进步,也有利于公共利益的实现,如"周久耕天价烟事件"①。目前的法律还没有对隐私权的概念做明确的定义。隐私权在法律上的不甚明确,导致了"公众人物"的隐私权及其界限没有法律上的依据。因此,在对社会不良现象进行批评、对"公众人物"监督与侵犯他人的隐私之间尚没有一个明确的界限。

除此之外,2010 年的"3Q 之争"又从另外一个角度引起了社会对互联网个人信息问题的关注。2010 年 9 月 27 日,北京奇虎科技有限公司旗下软件"360 安全卫士"推出安全组件"360 隐私保护器",称其监控到腾讯 QQ 聊天软件私自对用户计算机进行扫描、侵犯用户隐私,并随即推出"扣扣保镖"对 QQ 上的一些功能进行关闭。虽然奇虎360 占据了保护用户隐私的道德至高点,但 360 隐私保护器表面上用于监控窥私软件,其实仅支持监控 QQ 及所有名为 QQ 的文件。腾讯随即以侵权、不正当竞争为名将奇虎 360 告上法庭。2011 年 4 月 26日,法院对"3Q 之争"做出一审判决,认定奇虎公司等三个被告不正当竞争,判令其停止发行使用涉案的"360 隐私保护器"V1.0Beta 版软件,连续 30 日公开消除因侵权行为对原告造成的不利影响,并赔偿损失 40 万元。由于我国目前尚未制定专门的个人信息保护法,效力最高的规范仅仅是 2012 年 12 月颁布的《全国人大常委会关于加强网络信息保护的决定》,其内容相对简单,处罚措施语焉不详,保护范围仅限于个人身份和隐私信息,这必然导致难以界定 QQ 此类软件在计算

---

① 周久耕是原南京市江宁区房产局局长,2008 年 12 月因对媒体发表"将查处低于成本价卖房的开发商"的不当言论,引起大量网友的不满,遂被网友人肉搜索,曝出其抽 1500元一条的天价香烟、戴名表、开名车等问题,引起社会舆论极大关注,人送其"最牛房产局长"、"天价烟局长"等多个极富讽刺意义的称谓。之后,该事件引起了纪委和司法机关的介入。2009 年 10 月 10 日,江苏省南京市中级人民法院做出一审判决:周久耕犯受贿罪,判处有期徒刑 11 年,没收财产人民币 120 万元,受贿所得赃款予以追缴并上交国库。

机后台扫描磁盘行为的性质。此类立法需要强大的技术支持,因为越来越复杂的计算机网络技术行为是否侵犯用户隐私权,需要强力而明晰的技术鉴定与法律依据相结合。

三、互联网监管立法的原则与价值选择

在当今世界,互联网的兴起和普及,开辟了交往的无限可能性,改变了人们的互动方式,但也产生了相当棘手的社会问题。软件盗版的猖獗、色情信息的泛滥、隐私权危机、形形色色的"黑客"袭击使互联网监管立法成为大家的共同呼声。有别于现实世界的互联网世界,代表着社会发展的趋势,正所谓"没有比特(BIT,计算机术语。二进制数系统中,每个 0 或 1 就是一个位,即 BIT。位是数据存储的最小单位)就没有前途",也由此引发了对网络新规则与新技术的探讨。互联网的发展离不开法律的支持和保障,互联网需要规则,需要管理,需要法律。但是,什么样的法律才是适用于互联网世界的法律?

(一)法制统一

法制统一是法治国家共同提倡和遵守的一项重要原则。法律规范作用的发挥,不单有赖于国家意志、强制性等外部作用,更重要的是法律体系内部的一致。法律规定之间的不一致,不仅有害法律规范本身的效力,更对法律体系的权威以及法治构成了现实的威胁。因此,法制统一原则要求在立法工作中,制定任何法律、行政法规和地方性法规都不能同宪法相抵触,行政法规不得同法律相抵触,地方性法规不得同法律、行政法规相抵触,法律规范之间不得相互抵触;一切立法都必须依照法定权限,遵循法定程序,不得超越立法权限、违反立法程序;在制定法律法规时,要从国家的整体利益出发,从人民长远、根本的利益出发,而不能从本部门、本地方利益出发,从制度上确保国家法制的统一和谐和内部一致。

法律体系内部的统一,为确保法律规范的权威与可适用性,为社会得到稳定的秩序提供了前提。法制统一原则要求我国互联网监管法律体系必须从两个方面予以完善:第一是纵向的层级体系。我国的立法主体多样,层级复杂,仅就行政立法而言,其主要包括行政法规、部门规章和地方政府规章三种形式。行政立法的主体包括:国务院;国务院各部、委员会、中国人民银行、审计署和具有行政管理职能的直属机构;省、自治区、直辖市和较大的市的人民政府。上述主体之间存在一定的纵向领导与被领导的关系,并且不同行政立法法律规范之间存在法定的效力位阶,无论是从主体之间的层级关系还是规范性法律文件的效力位阶来看,纵向的法制统一均要求下级行政主体立法必须与上级行政主体立法保持一致,不得与之冲突或抵触,确保互联网监管行政立法体系的内在一致。第二是横向的平行体系。这是指部分互联网监管行政立法主体之间并无纵向的领导与被领导关系,彼此属于横向的互不隶属关系。根据我国立法法的相关规定,不同位阶的法律规范之间发生冲突的,直接根据"上位法优于下位法"的原则决定适用上位法,但是位阶相同或者位阶关系不明确的法律规范之间的冲突需要由有关机关裁定具体适用的法律规范。因此,从效率的角度来看,法律规范之间的横向冲突比纵向冲突更难于快速解决。因此,应对横向的法制统一引起足够的重视。一方面,制定统一的上位法,避免不同监管立法主体针对同一网络监管问题作出不同规定的"政出多门"现象;另一方面,在立法时注意协调其他法律规范中的相同问题,及时进行法律清理和修改,同时完善法律冲突解决规范,以确保在进行互联网监管活动中的法制统一。

(二)维护互联网自由与完善多元化监管的统一

互联网确实给人们提供了前所未有的自由度,但绝对自由的互联网本身就是不存在的。事实上,互联网本身就是由各种各样的规则和协议来支撑的。典型例子是网络协议。网络协议是为计算机网络进行数据交换而建立的规则、标准或者约定的集合。当计算机终端用户之间进行通信时,网络协议的作用就在于通过将用户之间的字符转化为统一标准字符以利于用户之间的交流。所以协议就是通信双方为了实现通信所进行的约定或者对话规则,只要符合了网络协议的基本要素,网络用户之间的对话是完全可能的。网络协议创立了双方相互通信的最为基本的规则与秩序。虽然,互联网的发展确实给人们提供了前所未有的信息自由度,无论是政府信息公开化还是文化交流、商业传播乃至个人情感流露都更加方便,人们可以利用网络的这一特性,更多更快地获得并交流认识世界和改造世界所必需的信息,同时也提高了人类自身的能力,但绝对的信息自由是不存在的。一方面,由于技术、商业等方面的原因,人们仍然难以获取充分有效的信息;另一方面,又存在着大量垃圾信息,虚假信息。因此,从充分发挥互联网信息功能的角度出发,从社会公共利益的角度出发,都要求限制互联网上的绝对自由。美国国会于1996年6月通过的《正当传播行为法案》,立即引起了部分计算机使用者、鼓吹言论自由者及民权人士的强烈抗议,此事被称为"计算机世界的焚书行为",此法案不久被美国最高法院以抵触美国宪法第一修正案所保障的言论自由为由而否定。但越来越多的人们对网络上的公共利益已形成共识,于1998年10月终于通过了被称为"第二代正当传播行为法案"的《儿童上网保护法》,因为大多数美国人已经意识到网上有害信息对青少年的毒害,人们宁愿牺牲一些个人自由来换取干净的网络文化。之后,美国越来越加强互联网方面的监管活动,相继成立了 6 大网络安全专职机构,颁布了 130 多项法律法规,其监管之严密居世界首位。2011 年,在美国总统奥巴马的推动下,作为国家网络安全战略重要组成部分,美国商务部启动了网络身份证战略。

互联网在发展的过程中出现失序现象是政府进行互联网监管的前提所在。但是必须明确的是,互联网监管对于维护互联网秩序并非唯一的途径。在互联网这个互动、多元、信息量惊人的数字化模拟世界里,如果只单纯依靠政府的介入或法律的强制力,恐怕会因监控困难而实质上有所不能。因此,许多互联网发达的国家都在政府立法监管的同时,将民主管理的权利赋予互联网业者。互联网自律的优点在于它不仅可以实现更为有效的管理,从而使得规则的执行更加容易,而且还体现了互联网专业化的特点,促进了人们对互联网规则的自觉遵守。诚然,政府的监管行为作为互联网治理的外部干预力量,具有一定的强制性,对于互联网秩序的恢复与维持效果显著;而互联网主体的自律虽然出于自发,并无强制效力,但其对于良好互联网秩序的维系却有长远影响。政府在互联网失序治理中应当超越单纯的监管者角色,积极发挥行政机关在影响力、信息量等方面的优势,积极对互联网主体进行引导,以非强制的行为方式介入互联网失序治理与互联网秩序维护。

应充分认识到政府对互联网的监管是对互联网主体自律及政府引导不能消解失序现象的一种后继性措施。在任何时期任何社会,法律都不是全部社会秩序的基础。当我们着眼于互联网形发展的过程就会发现,互联网本身就是秩序的产物。比如前文所讲的网络协议,这个规则的来源不是立法,而是网络上各种组织和用户之间的约定。再如,Internet 协会下面有一个组织 IETF(互联网工程任务组),它是一个建立以及测试 Internet 标准的组织,是一个开放性的组织。在

IETF 制定标准过程中有一个有名的原则,即"大致一致"原则。这个原则具体表现为一个优秀的协议规程、一个良好的环境,能够使得各方参与者在一个不受控制的环境中自由进行试验,并且通过公开论坛的形式进行讨论,使每个参与者都能参加到标准的制定过程中。这个"大致一致"原则,实际上就是一个自我管理、自我发展和自由实现的规程,正是依赖它的自治性才使得 Internet 至今发展繁荣。① "大致一致"原则提供给人们的不仅仅是一个原则,还是一个自治性样本,通过它的成功证明互联网自身力量可以产生有效的规则与秩序。因而,互联网事实上是比较自律自治的,出于秩序的要求,没有任何人的指导,也没有任何立法规定,互联网中却自发地产生了"大致一致"的协议,由于规则是自发产生的,其不单来源于各种多元观点在自由交流与碰撞中的自发形成,还来源于现实世界的,诸如法院的裁判、社会善良风俗与公理、各种各样的行业规则等,所以它不但适应性强,随时跟得上技术的发展,而且最能发挥互联网用户的创造力。由于众多用户亲自参与,几乎无须借助任何强制力量,就能使规则得以很好地执行,因为用户反对规则就等于反对他自己。这一切表明,互联网规则首先不是来自国家的立法,而是来自于互联网本身。多数互联网失序问题的解决离不开互联网自律,只有在互联网主体自律之下自发形成的良好互联网秩序,才是最为稳定与持久的秩序。法律的作用在于实现互联网的秩序,那么国家应当在互联网无秩序之时出现。因此,在立法界定互联网监管职权范围时必须持谨慎、克制的态度,严格监管权力运用的实体与程序方面的规定,避免立法授权政府监管行为介入过宽或者介入阶段过早,从而使得互联网主体自律能够充分发挥作用,并预防政府互联网监管权力的肆意运用。当然,对互联网自律的强调并不排

---

① 吴弘:《计算机信息网络法律问题研究》,立信会计出版社 2001 年版,第 99 页。

斥政府互联网监管的作用。并且,互联网自律的形成也需要政府互联网监管职能部门予以引导。

(三)实现利益平衡

法律的核心问题在于权利义务的分配,即不同主体之间利益关系的法律设定。互联网监管立法的直接目标在于通过维护互联网秩序实现互联网自由,这一目标的实现是以在互联网主体之间分配权利义务的手段来实现的。因此,政府互联网监管立法必须在不同互联网主体的互联网权益之间作出合理、平衡的分配。要充分考虑互联网安全、互联网自由和互联网利益这三大价值的实现和正确处理好政府、互联网运营商和互联网用户之间的关系。对互联网监管来说,如果仅仅着眼于维持互联网秩序而漠视互联网自由和互联网利益,都是舍本逐末的。在互联网利益方面要做到兼顾政府、互联网运营商和互联网用户等各种利益主体的平衡而不能只重视一个而忽视其他利益。同时,互联网监管立法还应对不同监管相对方的权利义务作出合理界定,禁止不合理的权利义务分配,比如公共互联网经营场所不应承担互联网运营商提供非法互联网信息的不利法律后果。这不仅是确保立法公正合理的前提,也是保证相关规范性法律文件获得预期实施效果的基础。网络用户在互联网监管立法中的定位,应当限于不得滥用互联网自由,即不得借助互联网侵害他人、集体及公共权益的一种自律;互联网运营商负有的责任应当超出互联网用户,不得滥用互联网用户的个人信息是互联网运营商的基本义务,互联网运营商还应当担负禁止危害国家安全、公共利益等信息发布的义务,保证自身所提供的互联网信息服务符合法律规定;而政府同样也应就其监管互联网的职责,承担及时履行监管职责,不得滥权、怠权,以及侵犯公民、组织合法权益的救济责任。

由于互联网监管必然导致政府监管权力与互联网自由之间的冲突,政府的监管行为也会直接影响互联网用户、互联网运营商等互联网主体的权利。因此,互联网监管立法遵循行政法上的比例原则就非常重要。该原则的基本含义,是指"行政机关实施行政行为应兼顾行政目标的实现和保护相对人的权益,如为实现行政目标可能对相对人权益造成某种不利影响时,应使这种不利影响限制在尽可能小的范围和限度内,保持二者处于适度的比例"①。比例原则反映了行政法的控权理念,它要求行政机关不得以"大炮打蚊子"的方式行使行政职权,以免对行政相对人造成非法侵害。因此,在对互联网监管行为进行法律设定的时候应充分考虑监管对互联网自由与互联网主体权益的现实影响,尽量防止监管行为存在对互联网自由、互联网主体权益造成不必要或者过大侵害的可能。任何一种政府监管行为获得法律的授权,必须以治理互联网失序的需要为前提;任何一种监管行为的界定,不得超出达成行政目标所需要的合适尺度。

(四)结合技术发展

互联网是现代高科技不断发展的产物,其构筑了一个不同以往的虚拟世界,在这个空间里,比特代替了原子,信息通过计算机网络高速流转,它与传统的物理世界有了大大的改观,这就决定了规范互联网世界的法律必须适应其调整对象的特点,从而与传统法律有较大的不同。在西方有重视技术因素的传统,直至今天还有很多学者主张通过技术来实现互联网的秩序,其中影响非常大的乔尔·里登博格(Joel Reidenberg)认为科技和通信网络的发展形成了"信息法则"(Lex Informatica),决策者必须理解和鼓励。他认为网络独特的技术结构形

---

① 姜明安:《行政法与行政诉讼法》,高等教育出版社、北京大学出版社 2005 年版,第 71 页。

成了不同的法律运用规则。虽然法律也能使科技排除一些困难的选择或法律使用户限制其自身的活动,但通过科技自身的控制能形成有效的政策选择。他认为互联网内容选择平台(PICS)过滤系统能在不同的判断中很好地过滤不被允许的内容。如果这些判断和法律冲突,当地网络代理服务商灵活可以运用 PICS 作为一种防火墙来过滤那些在别的地方允许而在本地被认为违法的内容。他认为"信息法则"的优势在于它在制定信息政策和在信息社会制定规则中有三个特点:技术规则超越了现实的国界;"信息法则"通过不同的技术体系使得信息规则更容易被接受;信息规则对于自律和顺从监视能力也是很有好处的。在谈到"信息法则"和法律管制的关系时,他认为"信息法则"在解决问题时既能限制又能提高法律的能力,并认为决策者必须把"信息法则"作为决策工具并把它作为法律的有效替代品。[①] 哈佛大学法学院的劳伦斯·拉斯基教授认为网络空间运行的规则包括法律、道德、市场规则和代码。这些代码既包括大量的硬件和软件,还包括大量的通信协议,决定了网络空间的网络结构以及网络空间将被如何管制。[②] 如微软公司就在其浏览器上设计了一个接受网络内容的分级过滤装置,把"暴力"、"性"、"裸体"、"语言"都分成五级,这样使得人们可以通过设定浏览器的安全级别来控制对色情内容的接触。美国颁布的《全球电子商务框架》规定应由市场而不是政府来决定技术标准和其他操作性机制。技术发展得太迅速使政府无法制定管理互联网的技术标准,因此标准的制定应当由互联网从业者自己制定。这就要求政府应尽可能地为互联网从业者自律提供必要的空间,这也有利于政府自身效率的提高。

---

① Joel Reidenberg, Lex Informatica: The Formulation of Information Policy Rules through Teehnology, *Texas Review*,(1998)76 553—593.

② Lawrence Lessig:The law of the horse: what cyberlaw might teach,*Harvard Law Review* 501 (1999) 113.

　　我国在 2008 年开发出了一款"绿坝—花季护航"软件。它是为净化网络环境,避免青少年受互联网不良信息的影响和毒害,由国家出资,供社会免费下载和使用的上网管理软件,是一款保护未成年人健康上网的计算机终端过滤软件。绿坝软件主要有三项主要功能:第一是图像过滤技术。该技术以比对图案的方式,过滤网络内容。绿坝的图像过滤技术利用了肤色、人脸、姿态和特殊器官等特征来识别色情图片,是同类软件中比较先进的。第二为语义过滤技术。主要功能在于审核网页内容,避免色情、暴力等不良信息出现;第三为 IP 过滤技术的软件,将封禁网站地址,以程式、机器人及验证数据库等方式,制作黑名单并予以封锁。除了可以过滤掉淫秽色情、暴力等信息外,绿坝还能控制上网时间、限制网上聊天等功能。为了推广这款软件,教育部、财政部、工信部、国务院新闻办于 2009 年 4 月 1 日发出《关于做好中小学校园网络绿色上网过滤软件安装使用工作的通知》。通知要求,"为了给中小学生营造健康、积极的网络学习环境",地方各级教育行政部门认真组织实施,"确保在 2009 年 5 月底前,各中小学校联网的计算机终端均能安装运行好'绿坝—花季护航'绿色上网过滤软件"。之后,工业和信息化部在 2009 年 5 月 19 日下发了《关于计算机预装绿色上网过滤软件的通知》,该通知要求 2009 年 7 月 1 日之后在中华人民共和国境内生产销售的个人计算机出厂时应预装最新版本的"绿坝—花季护航",软件应预装在计算机硬盘或随机光盘内。但是,非常遗憾的是"绿坝"在技术上不太成熟,在推广过程中出现了很多问题:不良词汇过滤功能和不良图片过滤功能不成熟,对于非不良图片出现黄色背景、黑色为主的情况时,会统一过滤为不良图片,比如地图图片;不能正常卸载,即使卸载也会有大量的进程;不支持 64 位系统,不支持 MAC,不支持 Linux,而且在 XP 下很不稳定;非 IE 内核浏览器绿坝不起任何作用,等等。这些问题导致绿坝软件推广困难,而上述两个"通知"最后也不了了之。这个案例充分说明了互联网监管必须符合互联网技术发展的规律,法律不可能完全代替技术。不依赖于技术发展而随之改变,仅仅依靠政府单方面的努力很难使互联网监管的效果达到最初的立法目。

(五)可操作性

　　仅仅从技术层面,我们可以提出互联网监管最理想、最完备的法律,但人类社会不同于自然界的一个重要特点,是人类社会的发展不仅要遵循一定的规律,而且要受到人类主观能动性的影响,而且人类的价值目标并不一定符合技术自身发展的规律。因此,针对目前互联网上出现的各种问题,主动进行立法是必要的,但这种主动性必须建立在可行性的基础上,也就是互联网监管立法的制定必须具有可操作性。如果制定的法律不具有可操作性,那么这样的法律就得不到人们的尊重和信仰。而法律若得不到信仰,就无法发挥其应有的作用。因此在互联网监管立法中必须考虑到互联网的特点,包括其所采用的技术标准和规则,还必须要考虑到互联网用户中约定俗成的不与我国法律相抵触的习惯和规则。

　　由于互联网是一个新生事物,在我们的立法者对互联网的了解还停留在一知半解阶段时,自然难以充分理解互联网运行的规则,更不可能进而实现互联网的秩序。只有对互联网进行充分理解和分析,我们的监管立法才会更具可行性。2010 年 5 月,提交浙江省人大常委会初审的《浙江省信息化促进条例(草案)》中提出,"任何单位和个人不得在网络与信息系统擅自发布、传播、删除、修改信息权利人的相关信息"。该条款因被认为拟立法禁止"人肉搜索"而广受关注。而当年 4 月,台湾地区修订的《个人资料保护法》修正案,将"人肉搜索""合法化",前提是如果"人肉搜索"目的是基于"社会公益",那么不仅不禁止,反而会鼓励。两者对比之下,浙江省人大常委会一审通过的《浙江省信息化促进条例(草案)》遭到了大量网友的抨击。尽管相关部门一再澄清,其意并非针对人肉搜索,但比对其条款中的措辞,人肉搜索显然在被规范之列。网民对禁止公开个人信息的最大质疑,是担心其成为阻止涉及公共利益公开的借口。人肉搜索仅仅是一种工具,一方面,人肉搜索若使用不当就会演变成网络暴力,带来不可估量的负面效果,个人信息一旦被公之于众,生活随之将被严重骚扰,这对当事人造成的心理压力可想而知,而因隐私泄露所引发的潜在危险也令人担忧;另一方面,人肉搜索对于舆论监督和反腐败确实起到促进作用。所以,对于在网络上公开他人信息这一行为,不能一刀切,而应有明确界定,这必须以披露信息的行为是否有利于公共利益、是否合法来衡量。这势必涉及目前各地已出台法律的可操作性问题。纵观各地已出台的相关规定,它们大多笼统地表述为禁止擅自或未经允许公开他人的信息资料。这种规定的可操作性都不强。最终,炒得沸沸扬扬的"禁肉条款"也因反对意见太多,且不具备可操作性,在浙江人大常委会二审《浙江省信息化促进条例(草案)》时予以删除。

(六)公众参与

行政立法过程的公众参与是民主立法原则的体现,是相应法律文件具有公正性和正义性的基本保障。公众参与理论来源于西方国家的制度改革运动,为有效控制行政立法,各国普遍采用议会授权法控制、法院司法审查控制、公众参与控制三种不同的方式。[①] 公众的参与权构成了公民的一项基本权利。法国大革命时期的政治家、思想家罗伯斯比尔在其师承洛克而提出的天赋人权理论中,把参政权列为与自由权、平等权、社会权同等重要的天赋人权。[②] 行政法视野中的公众参与,是在行政立法和决策过程中,政府相关主体通过允许、鼓励利害关

---

① 李婷:《论行政立法的民主参与》,《甘肃农业》2006年第8期,第87页。

② 谷春德:《西方法律思想史》,中国人民大学出版社2004年版,第252—253页。

系人和一般社会公众,就立法和决策所涉及的与利益相关或者涉及公共利益的重大问题,以提供信息、表达意见、发表评论、阐述利益诉求等方式参与立法和决策过程,并进而提升行政立法和决策公正性、正当性和合理性的一系列制度和机制。行政立法中的公众参与,包括座谈会、论证会、开放式听取意见、听证会等方式,它对于行政机关和民众两方面具有不同的意义。

对于行政机关而言,公众参与是一种听取民意的机制,通过推进参与,可以在更加全面、客观、公正地把握民意的基础上,制定行政法规、规章和其他规范性文件。行政立法的科学性和可行性不但取决于立法者的决策能力,而且取决于决策信息的充分程度和信息传输的效率。公民参与为政府决策提供广泛而有用的信息,改善信息的质量和利用率,提高政府掌握信息的准确度,以便政府做出更有利于公民的决策,人民也更容易接受政府的决策。事实上,公民提供的信息往往是决策者做出理性决策的重要信息来源和决策依据。因此,公众参与行政立法是行政立法科学性和可行性的必要条件。此外,公众参与行政立法还有利于行政立法预期目标的实现,这对于推进依法行政、建设法治政府具有重大意义。托克维尔在《论美国的民主》中指出:"不管一项法律如何叫人恼火,美国居民都容易服从,这不仅因为这项立法是大多数人的作品,而且因为这项立法也是本人的作品。他们把这项立法看成一份契约,认为自己也是契约的参加者。"①同样,如果行政立法强调公众参与,行政法规和规章就会极大地减少公众的抵触和对抗,并且得到人民的支持和认同。这样就会大大降低行政法规和规章实施的风险和成本,提升行政立法的实施效果。

对于民众而言,公众参与是一种利益表达机制,公民可以通过直接参与行政立法的方式来表达自己的利益,避免或减少行政权力对其

---

① 托克维尔著,董果良译:《论美国的民主》(上卷),商务印书馆 1988 年版,第 275 页。

合法权益的侵扰。随着社会的加速发展,社会事务的复杂化程度加深,政府行政权力不断扩张,行政立法权成为行政权的组成内容。如果行政立法缺少必要的监督和制约机制,公民、法人和其他组织的合法权益将面临遭受行政立法侵害的威胁。公众参与为政府与行政相对人之间的沟通提供了有效渠道。公众可以通过这种途径发表自己的意见,政府可以借此听取公众意见,从而防止行政立法权的滥用。

我国立法法明确规定,行政法规、规章在起草过程中,应当广泛听取有关机关、组织和公民的意见。听取意见可以采取座谈会、论证会、听证会等多种形式。这一规定为政府互联网监管立法过程中的公众参与提供了法律上的依据。行政机关在制定互联网监管法律规范的时候,应当遵循立法法的这些规定,为公众参与立法进程创造条件,并在立法过程中认真考虑、吸纳公众意见,真正做到民主立法、科学立法。实际上,互联网自身的信息优势为互联网监管立法中的公众参与提供了独特的平台。互联网监管立法主体可以借助互联网就相关立法事项征求公众意见,这种做法充分利用了互联网信息传递所具有的广泛、高效等特点,相较传统的座谈会、听证会、论证会等形式具有对象更广泛、意见更真实的特点。尽管我国立法没有对公民监督行政立法作出相关规定,但是公民通过互联网参与立法的意见征求过程,必将有益于互联网监管立法的科学、民主与可行。

四、互联网监管立法的完善

为维护网络秩序及网络健康发展,保障网络主体合法权益,充分实现网络自由,必须从以下方面改善我国互联网监管立法。

(一)坚持正确的立法思想

立法活动是以一定理论为指导的自觉活动。吴邦国同志在十一届全国人大四次会议上所作的全国人大常委会工作报告中指出："形成中国特色社会主义法律体系的五条重要经验之一,是坚持以中国特色社会主义理论体系为指导。坚持正确的指导思想,是加强民主法制建设、做好立法工作的根本前提。"

中国特色社会主义理论体系是包括邓小平理论、"三个代表"重要思想和科学发展观等重大战略思想在内的科学理论体系,是马克思主义中国化的最新成果,是我国改革开放和社会主义现代化建设的根本指导思想,是建构中国特色社会主义法律体系的根本指导思想,当然也是建立既具有中国特色又符合互联网健康发展要求的互联网监管法律体系的根本指导思想。

立法过程是统一思想、凝聚共识的过程。随着改革开放的不断深入,我国的利益主体越来越趋多元化,利益关系越来越复杂,人们的思想越来越活跃。立法过程既是不同利益群体的博弈、妥协过程,也是不同思想、主张的交流交锋过程。在立法实践中,经常会有这样那样的不同意见,解决的办法就是坚持从群众中来、到群众中去,实行民主立法、开门立法,充分发扬民主、集思广益,最后从中国国情和实际出发,按照中国特色社会主义理论对各种不同意见进行分析,做出判断。

因此,面对互联网新技术、新业务的飞速发展,各种综合性的业务融合逐渐加快,原有的互联网监管法律制度将逐渐不再适应互联网发展需要的局面,必须继续坚持以中国特色社会主义理论体系为指导,不断研究互联网发展的新情况、分析监管过程中的新问题、总结国内外互联网监管的新经验,进一步加强科学立法、民主立法,进一步提高立法质量,推动互联网监管立法工作再上新台阶,取得新成就。

(二)坚持立法的科学性

坚持立法的科学性,也就是实现立法的科学化问题。这有益于尊重立法规律,有益于提升立法质量,克服立法中的主观随意性和盲目性,也有利于在立法中避免或减少错误和失误,降低成本,提高立法效益。所以现代国家一般都重视遵循立法的科学原则。第一,需要实现立法观念的科学性。要把立法当科学看待,以科学的立法观念影响立法,消除似是而非、贻误立法的所谓新潮观念和过时观念。构造立法蓝图,作出立法决策,采取立法措施,应当自觉运用科学理论来指导。对立法实践中出现的问题和经验教训,应当给予科学解答和理论总结。互联网是现代高科技不断发展的产物,其构筑了一个不同以往的虚拟世界,在这个空间里,比特代替了原子,信息通过计算机网络高速流转,它与传统的物理世界相比有了很大的改观,这就决定了规范互联网世界的法律必然要适应其调整对象的特点,从而与传统法律有较大的不同。因此,必须改变传统法律观念,从科学的角度审视互联网,自觉运用科学理论来指导互联网立法工作,以适应互联网时代的需求。第二,要建立科学的立法权限划分、立法主体设置和立法运行体制。目前,我国互联网监管立法层次比较低,属于法律层面的立法只有三个,即全国人大常委会通过的《关于维护互联网安全的决定》、《关于加强网络信息保护的决定》和《电子签名法》,甚至行政法规也只占很小的份额,更多的都是规范性文件;而且立法的位阶较低,以部门规章、地方政府规章为主。应当积极制定高阶的互联网监管法律制度,理清相应的法律层次,处理好国家法律和地方立法、部门立法的统一性和协调性问题,从纵向与横向两个角度完善互联网监管法律体系,从而实现互联网立法的统一。第三,互联网立法应当有适当的前瞻性。随着互联网新技术、新业务的飞速发展,各种综合性的业务融合逐渐加快,原有的互联网监管法律制度将不再适应互联网发展的需要。这势必要求我们加强对互联网新技术、新业务、新问题的持续跟踪和前瞻性研究。只有这样,我们才能准确把握互联网监管立法的方向,及时清理和修改原有的法律监管体系,有效推动相关立法的完善工作,从而改变互联网监管立法被动、滞后的局面。

（三）重视国际合作

互联网空间的虚拟性使其与现实世界相对，具有相当程度的独立性。互联网在世界范围内的充分发展极大地淡化了地理意义上国家疆域的概念，世界在互联网空间中成为一个相互联通的整体。互联网空间的全球一体化对政府互联网监管提出了国际化的要求，这也必然成为完善政府互联网监管立法所必须考虑的因素。尽管各国互联网监管范围、方式等政策具体内容不一，但是对于普遍的互联网失序现象，比如色情暴力信息泛滥，各国普遍持否定态度，这也为政府在互联网监管上开展国际合作奠定了现实基础。目前，在全球范围内，一些国际性的互联网管理组织也应运而生。如总部设在美国的国际互联网协会（ISOC）、互联网名称与数字地址分配机构（I-CANN）等。我们应加强与这些互联网国际性组织的联系，解决互联网纠纷以及在互联网协议、互联网规范制定上存在的问题。认真研究国际互联网立法和管理的动向，积极借鉴国外成功的经验，以为我所用。

（四）明确政府监管责任，完善相应救济机制

虽然现代政府已经开始从干预行政向服务行政转变，但权力的天然膨胀性以及传统管理模式的惯性极易使政府在互联网监管中滥用权力，从而损害相对人的合法权益。这就有必要完善政府的责任体系，不仅要完善民事责任体系和国家赔偿责任体系，还有必要建立追究有关领导及主管人员的行政责任的制度。目前，我国的相关互联网监管立法大多强调政府的监管而漠视对监管的监督和对相对人权利的保护，这和现代行政法的发展潮流是很不一致的。因此，必须建立相应的救济机制，对在互联网监管行为中合法权益受到侵害的公民、法人或其他组织提供恢复受损权益的法律渠道。一方面，可以完善行政诉讼和行政复议，加强因违法监管导致合法权益受损的互联网主体

的行政诉讼和行政复议救济途径,避免监管相对人在权益受到侵害的情形下无从请求救济的局面;另一方面,进一步完善国家赔偿法,建立因互联网监管侵害合法权益的国家赔偿细化方案。

(五)法治与德治并举

"徒法不足以自行"。法治规范人的外部行为,德治规范人的内心世界,只有两者相辅相成,才能从根本上巩固社会的稳定。如果德治不举,人心不稳,法治就会千疮百孔;而法治松弛,惩恶不力,德治也会破堤而溃。对于互联网的治理,同样应采取法治与德治并举的办法。在加强互联网立法,打击违法活动,维护互联网安全和秩序的同时,更重要的途径是提高整个社会网民的互联网道德素质,这是主动净化互联网环境,解决互联网安全问题的根本。第一,加大互联网道德宣传力度。根据互联网的传播特性,发挥互联网宣传的优势,丰富网络文化,用主流的价值观念引导社会舆论,构建和谐的舆论引导模式,提高网络道德建设的水平。第二,倡导互联网信息环保意识。信息是资源、互联网是工具,而人是主体,培养良好的网络媒体素养是信息社会对人们的基本要求,也是消除信息污染的根本途径。第三,要培育正确的网络价值观。这就要求网民正确处理虚拟社会与现实社会的关系,正确认识互联网的功能与价值,充分利用好互联网,趋利避害。选择和利用健康有益的互联网信息为自己所用。第四,保持心理健康和人格健全。互联网既为人们宣泄情感提供了场所,也容易导致抑郁、心理障碍、安全焦虑、人格障碍等心理问题,因此,保持网民健康的心理和健全的人格也是净化互联网环境的基础。

第三章

国外互联网监管经验

互联网刚问世时,西方民众普遍认为依靠市场的力量和公民的自律就足以建立互联网的秩序和行为标准,政府不应当介入互联网的管理。然而,随着互联网的迅猛发展,人们逐渐认识到,单纯依靠市场的力量和民众的自律是远远不够的,不能充分保护互联网用户的安全,比如网络色情、网络黑客、网络诈骗、网络盗窃、计算机病毒等使用户饱受伤害。互联网的发展已使其悄悄地演变成一个极其重要的战略阵地,对国家安全、经济发展、社会秩序、青少年的素质培养等影响巨大。因此,如何管理好互联网就成了各国政府需要认真对待的工作。

一、立 法

各国在立法上主要有以下几个特点。

(一)加强网络监管立法是各国通行选择

1. 美国

依据法律法规对互联网实施必要的管理是各国通行的做法,美国也不例外。高声宣扬"网络自由"的美国,从来都没有对互联网疏于防范和管控。美国通过各种途径,对网络实施着当今世界最成熟和最有效率的监控和管制措施。为有效地管理互联网,自 1978 年以来,美国国会及政府各部门先后通过了 130 项相关的法律和法规。1984 年,美国国会通过了《联邦禁止利用计算机犯罪法》。1987 年,国会通过议案,批准成立国家计算机安全技术中心,并制定了《计算机犯罪法》。随后,美国各州均制定了有关互联网管理的地方法规和处罚办法。[①]

2. 英国

早在 1996 年,英国政府就组织互联网业界及行业机构共同签署了首个网络监管行业性法规《R3 网络安全协议》。《R3 网络安全协议》中的 R3 是指 3 个以字母 R 开头的英文单词,即分级、报告和责任。该法规在鼓励使用新科技的同时,要求网络服务商承担起确保网络信息合法性的责任,对提供网络服务的机构、编发网络信息的单位进行明确职责分工。此外,英国《电信法》规定,通过电话传递攻击性信息或传播非常无理、下流、淫秽等内容属非法行为,该规定同样适用于互联网。面对原有法律条款已不能对新兴媒体进行有效监管的现状,2012 年 4 月 1 日,卡梅伦领导的联合政府已批准向议会提交互联网监管法规草案。该草案将允许政府部门严格监管互联网,允许情报部门依法监听电话,了解短信和电子邮件的内容,并要求互联网公司向政府通信总部通报用户使用网络的详细情况。[②]

3. 德国

严谨认真的德国人对互联网内容管理可以说是宽容有度的。德国出台了世界上第一部规范互联网传播的法律——《多媒体法》,之后制定了《电讯服务法》、《电讯服务数据保护法》、《数字签名法》,并根据网络传播发展的需要对《刑法法典》、《治安条例法》、《危害青少年传播出版法》、《著作权法》和《报价法》等及时进行修改完善,加强了对互联

---

① 光明日报:《美国三管齐下监管互联网》,2010 年 07 月 27 日。
② 人民日报:《英国高度重视网络信息监管问题》,2012 年 04 月 24 日。

网传播内容的控制。各项法律的实施,既体现了网络言论的自由性,又根据国家和社会发展要求对其给以严格的限制。在合法性原则的前提下,德国建立了措施严厉的执法队伍,保证法制的落实,规范互联网内容管理。①

4. 法国

法国的互联网近十年来发展迅速,截至 2010 年全国约 6500 万人口中,已有近半数的人成为互联网网民。互联网无时无刻不在影响着法国的社会政治以及文化生活。法国政府对互联网的作用始终以积极的态度进行普及推广,同时又以严格的法律对其进行管理。2006年,法国通过了《信息社会法案》,旨在加强对互联网的"共同调控",在给人们提供自由空间和人权自由的同时,充分保护网民的隐私权、著作权以及国家和个人的安全。②

5. 澳大利亚

"没有规矩,不成方圆"。依法管理互联网目前是国际上的通行和必须的做法,明确在互联网管理中哪些要得到保护,哪些要进行限制、禁止,并让使用互联网的人们明确自己的权利与义务,互联网才能顺利、安全地发展。建规立制、依法管理是对互联网管理最重要的环节,这是澳大利亚联邦政府对互联网根本性的管理。

澳大利亚是世界上最早制定互联网管理法规的国家之一,使互联网管理有章可循,有法可依。澳大利亚制定的涉及互联网管理内容的法规及标准由澳大利亚传播与媒体管理局(ACMA)、行业机构和消费者共同制定。有关互联网管理的法规主要有《广播服务法》、《反垃圾邮件法》、《互动赌博法》、《互联网内容法规》和《电子营销行业规定》

---

① 中国社会科学院院报:《宽容有度的德国网络内容监管制度》,2008 年 02 月 18 日。
② 光明日报:《法国依法监管互联网》,2010 年 7 月 26 日。

等。①

6. 日本

日本近年来不断通过加强立法提高对互联网的监管力度。就在 2011 年 3 月 11 日东北地区 9 级大地震发生的当天上午,日本内阁会议决定向国会提交部分修改刑法的草案,草案内容不仅将制作、传播、拥有计算机病毒纳入刑法处罚的范围,而且还规定政府可以要求网络运营商保存某特定用户最长 60 天的上网履历和通信记录。对此,日本一些业内相关人士批评政府加强网上监控,但也有很多人认为此举有利于遏制日益增多的网上犯罪。

日本政府与网络运营商协调一致,根据内紧外松的原则,主要通过法律手段不断加强对互联网的监管。早在 1984 年,日本制定了管理互联网的《电信事业法》。进入 21 世纪之后,随着互联网技术的发达和网络的普及,日本相继制定了《规范互联网服务商责任法》和《打击利用交友网站引诱未成年人法》、《青少年安全上网环境整备法》和《规范电子邮件法》等法律法规,有效遏制了网上犯罪和违法、有害信息的传播。

此次日本内阁会议决定修改刑法,一方面是为了加重对制作和传播计算机病毒的处罚力度;另一方面,也为当局今后在侦破网络犯罪时,从网络运营商那里获取用户的上网信息增加了法律依据。对此,一些业内人士批评政府此举是为了加强对网民的监视、有可能侵害公民的隐私权。但也有评论人士认为,为了应对日益增多的网上犯罪,保护大多数普通网民安全、安心地使用互联网,政府通过立法加强管理互联网的做法无可厚非。在 3 月 11 日的内阁会议之后,日本警察厅也展开了打击网上造谣诽谤的专项行动,目的之一就是防止有人在

---

① 中国新闻网:《澳大利亚多"管"齐下治理互联网》,2011 年 4 月 23 日。

大地震之后,利用互联网发布虚假消息从而扰乱人心、破坏社会稳定。

日本对于互联网的管理除了依据刑法和民法之外,还制定了《个人信息保护法》、《反垃圾邮件法》、《禁止非法读取信息法》和《电子契约法》等专门法规来处置网络违法行为。网络服务提供商 ISP 和网络内容提供商 ICP、网站、个人网页、网站电子公告服务,都属于法律规范的范畴。信息发送者通过互联网站发送违法和不良信息,登载该信息的网站也要承担连带民事法律责任,网站有义务对违法和不良信息进行把关。正是因为日本政府制定了完善的法律体系并不断对其进行充实完善,才有效维护了日本网民正常的上网环境。[①]

7. 印度

根据诺顿公司发布的 2010 年网络安全报告,约 76％的印度互联网用户成为网络犯罪受害者。网络犯罪的类型小到盗用个人信息、传播病毒,大到经济诈骗,甚至危及国家安全等。经济快速发展的印度已成为全球网络安全日趋恶化的国家之一。按照网络安全公司趋势科技的最新统计,印度已成为排在美国之后的第二大垃圾邮件发送国,外发垃圾邮件占全球总量的 7.3％。同时,印度也是恶意软件的主要受害国之一,比如,2010 年在印度境内肆虐的"超级工厂"病毒对该国的网络基础设施造成了严重破坏。

20 世纪末,印度政府开始意识到网络监管的必要性。起初,印度网络监管主要着眼于技术层面。印度警方从 1999 年开始与计算机专家合作,一起调查涉及网络犯罪的案件。2000 年 6 月,印度政府颁布了《信息技术法》,规定向任何计算机或计算机系统传播病毒或导致病毒扩散,以及对计算机网络系统进行攻击或未经许可进入他人受保护的计算机系统等行为,都构成网络犯罪。

---

① 光明日报:《日本通过立法加强对互联网监管》,2011 年 04 月 20 日。

2001 年 9 月,印度首个专门对付网络犯罪的警察局在班加罗尔成立,此后逐渐扩展到印度各主要城市。同时,政府还在南部城市海德拉巴成立了一个计算机犯罪分析实验室,以提高破案率。此外,印度中央调查局也开始与美国等国的安全机构共享情报,共同打击跨国网络犯罪。

随着信息产业的迅猛发展,2007 年,印度政府下决心对网络实施系统监管,技术防范与法律制裁并重,逐步完善网络监管制度,减少因网络监管不力造成的负面影响。当时,包括谷歌、微软等跨国企业在印度的网络电话业务发展势头正猛,却遭到印度本土电信业界的集体诉讼,这些跨国企业被指控未在印度境内注册运营,逃避印度法规及税收,存在极大安全隐患。于是,印度政府 2008 年重新修订《信息技术法》,并于 2009 年 10 月实施。同时,印度已有的《刑法典》、《证据法》、《金融法》中与网络犯罪相关的内容也被一一修订。①

(二)保护国家安全成为网络监管的重要内容

1. 美国

2001 年"9·11"事件之后,反恐、确保国家安全成了压倒一切的标准。为防范可能出现的恐怖袭击,美国通过了两个与网络传播有关的法律:一是"9·11"后 6 周颁布的《爱国者法》(该法英文直译为"提供阻却和遏制恐怖主义的适当手段以维护和巩固美国"法,其英文标题首字母合起来即可解读为"美国爱国者法");二是前总统布什于 2002年 11 月签署的《国土安全法》。通过这两部法律,公众在网络上的信息(包括私人信息)在必要情况下都可以受到监视。这两部法案大大加强了对美国国内机构与人士的情报侦察力度,这在此前不可想象。

---

① 人民日报:《印度日益重视网络安全,监管与安全教育并举》,2011 年 4 月 26 日。

《爱国者法》对美国的《联邦刑法》、《刑事诉讼法》、《1978 年外国情报法》等进行了修正，允许政府或执法机构调查人员可大范围地截取嫌疑人的电话内容或互联网通信内容，还可秘密要求网络和电信服务商提供客户详细信息。比如该法第 201 款规定，授权国家安全和司法部门对涉及专门的化学武器或恐怖行为、计算机欺诈及滥用等行为进行电话、谈话和电子通信监听。第 212 款规定，允许电子通信和远程计算机服务商在为保护生命安全的紧急情况下，向政府部门提供用户的电子通信记录。第 217 款规定，特殊情况下窃听电话或计算机电子通信是合法的。该法赋予美国执法机构和国际情报机构广泛的权力和相应的设施，以防止、侦破和打击恐怖主义活动。

　　尽管《爱国者法》的部分条款存在争议，但在"9·11"事件的强力震撼之下，美国国会仅用 45 天就批准了该法案。《爱国者法》牺牲了公民的某些自由，因而引起了美国上上下下的不满和忧虑，民众认为一些条款对美国传统价值观中强调的个人自由构成了严重威胁。但出于对美国国家安全的保障，国会两次延长了《爱国者法》的期限。2006 年 3 月 9 日，前总统布什签署了延长《爱国者法》的法案。根据这一法案，《爱国者法》中即将到期的 14 项条款将永久化，另两项条款的有效期将延长 4 年，同时该法案还增加了一些保护公民自由权利的条款，以平息一些争论。这表明，网络传播管制中的美国国家利益标准，雄居行业利益和公众利益等标准之上。

　　《爱国者法》为政府以"反恐"和"爱国"的名义涉入民众私人生活提供了法律依据，美国民众受宪法保护的部分权利也因此受到侵蚀。虽然美国政府以反恐的名义限制了美国价值中的核心部分即公民自由，而种种指责所引发的辩论都围绕着个人自由和国家安全的平衡展开。而另一部《国土安全法》对互联网的监控更为严密。该法案增加了有关监控互联网和惩治黑客的条款。有了这两部法案，网络服务商的信誉和网络用户的隐私与机密只能让位于国家安全。[①]

2. 德国

作为德国宪政体系基础的《基本法》明确强调,"每个人都有表达和传播观点的权利,通过书面或视频方式,人们可以合法获得信息,不受任何阻碍",德国"不进行事前审查"。在网络服务方面,针对数字化传媒制定的《多媒体法》指出,"任何人可以自由从事网络传播和经营,不受限制"。但是法律也规定"所有权力都要受到一般法律的限制"。根据这种原则,德国《多媒体法》、《刑法法典》等法律法规对什么是互联网上的不良信息、什么样的言论应受法律保护和什么样的信息言论应包括在法律制裁范围内,作出了具体解释。

德国对互联网信息传播自由所采取的保障方式是相对的,以便在"个人利益"与"公众利益"之间求得平衡。当两者发生冲突的时候,管理上会更多考虑到国家利益和公众利益,个人言论自由价值一方需要作出退让。因此,德国对个人可能发出的具有危害性的网络言论进行的监管,既阻止了通过网络手段危害社会的行为,又确保了公民一如既往地拥有言论自由和通信自由的权利。[②]

3. 新加坡

2005年,一个法律判决在新加坡受到关注和热议。时年17岁的高中生颜怀旭,以"极端种族主义者"自居,在博客上发表数篇攻击其他族群的言论,甚至叫嚣要暗杀部分政治人物。当年11月,颜怀旭被新加坡法院依据《煽动法》判处缓刑监视2年,且必须从事180小时社区服务。指定的服务社区以其他少数族群人数居多,法院此举被认为可以促使颜怀旭从正面了解其他族群。

这一判决得到多数人支持,但也有少数人认为这一判例可能影响

---

① 光明日报:《美国三管齐下监管互联网》,2010年07月27日。
② 中国社会科学院院报:《宽容有度的德国网络内容监管制度》,2008年02月18日。

言论自由。而新加坡当局毫不讳言将《煽动法》适用于互联网,理由是新加坡存在多文化和多种族等特殊社会现实,需要及时避免一些言论可能给社会和谐和稳定带来危害。

事实上,以法治精神著称于世的新加坡,是世界上推广互联网最早和互联网普及率最高的国家之一,也是在网络管理方面最为成功的国家之一。该国在互联网管理中,将国家安全及公共利益置于首位,对一些不负责任甚至危险的言论,如果市场力量、公民自律和舆论"软约束"等均行不通的话,通过立法程序形成的"硬约束"便会发挥影响。颜怀旭案件便是例证。多年来,新加坡各类法律法规的有效执行保障了社会稳定和网络健康发展。

新加坡对互联网有影响的法律法规主要包括各种新制定的法规,以及适用于互联网的传统法规。早在 1996 年,新加坡就颁布了《广播法》和《互联网操作规则》。《广播法》规定了互联网管理的主体范围和分类许可制度,《互联网操作规则》明确规定了互联网服务提供者和内容提供商应承担自审内容或配合政府要求的责任。两部法规是新加坡互联网管理的基础性法规。根据这两部法规,威胁公共安全和国家防务、动摇公众对执法部门信心、煽动和误导部分或全体公众、影响种族和宗教和谐、宣扬色情暴力等都被规定为网站禁止播发的内容。

此外,新加坡政府还将《国内安全法》、《煽动法》、《维护宗教融合法》等传统法律,与《广播法》和《互联网操作规则》等互联网法规有机结合起来,打击危害国家和社会安全的行为。

对于个人而言,如果在互联网上肆意诋毁或发布违反法律的内容,有关部门将依法采取行动,或提出警告,关闭网站和个人网页,或提出诉讼。

在新加坡的互联网发展与管理中,政府一直处于主导地位。新加坡政府认为,作为国家利益和公众利益的代表,政府必须积极介入互联网管理。具体表现在促进立法和执法,促进行业自律和推动公众教育。

新加坡互联网管理主要由媒体发展局承担。互联网服务提供商和主要内容提供商必须在媒体发展局注册,并根据要求主动删除危害国家和社会安全的内容。①

(三)各国普遍高度重视对未成年人的保护

1. 美国

自 1996 年以来,美国国会先后通过了《通信内容端正法》、《儿童在线保护法》和《儿童互联网保护法》等法律,对色情网站加以限制。根据《儿童互联网保护法》,美国的公共图书馆必须给联网计算机安装色情过滤系统,政府对建立网络过滤技术系统提供资金支持,以防止未成年人上网接触"淫秽、儿童色情和伤害未成年人的露骨描述"等内容。否则,图书馆将无法获得政府提供的技术补助资金。法案还规定,任何因商业目的在互联网交流中导致未成年人接触有害信息者,将处以 5 万美元以下的罚款或被判 6 个月以内的拘禁。

美国政府主要采取了"疏通"和"堵截"两种手段。"疏通"指的是政府为公众回避不良信息提供帮助;"堵截"指的是利用技术手段对网络内容进行"把关",将那些不良内容阻截在特定公众群体的视线之外。

在"疏通"方面,美国政府呼吁家长关注未成年人的网上安全问题并给予指导。联邦调查局和教育部等部门制作并散发一些关于上网安全的指导手册,内容包括家长怎样才能够知道孩子是否受到网上不法分子的诱惑,如何向有关执法部门报告等。政府还开设专门的网页

---

① 光明日报:《新加坡网络治理成就斐然》,2010 年 07 月 29 日。

以及电话专线,随时发布有关网上儿童色情活动的最新信息,使家长能够提高警觉。为保障未成年人健康上网,通过安全的途径在网上学习和娱乐,联邦政府还专门开办了网站 KIDS. US。前总统布什认为这个网站是"功能有如图书馆的儿童部,是家长可以放心让孩子学习、徜徉和探索的地方"。该网站所有网页内容均受到核查,不含任何色情内容;没有聊天室和即时电邮服务;没有到任何儿童不宜访问的网页的链接,等等。

在"堵截"方面,政府所用的主要技术方法类似于电影内容分级法。通过对内容进行分级,阻挡那些不适合传播的信息。在克林顿政府试图利用法律规范网络内容的《通信正派法》因违宪判决而夭折以后,美国政府即转向以科技手段对网络内容进行限制。美国有专门的机构对网络内容(主要是色情和暴力)进行评估,并按等级划分,以判定哪些内容可以在网络上传播,并帮助父母过滤掉对儿童不利的内容。在技术上主要利用 IP 封堵、代理服务器等手段对不良内容进行过滤。政府对于不良网站的堵截方式通常是制订一个封堵用户登录的"互联网网址清单",如果某网站被列入该"清单",访问就会被自动禁止。中小学校的计算机管理是技术管制的一个集中区域。美国中小学校的计算机实行联网管理。在这里,集中运用技术手段屏蔽那些影响儿童身心发育的网站,这一做法不仅有效,也节约了管理成本。例如,华盛顿市所有公立中学的计算机都实行联网管理,网络管理员就是华盛顿市教育委员会,教委可以随时监控辖区学校是否有儿童在学校的网络上接触到了不良内容,并进行处理。[①]

2. 德国

保护未成年人免受互联网上不良信息的危害,是德国网络信息管

---

① 　光明日报:《美国三管齐下监管互联网》,2010 年 07 月 27 日。

理的重中之重。德国联邦政府为此建立了"危害青少年媒体检查处"，专门负责识别和检查互联网信息内容，监测不良信息网站的发展状况，将有害信息记录在案，并随时运用技术手段确保未成年人无法接触和翻阅这些内容，保证媒体传播信息的安全性。危害青少年媒体检查处还与一些商业机构合作，免费为青少年提供过滤器等技术软件，通过技术手段防范不良信息的影响。

《危害青少年传播出版法》规定，网络服务提供者在所提供的信息中，如果有可能包含危害青少年身心健康的内容，或者要"接受政府委派的特派员对其进行义务指导和咨询，参与其服务计划的制定以及制定特定服务的条件限制"，或者要"以严格自律机制履行保护青少年的任务"，两者任选一，否则将被视为违反了行政法规并为此承担法律责任。《刑法法典》和《违反治安条例法》也规定，对提供严重危害青少年的网络信息提供商追究刑事责任。这一规定也适用于其他电子信息传播形态。管理机构还要求对一些成年人色情网站收费，这类网站的访问者在登录时必须提供能够证明其真实身份的个人资料。

网吧是德国青少年喜欢光顾的休闲场所之一。德国政府规定，所有网吧计算机必须设置黄色信息过滤器和网站监控系统。如果有网民偷偷登录"黄网"，计算机就会发出警告，不听警告者将被处以罚款并接受指控。在德国，90％的网吧禁止计算机游戏，在其余网吧中只能进行有限低级别的计算机游戏。《公共场所青少年保护法》规定，网吧经营者不得向未成年人提供可能危害他们身心健康的游戏软件。对传播黄色信息的网吧或个人，德国法律将对其责任人进行处罚，最高可处以15年监禁。德国教育部门和青少年保护机构在青少年活动中心、学校等地设置专供网吧，要求到网吧娱乐的学生在相关管理规定上签名，加强青少年上网的信息安全意识。

为保证未成年人有机会利用互联网丰富生活，政府部门大力推广

"青少年网络行动",并设立了集信息娱乐与学习于一体的综合性网站,为他们提供专门服务。这些网站以生动多样的形式吸引青少年参与,并努力延展信息平台。德国教育机构和青少年保护机构推出大量健康游戏软件和学习软件,不断为家长提供指导青少年上网的专家建议。他们还发行专门手册,推荐适合青少年登录的网站;与媒体联合,发起健康上网的行动,帮助青少年正确使用互联网。①

3. 法国

法国互联网管理的另一特点是十分重视对未成年人的保护。1998 年,法国通过了《未成年人保护法》,从严从重惩罚利用网络诱惑青少年犯罪的行为。法国的法律规定,在网上纵容未成年人堕落者要判刑 5 年,处以 76250 欧元的罚款。如被害人不满 15 岁,则须判刑 7年,罚款 11 万欧元。刑法还规定,在网上传播带有未成年人色情内容的图像要处以 3 年徒刑,4.5 万欧元的罚款。如果向大众或是通信网络上传类似内容,则要被判刑 5 年,罚款 76250 欧元。类似的条款还有不少。

在用严格法律保护互联网上青少年利益的同时,法国教育部还以控制加引导的方式打击网络犯罪,同时利用网络开展文明教育,引导学生在上网时提高警惕,防止黄色及不良内容的侵害。如由教育部和数字经济部国务秘书牵头,同互联网行业共同创建专门针对青少年的"放心互联网",教会青少年如何在网上获取正确知识,同时注意保护自己的隐私,学会尊重著作权与肖像权。同时,针对青少年阅读的特点与爱好,"放心互联网"还以轻松活泼的动漫及连环画节目将有关健康上网知识编辑成集,注重知识性与趣味性的结合,共编辑了 15 套节目,专门提供给 7～15 岁的少年观看。

---

① 中国社会科学院院报:《宽容有度的德国网络内容监管制度》,2008 年 02 月 18 日。

此外,学校还在这方面发挥了积极的作用,以学生为对象,积极进行网上文明教育。在校园网上安装浏览自动监视器,限制学生的上网内容及范围。从 2004 年起,法国所有学校都在网上链接了两份涉及淫秽及种族歧视的"黑名单",通过专门处理,使学生免受不良网站的侵害。一些非政府组织也积极加入保护青少年免受"网毒"危害的队伍,形成了一个从政府、学校到社会的监督保护网络,大大降低了互联网这把"双刃剑"对青少年的伤害程度。[①]

4. 俄罗斯

在日益庞大的俄罗斯网民大军中,未成年人在网上日趋活跃。据《俄罗斯报》报道,俄民意基金会进行的一项民意调查结果显示,12 岁以上的俄罗斯人中,有一半的人经常使用互联网,其总人数约 5700 万人。欧盟委员会 2010 年在俄罗斯的 11 个地区进行的一项关于未成年人上网情况的研究表明,俄儿童从 10 岁开始"触网",14 岁以下的俄罗斯网民共有 900 万人。

互联网是一把双刃剑,未成年人在信息海洋里尽情遨游的同时,也会接触到许多有害的信息。据俄媒体报道,大约 80% 的俄罗斯儿童在自己的房间上网,或者通过手机上网。14 岁以下的网民中有 75% 的人是在没有父母监督的情况下上网的,40% 左右的人浏览色情网站,约 20% 的人在网上看过有暴力镜头的视频及其他有害信息。

俄罗斯未成年网民上网时间的增加引起有关方面的忧虑。25% 以上的俄罗斯儿童每周上网时间在 7～14 小时之间。20% 的俄罗斯儿童每周上网时间超过 21 小时。由于儿童缺少必要的鉴别能力,他们经常受到"网络流氓"的侵害。据统计,80% 以上的俄罗斯少年儿童在社交网站注册账号。有半数儿童在网上认识新人,40% 的孩子与网

---

① 光明日报:《法国依法监管互联网》,2010 年 7 月 26 日。

友见面。俄专家认为,未经筛选的互联网内容会给儿童的心理带来创伤和恐惧,误导他们做出冒险、残忍和反社会的行为,进而滑入犯罪的深渊。近年来,俄未成年人性犯罪案件呈现不断增长的趋势,其主要诱因是色情淫秽信息在网上的广泛传播。

有鉴于此,俄有关部门出台了一些法律及相关措施加以防范。2010年年底,俄国家杜马通过了《保护青少年免受对其健康和发展有害的信息干扰法》草案。草案规定,要在所有的上网计算机中设置内容分级系统,即只有达到法定年龄才能浏览色情、暴力等内容的网页。根据该法律,俄司法机关将对互联网内容进行分级。所有网吧将从2011年9月1日起强制安装防止接触有害信息的系统,即信息过滤系统。

虽然目前有许多计算机软件可以起到屏蔽不良信息的作用,但这并不意味着在计算机里安装了这样的软件,家长们就可以高枕无忧了。有俄罗斯专家提醒说,孩子们的聪明程度往往超出家长的想象,他们总会有办法轻易地绕开这些软件,在网上找到自己感兴趣的信息。因此,与其借助并不完善的计算机软件来防止未成年子女接触有害信息,还不如先行一步,在日常生活中对他们进行正确的教育和引导,使其具备辨别是非和善恶美丑的能力,培养他们高雅的志趣和爱好,养成健康的生活方式。①

5. 澳大利亚

澳大利亚传播和媒体管理局(ACMA)与警方密切配合,共同严格查处网络各种违法行为。澳大利亚联邦和各州政府警署负责网上执法,并设有专门的互联网监控部门,对网络违法犯罪情况实施监控,特别是监控针对儿童的网上色情信息。

---

① 人民日报:《俄罗斯依法清除网上违法信息,加强对未成年网民保护》,2011年04月24日。

澳大利亚大多数民众支持政府规范互联网内容,家长们对于网络上的色情信息非常担忧,呼吁政府采取有力措施查处各种涉及儿童色情、性暴力等内容的网上信息。澳大利亚电讯委托一家民调机构的调查显示,65%的被访问家长认为网络影响孩子们的学习,特别是不能使学生回家后安心做作业,导致学生上课精力不集中,学习成绩下降。

根据澳大利亚法律,任何网络服务商不得在网上传播淫秽色情和极端暴力等内容的信息。在网上发表亵童照片,最高可处罚 11 万澳元和判处 5 年监禁;在网上出售色情内容信息的公司,最高可处罚 22 万澳元,涉案人可处以 5～10 年的监禁。按照法律,ACMA 与警方共同查处互联网的各种违法问题。对于澳大利亚境内网站的违法行为,ACMA 在接到举报后,通知警方前来查处。①

6. 日本

色情、暴力等类信息是互联网上存在的主要不良内容。任何人在任何时间任何有上网条件的地点都可能访问含有不良信息的网站。特别是未成年人接触互联网的形式和时间多种多样,监护人无法做到每时每刻的监督,因此采取有效措施保障未成年人上网安全成为各国的共识。日本在保护未成年人上网安全方面的一些做法值得借鉴。

有数据表明,2008 年日本涉及网络犯罪的案件中,传播儿童色情物品案件 254 件,违反青少年保护条例案件 437 件,同比增长 90%。正是基于这种背景,日本政府 2009 年颁布实施了《保证青年少安全安心上网环境的整顿法》(又称《不良网站对策法》)。该法对国家和地方公共团体、行业管理协会、电信服务商、过滤软件开发商、网络内容服务商、民间团体和未成年人监护人等在保障青少年安全安心上网方面的义务做出了详细规定,并要求推广和不断升级过滤软件,以确保青

---

① 中国新闻网:《澳大利亚多"管"齐下治理互联网》,2011 年 4 月 23 日。

少年的上网安全。

《保证青年少安全安心上网环境的整顿法》要求，"在内阁府设置青少年不良网络信息对策及环境整顿促进会"，作为推动青少年安全安心上网的主管机构，该机构负责制定"保证青少年能够安全安心上网的基本计划"，其中包括提高不良信息过滤软件性能及普及率的相关对策。该法还支持民间组织成立"促进过滤机构"，对不良信息过滤软件和过滤服务进行调查研究，对过滤软件和过滤服务进行普及和推广，推进过滤软件的技术开发，并要求国家及地方公共团体尽可能向从事相关事业的民间团体或企业提供必要的援助。世界最大电信服务商——日本的 NTT DOCOMO 公司已根据这一法律推出手机上网连接受限服务条款，自动为未成年人提供上网过滤服务。

除《保证青年少安全安心上网环境的整顿法》外，日本还加强实施了《交友类网站限制法》，规定利用交友类网站发布"希望援助交际"类的信息，可判处 100 万日元以下罚款。同时，交友类网站在做广告时要明示禁止儿童利用，网站也有义务传达儿童不得使用的信息，并采取措施确认使用者不是儿童。家长作为监护人，必须懂得如何使用过滤软件过滤儿童不宜的内容，并和孩子保持良好的沟通交流。

此外，日本各级警察部门还公布了举报电话，并实施"网络巡逻"。警局职员在受警方委托的团体协助下，监控网站及论坛上危害未成年人的不良信息，一旦发现，警方可要求网络服务供应商或论坛管理者立即予以删除。①

(四)重视知识产权的保护

1. 美国

在互联网的版权问题上，美国国会在 1998 年通过了《数字千年版

----

① 　人民网：《日本普及过滤软件确保未成年人上网安全》，2010 年 07 月 30 日。

权法》,对网上作品的临时复制、网络上文件的传输、数字出版发行、作品合理使用范围及数据库的保护等重新定义,规定未经允许在网上下载音乐、电影、游戏、软件等行为系非法,网络著作权保护期为 70 年。这一法律对版权的拥有者和网络服务商给予保护,包括图书馆、教育机构、网站拥有者、网络用户、网上广播者等在内的所有人。

1999 年,美国国会针对网上域名抢注问题通过了《反域名抢注消费者保护法》。该法规定,任何企业、个人或组织,以从他人商标的商誉中牟利为目的注册、交易或使用与他人商标相同或相似域名属违法行为。相关商标持有人可对其起诉,恶意抢注行为一旦确认属实,法院可通过发放禁令或没收、撤销等手段终止其侵权行为,并酌情处以 1000～10000 美元的罚款。同年,美国还颁布了《统一电子交易法》,允许在网上实现各种商业交易,包括使用电子签名和电子公证。①

2. 法国

2009 年 4 月,法国国民议会与参议院通过了被认为是"世界上最为严厉的"打击网络非法下载行为的法案,并据此成立了"网络著作传播与权利保护高级公署",维护公共秩序,保护著作权人的合法权益,打击侵权盗版活动。

打击网络非法下载行为的法案出台后即受到欧盟诸国的极大重视,其核心内容为,简化法律程序,提高执法效率,对于经常上传盗版共享文件用户的非法行为,一旦被诉诸法律,授权法官即可及时裁定,避免了裁决结果受纷繁复杂的程序的影响,以至于出现办案久拖不决、久拖难决的现象。这种灵活的反应机制为有利打击网上盗版行为提供了切实的法律工具,有效控制了网上肆无忌惮的盗版行为。具体的做法是,一旦发现非法下载行为,执法部门即可通过电子邮件形式

---

① 光明日报:《美国三管齐下监管互联网》,2010 年 07 月 27 日。

对非法下载者予以警告;如其仍不思悔改,则第二次以挂号信方式予以警告;如不听从警告,法官则可对其进行长达一年的断网惩罚,同时课以 1500 欧元的罚款。对那些屡教不改的盗版分子,则加倍处以重金惩罚。

在执法过程中,政府十分重视发挥版权保护组织的作用。网络著作传播与权利保护高级公署由行政、立法及司法三个部门组成,专门负责监督管理网络盗版的情况,受理举报,建立档案,提出警告,并及时向司法部门转交有关违法盗版行为事件。该部门的工作重点是预防,而非惩治。如果通过电子邮件及挂号信的警告方式可以及时制止盗版行为,即认为达到了有效管理的目的。惩治是次要的,重在治理。这是该机构的一大特点。[①]

二、行 政

为了配合立法,各国政府均采取了各种措施,加强对互联网的监管,主要有以下几个重点。

(一)多数国家对互联网内容实行强制管理

1. 美国

根据美国国会在"9·11"后颁布的《爱国者法案》,美国安全部门有权查看互联网通信内容,监控并打击互联网恐怖信息。美国 2000 年通过的《儿童互联网保护法》,要求所有得到联邦政府资助的中小学和图书馆对连通互联网的计算机采取技术保护措施,防止未成年人上网接触"淫秽、儿童色情和伤害未成年人"的露骨描述等信息。美国决

---

① 光明日报:《法国依法监管互联网》,2010 年 7 月 26 日。

不容许利用互联网宣扬恐怖主义、侵犯知识产权、向未成年人传播色情以及从事其他违反美国法律的活动。美国政府在对互联网进行管理时，并不认为自己侵犯了公民的言论自由权利。

2. 德国

德国是发达国家中第一个对互联网不良言论进行专门立法监管的国家，他们对有害言论的法律制裁和行政处罚措施非常严格。

德国联邦内政部是负责互联网信息安全的最高国家机构，重点防范有害信息及言论的传播。联邦内政部的信息技术安全局，吸收了300多名物理、数学、信息学等方面的专家，应对和解决网络安全问题；负责向社会发布安全警告，提供安全技术支持。德国依法设立了网络警察，负责监控有害信息的传播，一旦发现登有违法言论和图片的网站，立即查封。警方和青少年的保护机构的工作人员经常抽查网吧经营和服务，如果发现违规经营将会给予罚款、没收设备或者吊销营业执照的处罚。

刑事司法机关还不断查找网上极端主义、恐怖主义活动内容及其传播者踪迹。内政部下属的联邦刑警局，实时跟踪网上可疑信息，负责对信息网进行广泛调查。他们积极与青少年保护部门、网络供应商等合作开展活动，交流侦察有害信息内容的方法和技术；还与美国联邦调查局、欧洲刑警组织等机构开展国际合作，加强打击网络犯罪力度，共同监管互联网信息传播。[①]

3. 俄罗斯

除了网民数量每年以 20％多的速度增长外，俄罗斯注册网站数量也与日俱增。从 1994 年到现在，以俄罗斯(.RU)域名注册的网站共有 310 万个。为了保护网民不受违法信息的侵害，俄政府规定，网站

---

① 中国社会科学院院报：《宽容有度的德国网络内容监管制度》，2008 年 02 月 18 日。

有责任清理网站自身发布和网民发布的违法信息。执法机关如发现违法信息,将通知有关网站立即删除。如果网站拒绝配合,执法机关将发出警告。两次警告无效,执法机关将通过法院、检察院关闭网站。若某媒体网站出现违规行为,媒体主管部门如信息管理局等将提出警告,两次警告后如仍未纠正或再次违规,则通过司法程序关闭违规媒体网站。

俄罗斯政府目前尚未制定互联网管理的专门法律,在对互联网犯罪进行管理时,执法机关主要通过《通信法》中涉及通信的内容进行管理。在信息全球化的今天,俄罗斯积极迈出国际合作步伐,2010 年俄罗斯安全互联网中心被吸收加入了欧盟国家安全互联网网络,成为其中一员。俄罗斯网络安全专家有了更多的机会与欧洲同行开展实质性的合作并相互交流经验。值得说明的是,俄罗斯这个机构是于 2008年在俄罗斯大众传媒署的资助下成立的,主要帮助网民安全正确地上网,并为对抗互联网上的威胁提供解决方案。它是俄罗斯互联网安全的国家枢纽,是俄罗斯与欧盟国家进行网络安全项目合作的全权代表。[①]

4. 澳大利亚

澳大利亚联邦政府将广播管制局和电信管制局合并,于 2005 年 7月 1 日成立传播和媒体管理局(ACMA),负责整个澳大利亚的互联网管理工作,并在首都堪培拉、墨尔本和悉尼设有办事处,已有 690 人的管理队伍,还组成了一个管理委员会。澳大利亚联邦政府作出的这一决策,使广播电视和电信、互联网管理结合在一起,更加有利于高效管理,得到社会各个层面的支持和欢迎。

互联网是社会大众共有的虚拟世界,但不应是绝对的自由平台,

---

① 人民日报:《俄罗斯依法清除网上违法信息,加强对未成年网民保护》,2011 年 04 月24 日。

如果管理不善,任其自由发展,国家信息安全、企业电子商务、大众个人隐私就会受到损失,网络谣言、网络色情和网络诈骗等违法犯罪就会泛滥。所以,ACMA 的主要职责是针对上述问题进行监管。在墨尔本,ACMA 已着手对手机短信、网络传播中的违法内容加强管理,以期做到不留死角。

澳大利亚政府还推行互联网强制过滤计划,防范网络不良信息对国家安全、个人隐私和经济利益的威胁。ACMA 与各网络服务商签订协议,要求它们不得传播垃圾邮件、淫秽色情、暴力以及有害儿童身心健康的信息等,并向它们提供过滤软件。出现传播违法内容问题时,ACMA 可根据协议,要求网络服务商关闭受感染的服务器。同时,ACMA 设有专门的举报投诉热线,接报 24 小时内就会采取处置措施,并向投诉方做出回复。一年多来,澳大利亚全国有 22 万多人通过这一方式举报了 2800 多万封垃圾邮件。①

5. 新加坡

新加坡《互联网实务法则》规定,所有互联网服务供应商都为政府所有或有政府背景,并遵守媒体发展管理局制定的互联网操作准则。管理局有权命令供应商关闭被认为危害公共安全、国家防务、宗教和谐及社会公德的网站。互联网禁止出现以下内容:危及公共安全和国家防务;动摇公众对执法部门信心;煽动或误导部分或全体公众;引起人们痛恨和蔑视政府、激发对政府不满;影响种族和宗教和谐;对种族或宗教团体进行抹黑和讥讽;在种族和宗教之间制造仇恨;提倡异端宗教或邪教仪式的内容;色情及猥亵内容;大肆渲染暴力、低俗色情和恐怖手法等。新加坡政府规定,互联网内容提供商有义务协助政府删除或屏蔽任何被认为危害公共道德、公共秩序、公共安全和国家和谐

---

① 中国新闻网:《澳大利亚多"管"齐下治理互联网》,2011 年 4 月 23 日。

等内容及网站,如不履行义务,供应商将被处以罚款,或者暂停营业执照。政府还鼓励服务供应商开发推广网络管理软件,协助用户过滤掉不适宜看到的内容。

为维护国家团结和稳定,新加坡媒体发展管理局已屏蔽了 100 多个包含色情等内容的网站。此外,该局还要求互联网内容供应商在以下情况必须注册:①在新加坡注册的政治团体通过互联网以 WWW 方式提供网页者;②在 WWW 上参与有关新加坡的政治和宗教讨论的用户团体或新闻组;③为政治目的或宗教目的而提供网页的个人,以及由广管局通知其注册者;④通过互联网络在新加坡销售的联机报纸,由广管局通知其注册者。①

(二)加强对垃圾邮件的查处

1. 美国

"垃圾邮件"已引起了广大网民的极大反感。美国国会为此在 2003 年通过了《反垃圾邮件法》。该法规定,任何人未经授权向多人 (24 小时发 100 条、30 天发 1000 条或 1 年发 10000 条)发送含虚假商业信息的电子邮件均为违法,可受到罚款或关押不超过 5 年的处罚,或同时并罚。同时,美国有些州还对使用互联网和电子邮件等方式蓄意伤害他人情感的事件,定为刑事骚扰犯罪,可判处最高 2 年半刑期或不超过 1000 美元罚款。佛罗里达州规定,使用电子邮件和互联网对他人骚扰的,构成一级轻罪;如利用互联网对 16 周岁以下青少年进行骚扰的,将构成三级重罪。②

2. 澳大利亚

澳大利亚打击垃圾邮件是很严厉的。根据澳大利亚遏制垃圾邮

---

① 光明日报:《新加坡网络治理成就斐然》,2010 年 07 月 29 日。

② 光明日报:《美国三管齐下监管互联网》,2010 年 07 月 27 日。

件的法律规定,凡是批量发送的邮件必须符合三个方面的规定:一是发送方须在 ACMA 进行真实详细的备案登记;二是接收方同意接收;三是接收方如对邮件不满意可以退订。澳大利亚严格执行这些规定,对违者处以罚款。由于处罚得力,2004 年以来,世界排名前 200 位的垃圾邮件公司已有不少退出了澳大利亚市场。[①]

(三)推行网络实名制

1. 美国

2011 年,在总统奥巴马的推动下,作为国家网络安全战略重要组成部分,美国商务部启动了网络身份证战略。该网络身份证就是数字证书,是一段含有证书持有者身份信息并经过认证中心审核签发的电子数据,只要在网络环境中有需要识别用户身份、进行信息交换和传输的地方,都可以用数字证书保障安全。

2. 澳大利亚

网络实名制管理在澳大利亚得到社会舆论和民众的支持和拥护。传播和媒体管理局(ACMA)要求,互联网用户必须年满 18 周岁,并用真实身份登录;未成年人上网必须由其监护人与网络公司签定合同。这样增加了人们在使用网络时的信用,更利于自律和别人的监督。实名制限制并能够阻止一些人用虚假的名字从事网络色情、网络诽谤和网络暴力等行为。澳大利亚有网民反映,用实名登录后,不用担心,更有安全感,得到网友的尊重,增强了自己的信心。[②]

3. 韩国

韩国是世界上互联网最发达、普及率最高的国家之一,不过,在韩国上网却并非想象中那样简单。要想在网上“发言”、申请邮箱或注册

---

① 中国新闻网:《澳大利亚多“管”齐下治理互联网》,2011 年 4 月 23 日。
② 中国新闻网:《澳大利亚多“管”齐下治理互联网》,2011 年 4 月 23 日。

会员,都会事先被要求填写真实姓名、身份证号、住址等详细信息,系统核对无误后,才能提供相应的账号。

韩国是世界上首个强制实行网络实名制的国家。经过多年的发展和完善,韩国目前已通过立法、监督、管理和教育等措施,对邮箱、论坛、博客,甚至网络视频和游戏网站等实行了实名制管理。

据统计,韩国网民占总人口比例超过70%。网络在给韩国人生活带来便利的同时也带来诸多问题。为了维护网络的健康和安全,保护公民的隐私权、名誉权和经济权益,韩国政府从2002年起就推动实施网络实名制。不过,不少民众担心此举会泄露个人隐私、限制言论自由,争议颇大。网络实名制除在政府部门的网站得以实施外,在其他网站的实施收效甚微。

2005年,一系列轰动韩国社会的网络事件接连发生,促使韩国政府下决心将网络实名制进行到底。当年,大批有关韩国演艺明星隐私的所谓"X档案"在网上被疯狂转载、"狗屎女"遭网民"人肉搜索"导致精神失常,以及网民借知名人士林秀卿之子溺死对林秀卿进行人身攻击等,引发了韩国社会关于"网络公开性与个人隐私保护"以及"网络暴力"危害的讨论和反思,推行实名制的呼声在社会上逐渐形成共识。

2005年10月,韩国政府发布和修改了《促进信息化基本法》、《信息通信基本保护法》等法规,为网络实名制提供了法律依据。2006年年底,韩国国会通过了《促进使用信息通信网络及信息保护关联法》,规定韩国各主要网站在网民留言之前,必须对留言者的身份证号码等信息进行记录和验证,否则对网站处以最高3000万韩元罚款,并且涉事网站要对引起的纠纷承担相应的法律责任。不过,为了保护个人隐私,政府允许网民在通过身份验证后,用网名发布信息。此后,在韩国两大门户网站DAUM和NAVER的带动下,韩国35家主要网站陆续实施了网络实名制。此前,韩国已要求网民在注册邮箱和聊天室用户名时,必须使用实名,并进行身份证号码验证。

2008 年 10 月 2 日,韩国女星崔真实因不堪忍受网络谣言而自杀,这一事件在韩国引起极大轰动,成为韩国网络实名制发展的又一标志性事件。韩国政府乜此进一步扩大了实名制的适用范围,将此前只适用于日点击量超过 30 万次的门户网站和日点击量超过 20 万次的媒体网站,扩大到日点击量超过 10 万次的所有网站。

但韩国推行网络实名制并非一帆风顺,尤其是 2011 年 7 月,韩国门户网站 Nate 遭到黑客袭击,超过 1000 万用户的个人信息被窃取。事件发生后,韩国政府不得不考虑今后是否要废除网络实名制。2011 年 8 月 23 日,韩国宪法裁判所八名法官一致做出判决,裁定网络实名制违宪,韩国放送通信委员会根据该判决,修改相关法律将废除网络实名制。

(四)加强宣传教育,鼓励民众积极参与

1. 美国

鼓励公众参与对互联网的监督也是美国政府采取的一项重要的网络监管措施。美国不少非政府组织主动地参与对互联网的监管活动,尤其是针对互联网上出现的儿童色情内容。美国"联邦通信委员会"在 1999 年专门成立了一个执行局,负责接待公众的举报和投诉。公众可以通过信件、电子邮件、传真等多种方式进行投诉举报。一个名叫"提倡保护儿童网站协会"的非政府组织专门致力于举报和查证各种色情网站。他们对被举报的色情网站的服务器、收费方式、IP 地址、拥有者等信息进行分析,一旦发现有关儿童色情内容,就会向美国联邦通信委员会、全国失踪和受剥削儿童保护中心等政府机构报告。据统计,2003 年以来,该机构共分析了 47.5 万个被举报的网站,并正

式向政府机构举报了有问题的 7800 多家网站。[1]

2. 英国

目前英国 70％的家庭使用互联网。英国政府认识到,网络信息管理不仅是政府和行业的事情,还要重视发挥网民的社会监督力量。政府通过开展多样化的教育活动,提高网民自我保护和网络监督意识,并积极引导网民自觉参与网络信息管理,社会监督无时无处不在,取得了良好效果。英国"互联网监督基金会"采取一系列措施,提供社会监督平台。互联网用户可通过电子邮件、电话和传真等方式举报其认为非法的网络内容。接到投诉后,基金会将进行评估,如果认定非法,则通过网络地址确定该信息来源,并移交相应执法机构处理,同时通知网络服务商将非法内容删除。[2]

3. 澳大利亚

2011 年,在澳大利亚的一家网络媒体有这样一个视频:一名吸毒者失去知觉的情形,展现了令人震惊的毒品危害场景,告诫人们要珍爱生命,呼吁停止毒品对城市的危害。通过国际交流合作,广泛开展互联网的安全宣传和教育是澳大利亚联邦政府非常重视的管理互联网的有效方法。

为保障网络安全,澳大利亚联邦政府拨出大量资金,包括向每个家庭提供过滤软件,开展网络安全教育。政府通过社区向公众进行正确使用互联网教育,在学校设立专门机构对学生传授正确的互联网启蒙知识。同时,澳大利亚政府还设立了专门的智能网络(Cyber Smart)网站,以保障学生使用互联网的安全。

澳大利亚还建立了国家网络安全运行中心,目标是不断创新和掌握高新科技,追踪和瓦解复杂的网络攻击,在保护国家网络和信息安

---

① 光明日报:《美国三管齐下监管互联网》,2010 年 07 月 27 日。

② 人民日报:《英国高度重视网络信息监管问题》,2012 年 04 月 24 日。

全方面发挥了重要作用,为政府决策提供了可靠的安全建议和协助。①

4. 新加坡

新加坡政府认为,有效管理互联网的长远之计在于加强公共教育,政府鼓励供应商开发推广"家庭上网系统",帮助用户过滤掉不合适的内容。新加坡政府1999年成立"互联网家长顾问组",由政府出资举办培训班,帮助家长指导孩子安全上网。从2003年1月起,传媒发展局还设立了500万美元的互联网公共教育基金,用于研制开发有效的内容管理工具、开展公共教育活动和鼓励安装绿色上网软件。②

5. 印度

自2008年11月发生震惊世界的孟买恐怖袭击事件后,印度情报部门经调查发现,一些境外恐怖组织常常通过互联网对印度境内人员进行宣传、联络和发布指令,甚至一些活动是在印度境内的网吧完成的。于是,印度网络监管从细节做起,大力加强对网吧的监管。

据不完全统计,印度目前有几十万家网吧,既为民众普及互联网知识创造了便利,也给犯罪分子提供了可乘之机。早在2005年3月,印度警方就开始对各地的网吧进行监管,要求网吧经营者主动对可疑人员提高警惕,防止犯罪分子伺机作案。

2011年,印度政府考虑通过修订法律,明确网吧监管职能。其具体措施包括,任何前往网吧使用互联网的人必须向网吧经营者提供真实身份证明,如护照、选民证、驾照等。假如这类证件没有带在身边,网吧经营者必须当场拍照留作登记档案,以备警方调查。此外,网吧经营者还要保留浏览记录至少6个月,并且安装一些指定的网络安全软件系统,以配合监管。

不过,上述措施仍需通过对《信息技术法》的再次修订后才能得以

---

① 中国新闻网:《澳大利亚多"管"齐下治理互联网》,2011年4月23日。
② 光明日报:《新加坡网络治理成就斐然》,2010年07月29日。

实施。印度信息技术部欢迎公众对有关法规提出批评或修改意见,特别是针对网吧监管可能涉及的隐私权保护等问题进行讨论。

其实除了注重对网吧的监管,印度政府也一直致力于提高公众的网络安全意识。如印度先进计算机技术发展中心就在负责一项"信息安全意识计划",通过网络、报纸、电视等媒体,逐步向民众普及网络安全知识,尽可能实现人人安全上网,人人监督上网的目标。

此外,印度政府正着手建立一套"国家网络警报系统",旨在加强政府及相关部门对未来网络安全事件的早期预警与及时有效应对。通过该系统,印度政府有望将全国 1.6 万个警察局进行无缝连接,建立起一个网络犯罪调查信息的实时共享平台。[①]

三、行业自律

"少干预、重自律"是当前国际互联网管理的一个共同思路。各国越来越强调政府作为服务者的角色,承认政府管理的"有限性",着重发挥政府的服务和协调职能。在对互联网的监管方式问题上,这一管理原则也得到了较为充分的贯彻,当前各国监管的一个重要特点就是以行业监管为主,政府强制为辅,实行政府与行业的协同监管。政府的职责主要集中在制定相关法规和政策导向上,具体的操作规范则由行业协会等组织来制定实施,比较而言,政府监管具有补充性。以行业为主的协同监管,具有较强的可操作性,同时还可以减少政府对行业的干预,减少管理成本。

1. 美国

在制定有关互联网管理法律、法规的同时,美国政府鼓励互联网

---

① 　人民日报:《印度日益重视网络安全,监管与安全教育并举》,2011 年 4 月 26 日。

行业加强自律。各种专业协会通过行业规范、公约等共同认可的条文推动行业实施自律,以确保行业行为符合法律规定和道德要求。通过行业自律也避免在政府管制中处于被动。如美国"计算机伦理协会"制定了"十诫",包括不许使用计算机影响他人工作、伤害他人、偷盗等。美国"互联网保健基金会"制定了行业应遵守的 8 条准则,各类论坛和聊天室也制定了相关的服务规则与管理条例。对于违规者,行业协会将代表整个行业来施加压力,要求其改正,甚至可能采取更严厉的措施使其在业内失去发展机会。实践证明,这种行业自律的方式比政府的直接管治更加有效,美国互联网行业协会在互联网监管中发挥着重要作用,也使互联网行业能在较为宽松的环境下健康发展。①

2. 英国

近年来,英国互联网发展快速而有序,网络色情传播等案件数量较少,一个叫"互联网监看基金会"的机构功不可没。这是一个由政府牵头成立的互联网行业自律组织,多年来在打击网络色情等方面做出了突出贡献,也为英国互联网管理探索出一个良好的行业自律模式。

互联网监看基金会成立于 1996 年,当时网络刚刚兴起,随之出现了网络色情等许多新问题。而英国政府部门对互联网的管理却是"马路警察,各管一边",缺乏协调;各网站也只是自行约束行为,缺乏统一标准的自律。在这种背景下,政府决定发挥引导作用。当时英国政府的贸易和工业部牵头,汇集内政部、伦敦警察局等政府机构以及主要的互联网服务提供商,共同商讨如何对互联网内容进行监管,最终达成了一份《R3 网络安全协议》,并随之成立了互联网监看基金会。该基金会成员多为网络企业,也有教育、文化、政府、司法机构的代表。

互联网监看基金会的管理方法主要有以下三方面。一是建立热

---

① 光明日报:《美国三管齐下监管互联网》,2010 年 07 月 27 日。

线,接待公众举报和投诉。公众可以通过电话、电邮或电传,向基金会举报非法或问题网站和内容。基金会一旦确认传播内容非法,将立即通告本国的网络服务商,由后者采取关闭链接等措施,并报告相应的执法机构进行处理;或通知外国的有关网络服务商和机构采取措施。二是建立非法内容"同一资源定位符"(URL)名单,以便网络企业自己决定是否关闭有关链接。基金会建立了一个有500～800个非法内容网页链接的名单,每天对名单进行两次更新,将这份名单提供给网络服务商、移动电话运营商、搜索器服务商和过滤公司,也提供给执法部门和其他有关机构。三是对于不违法但可能引起用户反感的网络内容,网络管理者应分级和标注,以便用户自行选择取舍。基金会采用"网络内容选择平台"系统,根据裸露、性、辱骂性语言、暴力、个人隐私、网络诈骗、种族主义言论、潜在有害言论或行为、成人等主题,对网络内容进行分类,并在网页上植入标记,当用户浏览到这部分信息时,系统会自动询问是否继续,用户再自行选择。

十多年来,互联网监看基金会与政府部门通力合作,做了卓有成效的工作。该机构在2011年3月发布的2010年年报中表示,那些处于该机构打击范围内的网络色情内容,现在已在英国的网络上几近消失。

而对于那些服务器架设在其他国家的不良网站,该机构一方面会联系所在国的相关机构进行处理,另一方面也根据长期的工作经验列出一张"黑名单"。只要是在互联网监看基金会"黑名单"上的网站,英国的网络服务提供商一般都会切断网络访问途径,或是采取其他方式干扰对这个网站的访问。

实际上,虽然英国有许多与网络相关的法规,如《防止滥用计算机法》、《数据保护权法》和《隐私和电子通信条例》等,但互联网监看基金会的威望却并不来自其中某部法规,而是在长期工作中积累下来的。

英国网络产业的各家企业都愿意自动遵守互联网监看基金会制定的各种规章制度。互联网监看基金会的这种行业自律管理模式也得到了政府的赞许,政府还倡议将这种模式推广到其他一些网络管理领域,比如对网上盗版侵权行为的管理。英国议会在 2011 年通过了《数字经济法案》,提出在数字经济的大潮下,应更加重视网上版权的保护,以此推动数字经济的发展。在寻找具体的实施模式时,当局自然而然地想到了多年来行之有效的互联网监看基金会的模式。①

3. 澳大利亚

在行业协会层面,澳大利亚互联网协会作为社会组织协助联邦政府促进互联网有序运作也发挥着积极作用。该协会的成员来自社会各界,有运营机构也有信息传播机构,它们致力于在社会各部门形成合力,向政府提出规范互联网发展的合理化建议,规避各种弯路和风险,促进澳大利亚互联网快速发展。②

---

① 人民日报:《英国高度重视网络信息监管问题》,2012 年 04 月 24 日。
② 中国新闻网:《澳大利亚多"管"齐下治理互联网》,2011 年 4 月 23 日。

第四章
网络舆论引导

"周久耕天价烟事件"——周久耕是原南京市江宁区房产局局长，2008年12月因对媒体发表"将查处低于成本价卖房的开发商"的不当言论，引起大量网友的不满。遂被网友人肉搜索，曝出其抽1500元一条的天价香烟、戴名表、开名车等问题，引起社会舆论极大关注，人送其"最牛房产局长"、"天价烟局长"等多个极富讽刺意义的称谓。之后，该事件引起了纪委和司法机关的介入。2009年10月10日，江苏省南京市中级人民法院做出一审判决：周久耕犯受贿罪，判处有期徒刑11年，没收财产人民币120万元，受贿所得赃款予以追缴并上交国库。"说起周久耕事件，我们觉得这和一些网友关注周久耕的所做所为、对他的行为进行监督，并且向有关部门进行反映是分不开的，所以还要感谢我们的网友"，江苏省人民检察院检察长徐安表示。他还认为，网民对一些腐败的官员、对一些社会不公平的事情进行监督，也表明群众法制意识、监督意识日益提高，"这是个好事"。

随着互联网在全球范围内的飞速发展，网络已被公认为继报纸、广播、电视之后的"第四媒体"，网络成为反映社会舆论的主要载体之一。网络环境下的舆论信息主要来自于新闻评论、BBS、博客、聚合新闻（RSS），尤以BBS为代表，它已成为网络舆论的起源地和集散地，是民意表达和舆论形成的一个不可忽视的平台。伴随着互联网传播技术的不断成熟以及网民数量的迅速增加,网络已成为信息传播的中坚力量。网络舆论作为民众意见的传声筒和放大器,它汇聚民意,放大民意,以多样化、自由化的发展,在我国社会监督中发挥着越来越重要的作用。正如 2008 年 6 月 20 日胡锦涛同志在人民日报社考察工作时指出:"互联网已成为思想文化信息的集散地和社会舆论的放大器,我们要充分认识以互联网为代表的新兴媒体的社会影响力。"网络舆论的高度聚合和流动,促进了网络舆论监督的兴起,推动了民意与决策层的积极互动。如今,网络已经成为公众表达诉求、监督和促进政府工作的一个重要路径。广大公众利用网络平台发表言论、表达意见、实现监督。网络媒介的出现,打破了以往传统媒体自上而下的线性传播样式,赋予了广大民众更多的话语权,促使了我国的舆论监督工作通过网络舆论监督与传统媒体舆论监督相互结合的方式走向良性发展轨道。

但是当前我国网络舆论还有着许多的缺点和不足,亟需有效的引导。网络空间由于本身的前所未有的相对自由,极度自如的表达平台,使得网络舆论杂乱无序,并且存在风险。网友随意发言、主题分散、导向不明,难免言论泥沙俱下、鱼龙混杂,甚至出现一些网络上的攻击谩骂,并带来一系列的负面影响,部分网络舆论甚至蜕化为网络暴力、媒介审判和恶性舆论等消极现象。除此之外,当前网络舆论导向还存在着非主流化、盲目性、无序性等缺点和不足。日新月异的网络技术为网民绕开各种各样的限制提供了很多可能,如不对这些信息加以筛选和控制,不对网民的信息的发布和接受行为加以正确引导,将会对网民甚至社会产生非常不好的影响。因此,研究我国的网络舆论引导方式,对网络舆论是否能最终促进社会的发展进步,对网络是否能成为构建和谐社会的有机组成部分有非常重要的现实意义。

一、我国网络舆论的特点

舆论是围绕一个热点事件,公众发表看法和意见,在互相交流中逐步形成一种主流意见。而网络舆论是以互联网为传播渠道的舆论,是指网民和公众在网络上对流行的社会问题,发表意见而形成一种看法或言论,具有一定的影响力和倾向性。网民通过网络论坛,如强国论坛、天涯论坛、搜狐、新浪等各大网站论坛,以发帖或跟帖的方式就最近发生的热点事件和一些重大问题进行激烈的讨论,表明自己的立场和观点。很多网民的观点集合在一起,渐渐形成大多数人的一致意见。这个通过网络平台建立起来的网络舆论,一般是网民和公众对现实社会和社会现象等各种问题所表现出来的想法、意见、态度的总和,它反映着网民和公众的情绪和意见,其中也混杂着网民和公众一些理性与非理性的成分,在一定时间内具有持续性和一致性。

(一)参与主体的广泛化与复杂化

网络舆论的主体是互联网络的用户群体,即网民。中国互联网信息中心最新统计数据显示,截至 2011 年 12 月底,中国网民规模突破 5 亿人,达到 5.13 亿人,全年新增网民 5580 万人。互联网普及率较 2010 年年底提升 4 个百分点,达到 38.3%。中国手机网民规模达到 3.56 亿人,占整体网民比例为 69.3%,较 2010 年年底增长 5285 万人。① 网民规模的大幅扩张,其组成结构与现实生活中的人口结构逐渐趋近,体现出互联网大众化的趋势,越来越多的人们喜欢通过网络渠道表达自己的想法。以虚拟的网络空间作为主要活动场所的网络

---

① 中国互联网络信息中心:《中国互联网络发展状况统计报告》,2012 年 1 月 16 日。

舆论与现实是密切相关的,客观上存在着一定的民意基础,在很大程度上反映出或代表着民众的意愿和诉求。网络空间的虚拟性造成了网民身份的隐匿性。在普通的虚拟社区中,网民大多摆脱了自己的真实身份、姓名等,而是以昵称、代号等的虚拟身份作为主体表达自己言论和意愿。每个网民在互联网上均可以根据自己的需要设计任何一种虚拟身份出现。网民的身份是隐匿的,名字也是虚拟的,这正如网络上流传的句名言:"在网上没有人知道你是一条狗。"在虚拟身份的掩护下,他们可以从多种角度,充分地流露和表现其多种观点和多种情感,大胆直率地向广大受众表达自己的观点而不必过多地顾虑外界因素的影响,不用担心因为发表了某些言论而遭到面对面的冲突。

(二)互动参与性

从舆论的基本要素来讲,舆论主体的参与意识觉醒并日益增强是网络舆论的最主要特点。网民借助网络论坛作为平台,汇聚民意,扩大事件影响力,传统媒体选择性提供权威信息或发表评论,而决策层通过国家意志对网络社会热点事件进行定位与裁决。当网络舆论中的热点话题形成后,随着网民的情绪、意见等不断高涨,该事件受到关注的程度越来越高,影响越来越大,传统媒体继而进行跟进报道,网络舆论与来自于传统媒体的舆论形成的舆论合力和影响力在全社会得以再次扩大,各级传统媒体纷纷加以报道,最终形成了网络舆论与传统媒体舆论的共振,引起决策层的重视。随着决策层的表态或行动,网络论坛中发帖量会呈现激增或锐减:如果决策层出台的决策顺应网络民意,能够促使社会热点事件的合理化解,针对该事件的网络舆论力度迅速衰弱;反之,如果决策层的表态、行动或决策没有顺应网络民意,则会引起网络舆论的激烈反弹,并形成更强的舆论压力。这样的波动过程甚至可能反复数次。当该话题引起的舆论压力影响到决策层采取符合民意的行动时；或者被网民关注却被传统媒体过滤掉而逐渐淡化时；或者具有典型性、敏感性、争议性的新事件发生使网民转向新话题时，由旧话题引发的网络舆论会逐渐冷却，随着新公共话题的转向，原来的舆论热点便会最终沉寂。从近年来的一些公共事件处理结果都可以表明，网络舆论互动参与性的日渐增强使党和政府在决策和行政执法中越来越注重民意，从这个意义上说，网络舆论主体参与意识的觉醒与增强将是中国民主进程中的一大促进因素。[1]

（三）时效性

网络舆论的时效性，首先是指通过网络平台，信息的传播速度快；其次是指网络舆论具有敏锐性，对社会热点事件的反馈速度快。由于网络论坛与传统媒体相比，具有"去中心化"的技术特质，信息的传播无须像传统媒体那样进行自上而下的严格审核和把关，因此网民更能在第一时间发挥新闻触觉，更快速地在网上传播他们所想要表达的信息。如在 2011 年"药家鑫案"中，正是因为网络舆论的时效性与敏锐性，西安音乐学院大三学生药家鑫驾车撞人后又将伤者刺了八刀致其死亡一案，从一个地方新闻事件快速演变成为一个全国瞩目的公共焦点事件，也催生了探寻有关"药家鑫案"真相的巨大网络舆论和社会舆论。在整个网络舆论过程中，网络舆论和事件演化是非常快速的，甚至是按分钟来更新的。

（四）监督性

社会监督是网络舆论最吸引网民眼球的焦点。公共政策的偏向、公共权力的滥用或不作为，公众人物的越轨行为等，都容易成为网民

---

[1] 王天意：《网络舆论引导与和谐论坛建设》，人民出版社 2008 年版，第 73 页。

关注并热议的话题,容易催生网络舆论。而网络舆论最大的特色就是对公共政策、公共权力和公众人物的监督性强,这种监督力量,跨越了种族、贫富、身份、阶层,归根到底是跨越了不平等,从而将话语权重新释放给普通公众。在网络空间,由于网民差异大,一般很难形成绝大多数网民都认同的"公共意见",但有一种情况例外,那就是代表着公平和正义诉求的社会监督,它能引起大多数网民的共鸣,网络舆论对"郭美美炫富"①、"钱云会案"②等事件真相的"穷追猛打"就说明了这一点。在"钱云会案"发生后,网民通过网络发帖讨论,时刻关注着事件的发展进程,对于当地官方给出的案件说明,舆论并不认同。由当地市委宣传部联合乐清市公安局、乐清市交警大队、蒲岐镇人民政府、中国移动乐清分公司召开的新闻发布会也没能平息网民们的质疑声。尽管目前完整的证据链支持这是一场集中了太多巧合的交通事故,但多数网民就是不相信。在目前个别地方干群关系紧张的大背景下,"钱云会案"被网民"合理想象"和无限放大,成为草根民众维权无望和基层政权"黑恶化"的标本。这样的妖魔化印象不消除,对基层干群关系将起到恶劣的示范效应。

---

① 新浪微博上一个名叫"郭美美 Baby"的网友颇受关注,因为这个自称"住大别墅,开玛莎拉蒂"的 20 岁女孩,其认证身份居然是"中国红十字会商业总经理",由此而引发部分网友对中国红十字会的非议。其资料显示,博主"郭美美 Baby"年仅 20 岁,新浪微博的认证名为"中国红十字会商业总经理",在微博上多次发布其豪宅、名车、名包等照片,2011 年 6 月 20 日被网友发现,被指炫富。"红十字会"的"经理"身家居然如此富有,不由得让众多网友起了质疑:"我们捐给红十字会的钱到哪去了?"

② 钱云会,浙江乐清蒲岐镇寨桥村人。2005 年当选村主任后因土地纠纷问题带领村民上访。在 5 年的上访过程中,先后 3 次被投入看守所。2010 年 12 月 25 日上午 9 时,乐清市蒲岐镇发生一起交通事故,导致一人死亡,死者随后被证实是钱云会。有网友爆料,钱云会是被"有些人故意害死的",乐清市公安局在随后的发布会上称,这是一起交通肇事事故,钱云会当时撑一把雨伞从右侧向左侧横穿马路,工程车紧急刹车但仍与死者发生碰撞,造成钱云会当场死亡。

　　网络舆论对事件发展过程与处理结果时刻保持着质疑与监督的态度。如"钱云会案"发生后有一个亮点,就是温州地方政府容许一些知名网友组成"公民调查团"进村实地勘察。之后,虽然网友调查对此案还留有诸多疑点,但无一人公开支持网上的"基层干部涉黑谋杀假说"。当公共事件引起网民以及社会公众的普遍共鸣时,网络舆论主体就呈现广泛性的特点,这种广泛性强化了社会监督的声势;同时,网络舆论的快速传播也增强了其自身的影响力,当有些公共事件涉及某地的具体领导或职能部门时,地方传统媒体可能就难以发挥作用,而网络舆论的监督却能让它传遍整个网络公共空间;另外,网络舆论的监督时效性更强,网络论坛能即时发布消息,有些事件发生后,当天就能成为互联网上的谈论焦点,同时形成监督性极强的网络舆论。网络舆论的监督性对现实社会的影响程度之大,影响方式之直接,将公共权力、公众人物和公共事件置于千万双眼睛的注视之下,对于促进社会公正与透明有着不可忽视的积极作用。

(五)信任冲击性

　　美国学者马克·E. 沃伦(Mark. E. Warren)说:"民主的成分越多,就意味着对权威的监督越多,信任越少。"[1]我们看到,随着网络舆论的日益自由,社会信任面临着极大的冲击。社会信任是社会凝聚力的基础,缺乏信任的社会是没有凝聚力的。网络舆论打破基于无知或盲目而产生的信任,这是中国的一大进步。然而,互联网并没有在言论自由的基础上产生一种现代民主基础上的社会信任,这是非常危险的。从近些年来的社会热点事件可以看出,因网络舆论监督中透露出

---

　　① 　马克·E. 沃伦:《民主与信任》,华夏出版社 2004 年版,第 97 页。

的网民对公权力阶层的信任缺失问题越来越强烈,如 2009 年"躲猫猫案"①折射出司法信任危机、2009 年"杭州 70 码事件"②折射出对警方的信任危机、2011 年"钱云会案"折射出对基层政府官员的信任危机、2011 年"双汇瘦肉精案"③折射出对公共食品安全的信任危机等十分引人注目。网民不相信司法机关的判断、不相信警方的解释、不相信传统媒体的宣传、不相信权威专家的论证。这种非理性争吵使整个网络空间弥漫着一种不信任的氛围。

一方面,在现实生活中,网民对生存危机、贫富差距、特权垄断、社会不公、保障缺失、就业压力、公权力运行、腐败现象和自我实现等方面堆积的不满情绪和现实压抑感,以及对传统媒体长期以来灌输式宣传的逆反心理,很容易使一些人借助虚拟的身份与正面宣传唱反调,

---

① "躲猫猫"的起因是 2009 年云南省晋宁县看守所发生的一起死亡事件。据当地公安部门通报,24 岁男青年李乔明在看守所中与狱友玩"躲猫猫"游戏时头部受伤,后经医院抢救无效死亡。这一事件经媒体报道后,在网络上迅速发酵,众多网民纷纷质疑,一群成年男人在看守所中玩小孩子玩的"躲猫猫"游戏听起来非常离奇,而这种"低烈度"游戏竟能致人死亡就更加令人难以置信。于是,一场以"躲猫猫"为标志的舆论抨击热潮迅速掀起。

② "70 码"是一个网络流行语,源于 2009 年 5 月 7 日杭州的一次交通事故,杭州警方在案发后的事故通报时称,案发时肇事车辆速度为"每小时 70 码左右"。而有目击群众称,事故发生时死者被撞飞 5 米多高,撞离斑马线有 20 米的距离,估计当时车速至少在 120~150 千米每小时。之后,"70 码"迅速成为一个新的网络顶级热词,在各大论坛流传开来,被用做民众对政府公众事件解释及处理不满时的一种反讽。

③ 2011 年 3 月 15 日,央视新闻频道《每周质量报告》的"3·15"特别节目《"健美猪"真相》报道,河南孟州等地养猪场采用违禁动物药品"瘦肉精"饲养,有毒猪肉有部分流向河南双汇集团下属分公司济源双汇食品有限公司。瘦肉精,属于肾上腺类神经兴奋剂。如果把"瘦肉精"添加到饲料中的确可以增加动物的瘦肉量。但国内外的相关科学研究表明,食用含有"瘦肉精"的肉会对人体产生危害,常见有恶心、头晕、四肢无力、手颤等中毒症状,特别是对心脏病、高血压患者危害更大。长期食用则有可能导致染色体畸变,会诱发恶性肿瘤。早在 2002 年,农业部、卫生部、国家食品药品监督管理局就发布公告,明令禁止在饲料和动物饮用水中添加盐酸克仑特罗和莱克多巴胺等 7 种"瘦肉精"。2008 年,最高人民检察院、公安部规定新的刑事案件立案追诉标准,对使用"瘦肉精"养殖生猪,以及宰杀、销售此类猪肉的,将以生产、销售有毒、有害食品罪追究刑事责任。

与政府的官方言论唱反调,从而加剧对社会信任感的冲击;另一方面,一些地方党委、政府对传统媒体舆论比较重视,但对网络舆论的反应比较迟钝,他们面对汹涌的网络舆论,采取尽量回避、掩盖的思路,一味地在传统媒体上加强宣传,以图扭转不利的网络舆论。这种做法的效果欠佳,有时甚至起反作用。目前,公众获取信息的状态大致可分为三种:第一种为"关门"状态,即公众需要了解信息,而相关部门以"不宜公开"或"正在调查中"等为由加以拒绝或推脱;第二种为"开门"状态,即公众可以借助某种渠道了解到自己需要的信息,不可否认,随着政府信息透明度的不断提高,这种状态越来越多;第三种就是类似于"躲猫猫"、"70 码"的状态,公众从相关部门获取到信息和解释,但是,这些信息明显偏离人们的常识。中国科技大学科技传播系副教授方刚认为,"现在最关键的问题还不是官员不了解网络传播的特点,而是他们对公众追寻真相的能力估计不足",在网络公共事件中,网民能够根据各方面的信息得出一个比较理智、符合逻辑的推导。如果政府部门的解释不符合事实真相,只会导致公众想象力更加丰富。[①] 面对"躲猫猫"、"70 码"这一类政府部门的"权威"发布,更强化了网民的质疑习惯,而当每一次质疑都正确时,政府的公信力必然受到挑战。

(六)独立性

传统媒介环境下,社会主流意识形态与新闻传媒的联手操控,往往容易形成具有较强权威性的社会舆论。而在网络时代,情况发生了变化,网络空间成为一个观点的"自由市场",在网络上,每个人都可以是一个没有执照的电视台。[②] 网络舆论的主体可以自由发布信息、表达观点、交流意见,并且只要见解是有价值的,它就会被广泛传播。哈

① 杨敏:《网络舆论冲击波》,《决策》,2009 年第 7 期。
② [美]尼古拉斯·尼葛洛庞蒂,胡泳译:《数字化生存》,海南出版社 1997 年版。

贝马斯的观点认为,公共领域是私人领域的一部分,但又有别于私人领域。哈氏假定的理想的言说情景包括四个原则:第一,任何具有言说及行动能力的人都可以参加对话;第二,所有人都有平等权利提出任何想讨论的问题,并对别人的论点加以质疑,表达自己的欲望与需求;第三,每个人都必须真诚地表达自己的主张,不受外在的权力或意识形态的影响;第四,对话的进行只在意谁能提出"较好的论证",人们理性地接受这些具有说服力的论证,而不是任何别的外在考虑。① 由此可见,"公共领域"是一个排斥一切形式的权威,主张自由、公开、平等表达的空间。与传统媒体相比,网络空间就形成了一个这样的公共领域。它不仅提供给公众表达、交流的机会,还构建起一个打破等级次序,颠覆传统权威的话语平台,在这个空间里,每个表达者都是平等的权利主体,都具有质疑、论辩、表达的权利。网民的对话与意见交流只在意谁能提出"较好的论证",他们相信以事实为基础的常识性推理和判断,尽管提出观点的人可能是某个网络论坛的名不见经传的网友。网民相信并接受这些具有说服力的论证,而不受外界"权威"言论的影响。

同时,在网络上对舆论进行控制是比较困难的。对于传统新闻媒介来说,由于新闻监管机构的存在,对负向舆论的控制是很容易做到的。政府可以通过规定大众传播体制,制定相关法律、法规和政策及处罚措施,分配传播资源,对新创办媒体进行审核登记,限制或禁止某些信息的传播等措施来规范并引导大众传播。然而,在网络媒体上要对舆论信息进行控制是比较困难的。网络舆论的开放性、匿名性以及传播的无限性使网络舆论具有难控性。网络的开放性使每一个人在理论上都是"新闻发布者"。面对数量庞大的网络用户,对舆论生成时

---

① 孟锦,王逸涛:《网络"意见表述"模式与公共话语空间建构》,《新闻记者》2005 年 5 月。

间及传播的控制是很难把握的。由于网络信息资源的共享性,网络信息的传播不需要经过任何人的审批、评价和身份验证就可以在"信息高速公路"上畅通无阻。网络为大众提供了自由的表达场所,一些非理性的观点、见解、主张、情绪,甚至人们的隐私等不宜明言的东西统统可以传到网上去,而且在网络上匿名地发送邮件、参加 BBS 讨论都相当容易,电子邮件内容也极易被人截取、更改和伪造。这就使得对网络信息的净化、不良网络的舆论控制变得复杂和难以操作。正如麻省理工学院教授尼葛洛庞蒂所描述的:"一个个信息包各自独立,其中包含了大量的信息,每个信息包都可以经由不同的传输路径,从甲地传送到乙地。也就是说,因为我总是有办法找到可用的传输路径,假如要阻止我把信息传递给你,敌人必须先扫荡大半个美国。正是这种分散式体系结构令互联网能像今天这样三头六臂。无论通过法律还是炸弹,政客都没有办法控制这个网络。信息还是传送出去了,不是经由这条路,就是走另外一条路出去。"①

二、网络舆论的形成

传统媒体中,新闻舆论的传播方式简单,遵循着新闻信息—舆论形成,或是民间舆论—新闻报道的传播途径。而在互联网环境中,无论网络舆论的形成变得多么复杂,但大致遵循这样一个模式:产生话题—话题持续存活—形成网络舆论—网络舆论发展—网络舆论平息。

(一)网络舆论话题的产生

网络舆论的产生都有一定的缘由,它的起点是出现在网络公共话

---

① 〔美〕尼古拉斯·尼葛洛庞蒂著,胡泳译:《数字化生存》,海南出版社 1997 年版,第274 页。

语空间的某个话题,这是网络舆论形成的必要条件。网络话题来源广泛,可以是传统媒体播发的,也可以是网民自己发布的,其内容覆盖面大,可谓古今中外无所不能谈。这跟传统媒体不一样。由于新闻管制之下,传统媒体的话题都有一定的局限性,严肃的、重大的、反映社会主流思想的内容往往有机会成为话题。而互联网中的管制更小,各类内容,不管雅俗,不论其是否符合传统媒介刊发信息的有关要求,只要能激发兴趣,都有可能成为话题,如自然现象、社会矛盾、社会问题、私人事务等,具有广泛性。从话题产生的渠道来看,话题主要分为两类:第一类,话题本身是由传统媒体发布,然后引起网民兴趣,从而引入到网络社区;第二类,本身是网络上的话题,受到传统媒体关注,该话题在传统媒体推动之下,在网络上进一步放大。

(二)话题的存活

所谓一个话题能够在网络论坛存活,就是其涉及的具体公共事件能够获得网民的持续关注,从论坛发帖上来看具体表现为持续出现相关事件的新帖或跟帖。任何话题只有积累了足够数量或者分量的帖子,才能体现这种持续关注度。当一个富有争议的、能引起网民极大兴趣的原帖或转帖在论坛中发布后,网民对其感兴趣就会不断进行跟帖和转帖,此时,论坛借助一些自动统计功能,自动统计出当日最热帖子之类的数据,再由此发布在论坛的排行榜上。进入论坛跟帖榜或点击量排行榜的帖子所获得的关注度将高于未进入排行榜的帖子,而且这种显著度会呈"马太效应"不断扩大,即进入排行榜的帖子会更加受到关注,相反未能进入的帖子因为在有限的时间里没有达到一定的点击量或跟帖数量,会消匿在网络信息的海洋里。

(三)舆论的形成

个人意见在网络上的发生和传播是网络舆论产生的关键环节之

一。方便自由的互联网平台为网民提供了表达意见的平台,各种正式与非正式的讨论话题也为之提供了发表个人意见的机会。在个人意见形成的过程中,人们总是最先感受到社会问题的困扰,然后逐步形成态度,最后通过新闻组回帖、BBS 论坛、电子邮件、聊天室、个人网页(站)等实现意见的发表。由于网络的匿名特征,网民表达的观点也较为直接和真实。而个人意见的多样化带来的部分个人意见的交融,就会形成某种意见赞同人数骤增的趋势,这是舆论由个人意见向社会共同意见转化的起点,是无数个人意志融合的过程。网络中不同的言论、意见以原创发帖或跟贴的形式进行自由的交流和辩论。相互对立的意见通过去伪存真,正确的个人意见不仅在讨论中逐渐取得多数,更得到多数人的承认,最终将一种多数人赞同的个人意见变成了广泛的社会舆论。

　　如 2006 年 2 月的"高跟鞋虐猫事件"。2006 年 2 月,一组残忍地杀猫组图流传于网络:先是一名时髦中年妇女微笑地怀抱可爱的小猫,接着该妇女将小猫放到地上轻柔抚摩,接着她用尖尖的高跟凉鞋鞋跟踩进小猫的嘴巴和眼睛,最后小猫因脑袋被踩碎而死去。该组图片首先发布在某网里的原创作品栏目中,一经刊发就引发网民极度愤怒。一些网民自发地将该妇女的照片制成"通缉令",发动大家寻找凶手。

　　2006 年 2 月 26 日,网友"鹊桥不归路"发帖,称找到了一些资料,他发现一个名为 www. crushworld. net 的网站,里面有碾碎、踩死小动物的视频,不仅有之前网上流传的踩猫录像,还有踩踏青蛙、兔子和狗的视频。这些网站制作踩踏小动物的视频,提供给喜好者下载,还制作成光碟出售。根据网友的调查,该网站的注册地址在杭州。

　　3 月 1 日,愤怒的网友开始发帖,不仅公布了该网站地址,还号召网友们一起攻击此网站,某网站也悬赏 5000 元人民币捉拿这个踩踏组织。很多网友积极响应,在这个网站注册了 ID,不断地发帖拖慢网站速度,还有一些黑客开始对网站发起攻击。也有网友对图片的真实性表示怀疑,并质疑此举是踩踏网站为了提高点击率的炒作。更多的网友发帖呼吁通过法律手段惩处虐待小动物的人或组织。

网友们自发充当"刑侦警察",将案发目标锁定地从最初的杭州到山东,最后确定为黑龙江鹤岗市萝北县的名山镇,目标人物也随之浮出水面。2006 年 3 月 7 日,事发 10 天左右,虐猫者的具体姓名、工作单位等情况也被揭晓。虐猫当事人也因此被单位辞退,丢了工作。同时,虐猫事件引发网友大讨论,有政协委员公开建议立法反对虐待动物。

(四)舆论的发展

网络舆论形成之后,其发展取决于一系列因素的相互作用。主要有以下几个方面。

(1)政府有关部门的参与。政府有关部门的参与、调查、表态都会推动公共事件的进展,从而影响网络舆论的发展变化。如 2007 年 7 月的"史上最毒后妈事件"。这个事件起源于论坛贴文《史上最恶毒后妈把女儿打得狂吐鲜血》,这个帖子最早出现在江西鄱阳在线网站,随后省内电视媒体持续跟进,网络上泄愤的帖子爆满。7 月 20 日上午,有 36 家网站转载该电视台对该事件的报道,全国各大网站、知名论坛流传着一篇名为《史上最恶毒后妈把女儿打得狂吐鲜血》的帖子。网络民愤迅即爆发,指责"这样的后妈简直禽兽不如",还有网友发出网络通缉令来通缉恶毒后妈。该事件惊动了当地政府,政府表示要介入调查。调查的结果表明,女孩吐鲜血的真实原因是患有血友病,该病是一种遗传性出血性疾病,它是由于血液中某些凝血因子的缺乏而导致的严重凝血功能障碍,出血是血友病的常见症状。只要皮肤出一点血,就会血流不止。一有磕碰,血友病病人四肢就很容易出现淤青。政府的调查结果,最终平息了该次网络事件。

(2)传统媒体的加入。作为专业、权威的新闻机构,传统媒体一旦介入网络舆论,那么将大大加快对有关事件的披露进程。一方面是因为传统媒体积累了较高专业信誉,并且拥有更为便利的组织资源,使其有能力进行深入的挖掘、跟踪,实施较全面、直接的采访;另一方面,传统媒体对社会公众具有巨大的影响力。它的介入往往会引起一系列的多米诺骨牌效应,如"皮革奶粉事件"中,不少媒体根本就没有经过仔细调查,仅仅是为了眼球效应,就直接报道"皮革奶粉",为谣言的传播推波助澜。最终使消费者对我国乳制品的信心遭到重创,直接影响到我国内地乳制品企业的生存。

(3)网络舆论领袖的影响。例如,"微博女王"姚晨拥有两千多万粉丝,每一次发言的受众,比《人民日报》发行量多出近7倍。虽然网络粉丝与纸媒读者并非等量齐观,不能一概而论,但受众的多寡委实是一种"影响力指数"。

(4)专家分析。话题受到法律以及事件相关领域的专业人士关注后,他们作为专家和第三方的分析和评判,对于网络舆论形成一些倾向性的共识常常有重要影响,他们的分析和评价会让人们对事件的看法和评论趋于客观、理性。

(五)舆论的平息

任何事物都有其生命周期,网络舆论也不能例外。网络舆论的平息体现在话题逐渐淡出网民的视野,发布的与之相关的新帖或者回帖的数量显著减少。一方面,这是与新闻事件的时效性密切相关的。随着时间的推移,人们的目光会被其他的新闻吸引。另一方面,这是与现实事件的进程步调相一致的。在现实社会中,事件最终会得到解决或者形成最终的结论,因而网络舆论也会伴随这个过程,形成、发展、最终平息。

三、我国网络舆论现状

2011年热点事件,主要涉及对突发公共事件的"围观"、公权力监督、公民权利保护、社会公德伸张等一系列社会深层矛盾,以及民众敏感的、容易受伤的社会心理,体现了中国网民积极的社会参与意识,特别是对社会公正的强烈渴望(见表4-1)。

表4-1 2011年度20件网络热点事件

单位:条

序 号	事 件	天涯社区	凯迪论坛	强国论坛	新浪微博	腾讯微博	合 计
1	"7·23"动车追尾	7288	1819	1348	2823515	6812000	9676000
2	佛山小悦悦事件	351532	2114	1563	1501631	2881871	7738714
3	日本9.0级地震	131616	4908	851	3801683	3516262	7488320
4	郭美美事件	5799	2348	2973	3832538	3500651	7344309
5	深圳大运会	1640	796	642	2006881	5135881	7145841
6	利比亚政局	7468	10003	26708	3381789	3185887	6614855
7	药家鑫案	35476	4651	11688	1862120	2112162	1026097
8	乔布斯去世	7552	171	951	2864872	588667	3462213
9	上海地铁追尾	2883	228	330	1629631	558619	2201721
10	各地房产限购	3633	2054	3273	1534204	617099	2190263
11	抢盐风波	38961	870	704	691650	1204947	1937132
12	免费午餐计划	3867	844	381	969750	381358	1356200

续表

序　号	事　件	天涯社区	凯迪论坛	强国论坛	新浪微博	腾讯微博	合　计
13	李娜法网夺冠	2071	261	1054	285161	971071	1262618
14	神舟8号 发射升空	1057	30	394	52562	833042	887085
15	钱云会案	295747	1054	3025	512891	12238	824958
16	故宫失窃 系列事件	3071	39	2541	176694	178956	661301
17	上海染色 馒头事件	990	601	592	239955	340967	583105
18	刘志军贪腐案	865	808	256	381473	180368	563770
19	双汇瘦肉精	1530	79	677	177170	377005	556161
20	微博打拐	213	202	309	292877	131615	125216

　　位居前5名的网络热点事件中,有3件为国内事件,1件为国际事件,1件为中外交流事件(深圳大运会)。同时,前10名中有3件国际事件。由此可以看出,中国网民的视野日益开阔,更加国际化。在20大热点事件中,帖子超过50万条的热点事件有19项,其中发帖超过100万条的事件有13项,超过500万条的有6项(见表4-1)。而2010年,在统计口径基本一致的情况下,在20大热点事件中,帖子超过5万条的热点事件有13项,其中超过10万条的事件有7项,超过100万条的仅2项。由此可见,对热点事件发表看法的网友人次大幅增加。另外,社会转型期各种矛盾在积累和叠加,互联网成为社会压力的"出气口",各种表达利益诉求者、维权者、爆料者都被逼上网"发声",以期引发大众关注和政府介入,呈现舆论压力超过法律威慑力的局面。2011年网络舆论载体,延续了微博影响力持续壮大,论坛、博客、新闻跟帖日渐式微的局面,不过也有些新的动向。

（一）微博大行其道

过去两年间，微博极大地影响着中国互联网舆论的广度和深度。精英与草根同台，草根的诉求一经名人转发，便能成为舆论热点；媒体和记者纷纷开通微博账户，在这里找到第二"发声"通道和与受众的互动平台；商业机构尝试"微博营销"；政府组织也开始借助微博平台，塑造亲民形象，倾听民意。

2011 年的微博延续了强劲增长的势头，用户数量从 2010 年年底的 6311 万个剧增至 2011 年 6 月底的 1.95 亿个（现已突破 2 亿个），成为用户增长最快的互联网应用模式。连江西抚州"5·26"爆炸案肇事者也了解微博的威力，一口气在新浪网、腾讯网、凤凰网和天涯社区开通了 4 家微博客，倾诉自己的遭遇。

除新浪、腾讯、搜狐、网易四大门户之外，人民网、新华社、央视等新闻媒体以及天涯、Tom 等社交媒体也推出了自己的微博，"百度 i 吧"、"google＋"也都具有微博性质，甚至一些地方性、行业性门户网站也都顺势推出了自己的微博平台。目前微博平台以新浪、腾讯两家独大，注册用户都突破 32 亿个。不过，实时冲动型的"微博直播"，因缺少审核和沉淀而容易让似是而非的流言传播，让某种剑走偏锋的情绪蔓延，因此，微博的公信力经常受到质疑。

（二）社交网站（SNS）的社会动员潜力

社交网站（SNS）允许用户创造个人页面，列出好友名单和自由发表评论。在中国，人人网、占座网、海内网、蚂蚁网、一起网、开心网、360 圈等 SNS 网站大量涌现。人人网 2011 年 5 月登陆美国纽约证券交易所，成为在全球首家上市的中国社交网站。社交网站具有大众传播和私人通信的双重特性，信息只在个人圈子里流转，具有较强的私密性,不便于站方和政府部门监管。因此在突发事件当中,在其他开放式传播的站点中屏蔽相关信息后,社交网站将成为信息的主要传播阵地。

2011年,从英国伦敦大骚乱到美国"占领华尔街"运动,社会化媒体都起到了某种社会动员的作用。在国内,这种现象同样存在。

(三)论坛、BBS 丧失网络舆论"霸主"地位

微博客的兴起首先冲击了前些年论坛、BBS 在网络舆论中的"霸主"地位。这是因为,在微博时代,网友信息表达和阅读趋于碎片化;同时,论坛管理也过于严苛,而微博把关的尺度相对宽松。微博成为网络事件的重要发源地和最抢风头的舆论发酵平台。爆料信息从论坛、BBS 转入微博平台后,爆料出处逐渐模糊。2011年10月,发生在湄公河的中国船员遇害事件,国内最先是由网友在天涯社区爆料,事件披露后,微博上大量相关的信息涌入,事件当事人也通过微博发布信息,而天涯社区最先披露这一事实则在媒体报道中被"忽略"。一直喜欢在论坛上寻找新闻线索的传统媒体记者,也开始从各大论坛转入微博。

论坛、BBS 的"意见领袖"继续大规模流失,不少人转战微博,或退守个人博客,或前进到境外的"推特"(Twitter)。原创性思想性贴文的减少,使得包括天涯社区在内的一些资深论坛上的贴文的"含金量"下降,与"口水化"的草根新闻跟帖趋同。

比较而言,地区性 BBS 并不太悲观,凭借独特的地方内容特色,以及对同城社交资源的整合能力,在一定程度避免了微博的冲击。而诸如户外运动和旅游、摄影这样的专业小众论坛,由于其专业性和小众圈子的黏合度,基本上未受到微博的冲击。

当人们需要对某个热点事件作出全面、深入、理性的了解和分析

时,论坛、BBS 仍然有着不可替代的作用。论坛/BBS 所具备的整合、分类、深度挖掘等优势,使其能对纷繁杂乱的舆论进行梳理和价值导向,信息实效性虽不如微博,但沟通的有效性较高。

(四)移动互联崭露头角

中国手机网民规模为 3.18 亿人,在网民中的比例高达 65.5％,可以随时随地上网发布和浏览信息、发表和分享意见。无线上网便于人民利用碎片化的时间参与舆情讨论,而且还可以帮助城镇低收入人群以及农民工加入网络舆论场。

伴随移动互联时代到来,借助移动终端和网络互动社区,随时、随地的"公民报道"成为可能,正在深刻改变社会舆论的生成机制。尤其在突发公共事件中,在官民冲突、警民冲突、城管与摊贩冲突、交通事故乃至群体性事件现场,任何一个在场的人都可能一转身就上网发送文字、图片、视频,给政府的事件处置及舆情应对带来挑战。

2011 年出现的"随手拍"活动,把移动互联的功效发挥得较为充分。春节期间,微博发起"随手拍解救乞讨儿童"活动。随后,网上出现了"随手拍解救大龄女青年"等活动,接着,又有网友发起"随手拍政府大楼"的活动。

移动终端在突发事件"现场直播"的优势,也让其他媒体望尘莫及。以"7·23"动车事故为例,7 月 23 日 20 时 34 分发生追尾,21 时01 分 D3115 次动车乘客"Sam 是我"发出第一条微博:"童鞋们快救救偶吧!!! 偶所乘坐的 D3115 次动车出轨呦!!! 偶被困在近温州南的半路上呦!!"直到 23 点 22 分,该网友微博报平安:"我已安全撤离事故区到达安全地,谢谢大家的关心……希望在事故现场还生还的旅客多保重!!! 伤者要坚持住!!!"

在上海"9·27"地铁追尾事件中,交通管理部门和救援人员利用手机传播现场信息,赢得了公众的信任,未给谣言留下生存空间。上海申通地铁集团在第一时间致歉的诚恳态度、较强的舆情应对能力,其官方微博"上海地铁"(粉丝 112 万人)及时的信息通报,受到了公众认可,给事故的善后处理营造了良好的舆论环境。

(五)博客不温不火,轻博客夹缝求生

前几年互联网界踌躇满志地宣称,让上亿人写博客。随着微博的迅猛发展,不免让人感觉博客"未老先衰"。但是,有数据表明博客依然不温不火地在自己的轨道上运行,其关注度并未出现大规模下滑。在各类网络应用中,博客/个人空间的使用率为 65.5%,远高于微博 40.2%的使用率。这说明经过几年的发展,博客已经逐渐形成了稳定的形式和受众群体。当微博火热吸引众人眼球时,博客却回归了其作为个人空间的本色。在博客中,超短篇幅的博文和哗众取宠的"标题党"少了,个人心情的描绘多了,理性思维多了,博客在平静中实现着去杂存真,信息深度日益提高。

博客的亮点,首先在于一些"公共知识分子"拒绝微博的碎片化写作。比如对于网络热点话题,不少网友形成一个习惯:登录著名博客,看看博主们是怎么说的。其次,一些特定专业领域的民间观察家的博客积累了相当的人气。最典型的是在财经领域,博客一直保持着高于微博的热度;科技、医疗等领域的专业博客也未受到微博热浪的影响。再次,对于较为年轻的网民来说,QQ 空间因为与 QQ 聊天软件高度黏合,私密性和娱乐性较强,在博客类网站中用户群高居榜首。

一个新的迹象是各大微博站点都与自己旗下的博客打通,用户在博客发表博文,就会简洁地显示到微博平台之上。由于微博限定在 140 字以内,在一些问题上很难用如此短的文字分析情况、总结观点,因而聪明的网友们在微博简明扼要地叙述事件、亮明观点,然后在博

客进行详细阐释。微博成了博客的招牌,而博客和文字图片工具成了微博展示长文的重要手段。微博反哺了博客人气。

2011 年,"轻博客"开始活跃。有人打比方说:博客像一本书籍,微博则是一张报纸,"书籍"充满智慧却太旧,"报纸"满是新意却还浅薄,能否有一个既有表达力和专业性,又简单便捷的社交工具呢? 于是有人想到了"杂志"的比喻,而这种"杂志"就是轻博客。它既可以像博客般长篇大论,又可以像微博将新锐观点传播到四面八方,同时也融合了时下的各种互联网技术应用,包括图片、视频以及各种优化工具。轻博客站点"点点"在半年间吸引了 100 多万用户,新浪、网易等商业门户网站也适时建起了自己的轻博客。但从目前看,轻博客还不可能取代微博。①

四、增强网络舆论引导的有效方法

舆论是属于意识形态范畴的东西,是无形的,舆论引导并不具备强硬的约束力。对于舆论,我们不能强制人们顺从或接受,网络舆论更是如此,网民在网络上的言论往往比在传统媒体上的发言享有更大的自由度。网络舆论的分散性特点要求对网络舆论的有效引导不能采用简单的"堵"来实现,切实可行的办法应该在于"导"。在舆论形成中让公众多一些独立思索而少一些盲目从众,使舆论增添些理智的成分,这应当是舆论导向的本来意义。②

---

① 祝华新、单学刚、胡江春:《2011 年中国互联网舆情分析报告》,人民网舆情监测室 2011 年 12 月 23 日。

② 陈力丹:《舆论学——舆论导向研究》,中国广播电视出版社 1999 年版。

（一）完善互联网法律制度建设

相比互联网的迅速发展和网民的庞大数量，我国相应的法律制度建设还相对滞后，存在立法主体多元，立法层级不高；过于强调政府监管，缺乏对网络主体权利保护的关注；立法程序的公众参与程度有限；缺乏对政府违法监管行为的救济规定；缺乏对个人信息的专门保护等诸多问题。成熟的法律制度是网络舆论健康、有序发展的重要保障。因此，必须尽快建立和健全相关法律、法规，注重网络服务和管理制度建设，以便对网络舆论进行更为合理的约束和引导，从而更好地发挥其积极作用。

（二）加强政府网络舆论引导能力

1. 适当调整引导策略

2007 年 1 月 23 日，中共中央政治局进行第三十八次集体学习，胡锦涛同志就加强网络文化建设和管理提出五项要求。其中的第三项要求是，要加强网上思想舆论阵地建设，掌握网上舆论主导权，提高网上引导水平，讲求引导艺术，积极运用新技术，加大正面宣传力度，形成积极向上的主流舆论。

长期以来，我国的舆论引导实践中，更多的是采用行政管理的方式。这种单一的管理方式显然已不能满足网络舆论引导的需要，应当实现由政府行政管理为主向综合运用政府行政管理、立法管理、技术手段控制、网络行业和用户自律等多种管理方式的转型。这就要求政府特别是地方各级政府转变思想观念，改变管理方式，正视网络舆论的影响，同时也要根据网络的技术特点采取正确有效的方式对网络舆论进行规范和引导，注重网络舆论引导的艺术，从被动控制到主动引导，立足于"疏"和"导"。简单的堵塞和限制只会造成更大的对抗反应,只有疏导才是应对网络敏感话题和过激言论的主要方法。

中央提出社会管理创新,要以解决"影响社会和谐稳定突出问题"为突破口,网络舆论就是检测和判断这些"突出问题"最新鲜、最丰富的信息源,借助互联网唤醒和激活我们的体制机制,改进公共治理,撬动民间社会,促进官民沟通,是当前成本最小、风险最低的政治体制改革举措。2011年9月,中共中央办公厅、国务院办公厅印发《关于深化政务公开加强政务服务的意见》,要求抓好重大突发事件和群众关注热点问题的公开,客观公布事件进展、政府举措、公众防范措施和调查处理结果,及时回应社会关切。这表明,中央对重大事故的态度是不包庇、不隐瞒,要让社会关心的问题得到正面的回应,而绝对不是让社会上出现的批评声音沉没下去。

因此,政府部门必须适当调整引导策略,深入研究受众的心理和需求,注重对网络受众心态和舆情的调查研究。在疏导的过程中,要使用广大网民可以接受的方式和技巧;要找准网络事件的核心问题,以科学的方法引导形成正确的主流舆论;要讲究辩证法,切忌报道的片面性;要循循善诱把握时机,讲究分寸,增强舆论引导的有效性和公众对解决问题的信心。只有讲究引导控制艺术,才能使舆论引导具有强大的吸引力、感召力,充分体现其引导控制的有效性。

2. 加强新闻网站和政府网站等主流网络媒体建设

20世纪90年代中期,我国政府全面启动"政府上网工程"。2004年12月,我国提出要"建立健全政府信息公开制度,加强政务信息共享,规范政务信息资源社会化增值开发利用工作",加快推进机关办公业务网、办公业务资源网、政府公众信息网和政府办公业务信息资源数据库等"三网一库"建设。2006年1月,中央人民政府门户网站开通。截至2011年年底,中国已建立政府门户网站5万多个,75个中央和国家机关、32个省级政府、333个地级市政府和80%以上的县级政府都建立了电子政务网站,提供便于人们工作和生活的各类在线服务。2008 年 5 月 1 日,我国正式施行《政府信息公开条例》。政府网站的开通,被认为是推动政府改革的又一重要举措。

政府网站的建设要突破一般网络媒体的办站方法,网站的功能不仅在于提供基本信息,更要对群众关心的热点问题及时跟进,增强与网民的交流、互动;要对网站、网页的内容和形式进行创新和及时更新,加强政府与群众沟通,增强普通网民对政府网站的认可度和支持度。政府网站要发挥舆论引导作用,切实树立以群众为中心的服务理念,进一步推进政府网站工程建设,完善电子政务的服务功能。

在网络传播中,由于被削弱的主要是政府的"把关"功能而不是专业新闻机构的"把关"职能。政府的直接控制力减弱了,这就需要政府通过加强调控手段来引导舆论。政府要在政策、资金、技术等各方面对重点网络媒体给予支持和扶植,打造政府管得住、网民信得过的主流网络媒体,强化主流言论,尽量规避和弱化非主流言论的影响力和破坏力,将国家与地方重点新闻网站及传统媒体网站建设成为巩固权威舆论的主阵地,增强对网络舆论的引导能力。

除此之外,微博等新兴网络交流平台也是政府舆论引导的重要阵地。从 2010 年起,党政机关和企事业单位纷纷开设机构微博,2011年,政务微博的发展"提速",不仅数量大幅增长,而且在微博使用能力和技巧上也有了长足的进步。本来微博属于网友个人发布信息和意见的"自媒体",政府和领导干部把它变成了"网上机关报",一种与民众互动的"公媒体",把党的"群众路线"延伸到互联网。到 2011 年 9月,仅在新浪网上,就有超过 12 000 个政务微博,覆盖大陆所有省级行政区域。东南沿海地区的机构微博最为活跃,浙江省市县三级组织部门已全部开通官方微博,南京市政府出台文件要求,"对于灾难性、突发性事件,要在事件发生后一小时内或获得信息的第一时间,进行微博发布",山东菏泽牡丹区 21 个乡镇和 34 个区直单位集体在微博上实名亮相,开创县级政区整体开设官方微博群与民众互动的先河。在中西部地区,机构微博也屡出新意,宁夏银川 120 余个政府机构集体入驻新浪微博,因银川政务微博反应迅速、处理及时,有网友赞其为"史上最有爱、效率最高"的政务微博。

3. 培养专门的网络舆论引导人才

胡锦涛同志在 2007 年 1 月 23 日中共中央政治局第三十八次集体学习中就加强网络文化建设和管理提出了五项要求。其中之一是要加快网络文化队伍建设,形成与网络文化建设和管理相适应的管理队伍、舆论引导队伍、技术研发队伍,培养一批政治素质高、业务能力强的干部。目前,我国互联网监管队伍中同时懂技术和新闻的人才少,不能及时发现问题,无法很好地预防网络不良舆论的影响。为此,要重视网络人才引进,优化现有人员结构,加强对网站的社会调控力度。一方面,要不断引进既懂技术又懂新闻传播的复合型人才;另一方面,要对现有人员加强网络技术、新闻业务知识等方面的专业培训,从而打造强有力的网络舆论引导队伍。具体包括:一是聚集一批理论和管理水平高的领军人才,这是能否取得网络舆论引导主动权的关键所在;二是聚集一批高素质的一线网络舆论引导人才,也就是现在的网络评论员队伍;三是聚集一批掌握尖端信息技术的专业技术人才,为舆论引导提供坚实的技术支撑。①

同时,可以借鉴国内外的一些先进经验和制度,建设网络新闻发言人制度。在信息传输手段已经多元化的今天,政府必须适应公众对由宪法赋予公民的知情权、话语权的要求,疏通双向交流渠道。网络新闻发言人如同在网络空间里的政府新闻发言人,但网络新闻发言人

---

① 　刘翔:《网络舆论与政府行为》,《上海党史与党建》2007 年第 7 期。

不是一个人,而是一个工作团队,是一个工作系统。完善新闻发言人制度,它可以就本地区百姓所关心的问题、事件等进行定期或不定期的发布,及时了解舆情动向,对公众的质问进行解疑解惑。对有较大影响的突发事件和重大案件,由负责处置的主管部门新闻发言人主动配合主流媒体进行宣传,通过网络即时、主动、准确地发布权威信息,尽快澄清虚假信息、消除误解、化解矛盾,正确引导网络舆论。

4. 建立科学、及时、有效的网络舆论预警机制

网络平台上的信息量十分巨大,并且形式多样,网络舆论的形成具有聚合化、实时化、跨地域的趋势,大规模、全国性的舆论可以在很短的时间内产生,成为公共事件,仅依靠人工的方法很难应对网上海量信息的收集和处理。因此,建立科学、及时、有效的网络舆论预警机制,必须以监控机制和分析机制为前提。我国目前网络舆论检测系统的代表是 2008 年成立的人民日报社网络中心舆情监测室。它是我国最早从事互联网舆情监测、研究的专业机构之一。目前,舆情监测室已初步形成了一套较完整的网络舆情监测理论体系、工作方法、作业流程和应用技术,具备传播学、社会学、经济学、公共管理学、数理统计学等专业背景的舆情分析研究人员,可以对传统媒体网络版(中央媒体、地方媒体、市场化媒体、部分海外媒体)、网站新闻跟帖、网络论坛、微博、网络"意见领袖"的个人博客等网络舆情主要载体进行 24 小时监测,并提供专业的统计和分析,完成监测分析研究报告等成果,为我国各界了解舆情检测、网络舆论和网络舆论监督,促进其发展起到了重要作用。通过这类网络舆论检测系统,政府可以及时掌握网络舆论的动态,梳理情况,充分研究、分析,了解网民的倾向与意愿。一旦发现网上公共事件的苗头,就能积极介入,通过主流媒体及时、权威地披露,从而说清事实,以正视听。同时,要制订周密的应对网络舆论的预案,做好预案的实战演练,增强预案的针对性、实战性、严密性、可操作性和高效性,并在网络舆论管理中反复修改,常备不懈,防患于未然,为可能发生的网络舆论走向做好充分的准备。

5. 明确网络舆论应急处理的重点

网络舆论的有效管理以妥善处理事件本身为核心。近年来,政府在突发事件应对和舆论危机管理方面的最大进步,就是逐步认同了一个观念,即事件处置第一位,舆论引导第二位。在突发事件中,媒体和互联网既不是事件的起点,也不是终点,诚恳回应民众利益诉求才是根本。以"7·23"动车追尾事故为例,如果说出现了公共危机,那么,第一责任人就是铁道部,其事故处理不当是根本,其次才是检讨媒体、互联网的管理和"舆论引导"的问题。公共治理,说到底是政府超然于不同利益群体之上,以公开、公平、公正为准则,妥善进行资源配置和利益分配,化解社会矛盾。对于转型期错综复杂的"问题",既要弄清"怎么看",更要明确"怎么办"。"怎么看"是舆论引导,"怎么办"就是解决问题。"怎么看"固然重要,但"怎么办"更为关键。处理热点事件,不能过度依赖"通稿"式的文本宣传和灌输式"舆论导向",而需多个部门携手联动,解决实际问题,化解现实矛盾。目前多数政府部门遭遇突发事件和舆论质问时,已经习惯于双管齐下:一边对媒体报道和互联网舆论"灭火"和"造势",一边迅速解决舆论关切的实际问题,安抚当事人,甚至在事发 24 小时内即对不当作为的官员"问责"。①

从这些网络舆论应急处理的经验可以看出,网络舆论应急管理的首要原则是及时发现苗头性的舆论,并及时进行处理引发舆论的事件,争取做到"热点事件及时发布"和"处理结果的及时反馈",使网上不当言论在第一时间得到澄清和纠正。各级政府都应当认识到"时

---

① 祝华新、单学刚、胡江春:《2011 年中国互联网舆情分析报告》,人民网舆情监测室2011 年 12 月 23 日。

间"是网络舆论应急管理的第一要素。在网络舆论危机的初期即作出反应,提供相关信息,及时给予理性指导,这可以大大减轻公众对于外在舆论冲击的感受。在网络舆论危机的抗拒和对峙时期要采取转移、分散情绪的措施,使公众适应网络舆论新环境,防止负面情绪的大幅度社会感染,促使情绪性舆论强度的弱化。

6. 提高网络舆论监控的技术手段

网络属于一种高新技术领域的传播工具,其传播手段也随着现代技术的进步而不断更新。维纳在《控制论》中指出,"技术的发展,对善和恶都带来无限的可能性。"[1]同样,如果没有管理技术的同步发展,将很难适应网络发展的现实,也就很难实现对网络舆论的有效管理和控制。因此,通过管理和技术过滤解决如何把关的问题,是网络舆论潜在的、本质的需求。必须采取技术手段对虚假的、错误的言论进行及时的过滤、拦截,防止其滋生蔓延。目前,几乎所有的论坛都采用了信息过滤技术。网站的管理者可以采取制订一个包含有害信息或诽谤、侮辱他人词汇的"黑名单",或者通过建造"防火墙"的方式来阻挡不良信息和外部网络的入侵和攻击。政府、电信、科研、互联网站等部门和行业要重视和支持对网络安全技术的研究,积极研发和推广关于不良信息屏蔽和过滤软件、网络防火墙、信息安全监测控制系统等先进适用的互联网控制技术产品,增强网络安全的防护能力,为杜绝危害社会的不良信息进入互联网提供强大的技术后盾。在这方面,我国已经进行了一定的尝试,如"绿坝—花季护航"软件。虽然,该软件因技术不成熟在应用上存在不足,但是其"旨在创造一个绿色、健康、和谐的互联网环境,防止互联网上的有害信息影响和毒害青少年"的初衷,仍

---

① 肖立斌:《浅析国际互联网络对道德的负面影响》,《贵州大学学报(社科版)》,1998年第2期。

然是我们继续推动这类软件研究及应用的必然选择。

(三)加强网络媒体建设

商业化是网络媒体发展的一个必然趋势,因为只有商业化才能给网络媒体带来大量的资金支持和技术支持。无论网络媒体原来是为了什么目的而创设,一旦商业化之后,必然要考虑的是商业化的内核——成本投入、运作周期、利润率等。对于网络媒体来说,参与社会政治生活的主要方式是通过新闻报道来引导舆论,从而推动社会政治生活。但是在商业化的大背景下,许多网络媒体由于竞争的压力而不得不采取了一种"饮鸩止渴"的生存方式。

1. 虚假新闻泛滥

为追求眼球经济,许多网络媒体在信息发布、内容把关等环节上问题不少,为虚假新闻的产生和泛滥埋下了隐患。特别是网络新闻标题哗众取宠成为媒体普遍存在的现象:标题崇尚震撼性,让受众大老远一眼就产生极大的兴趣,想继续了解内幕,可是真正看了内容,实则大相径庭。如《环球时报》于 2012 年 5 月 29 日刊载了其总编撰写的《反腐败是中国社会发展的攻坚战》一文。文内称,"中国显然处于腐败的高发期,彻底根治腐败的条件目前不具备","腐败在任何国家都无法'根治',关键要控制到民众允许的程度",并认为"官方必须以减少腐败作为吏治的最大目标"。腾讯网当天转发该文时,将文章标题故意改为"要允许中国适度腐败,民众应理解",误导读者的阅读。这一改了标题的文章通过互联网及微博大量传播,严重影响了《环球时报》的声誉。之后,经《环球时报》与腾讯网交涉,腾讯网在官方微博和新闻频道首页对此事刊发致歉声明。

2. 媒体关注社会生活的角度转向"反常"

网络媒体的商业化和争抢第一时间报道新闻,促使大量偏离新闻理念和基本原则的坏新闻不断涌现——新闻不核实、不准确、不公正、随意猜测、片面报道、煽动仇恨、人格谋杀、低级庸俗等。网络媒体每天热衷于报道的是杀人、放火、抢劫、强奸、性丑闻、恐怖袭击等犯罪新闻。这些跟人民群众日常相关的柴米油盐等生活问题,跟就业、污染、住房、贫困、疾病、腐败等社会问题相去甚远。但是网络媒体不会很热心地关注这些内容。

本应受众跟着媒体的引导,关心国家大事,关心与自己生活息息相关的问题如住房、就业、教育、就医、交通安全、人民健康、环境保护等问题,但目前的局面是受众用最低级、最原始的生理需求影响了网络媒体的主要方向。为了吸引眼球,媒体提供给受众的信息不是以社会需要为标准的,而是以读者想要看为标准。只要能抓住读者的眼球,或者能够抢在第一时间报道,媒体不在乎新闻的内容核实和是否应该报道。原有新闻准则——满足人民群众的知情权,使人民群众知道与自身最大利益密切相关的新闻事件,已经不是第一位的了。

3. 网络媒体过量的负面报道造成安全感缺失

网络媒体过量的负面报道会让公众对自己所处的环境缺乏一种安全感。特别是对未成年人危害巨大。有些时候,个别网络媒体为了制造轰动效应,通过对犯罪活动惟妙惟肖的情景再现,对很多凶杀场面集中进行连篇累牍的报道,让公众误以为整个社会都潜伏着一种危险信号,缺乏安全感,让公众生活在自己依据媒体传达的信息营造出的恐怖氛围中,更恶劣的是这种情况会在未成年人心底留下严重的阴影。

4. 有偿新闻、人情稿件现象严重

有偿新闻指付费刊登有利于广告客户的新闻。现在网络媒体又逐渐流行起了一种另类的服务于广告客户的隐性有偿新闻,即如果广告客户在媒体上刊登了广告,媒体会打着经济新闻的名义,免费为其配送一定篇幅的软新闻,类似于商场的"买一送一"。这种做法极大地影响了网络媒体的公信力。

要制约当前网络媒体的商业化倾向,必须在让其明白自身社会责任的基础上运用多种手段进行制约,以此达到最好的社会效果。其一,完善新闻法规,建立一整套可行的市场准入和退出机制。在新闻媒体引导大众,履行其社会监督职能的同时,让它同时接受来自于社会公众的监督。其二,加强网络媒体正确引导舆论的功能。网络媒体应该通过对新闻等各种信息的选择、解释或评论,把受众的注意力集中到当前社会环境中最为重要的事件上去,并提出相应的解决方案和策略。所以,并非所有具有新闻价值的事件都应该报道,网络媒体应该通过筛选把受众的关注点集中到社会生活的中心事件及其未来趋势上来,为党和国家的方针、政策提供舆论性支持。其三,加强媒体自身专业素质。媒体报道的大量新闻,其报道质量并不取决于主管部门和政策的限制,最终还是取决于编辑和记者的专业素质和道德水平。所以,只有采编人员提高自身修养,摆正心态,从新闻学的基本原理出发,对新闻价值作出客观、公正的判断,对事实进行深入分析,在翔实报道事件的同时,对事件做出客观、准确的分析和解释。尤其是面对敏感、引起人们疑虑的重大事件,要保持冷静,不偏激、不炒作,告诉受众事实真相,理智的引导社会舆论,做有益于社会价值的引导者。其四,加强行业自律建设。通过承诺具有一定约束力的约定来加强行业自律。如2003年10月中国记者协会以及来自中央、地方网络媒体的40余位代表共同签署了《中国网络媒体的社会责任——北京宣言》,号

召、呼吁网络媒体从业人员严格自律,恪守媒体工作者的职业道德和良知。2003 年 12 月,中国网、新华网、人民网、新浪网、搜狐网等 30 多家互联网新闻信息服务单位共同签署了《互联网新闻信息服务自律公约》,承诺自觉接受管理和公众监督,坚决抵制有害信息。这些承诺标志着我国网络媒体自律建设已经开始迈入一个新阶段。

(四)加强网民自律建设

1. 提高网民法律意识和道德意识

网络上的言论自由不能没有边界和限制,不能侵害他人的合法权益,不能对现实生活和社会形成危害。一个公民在享受网络上自由权利的同时,也要履行义务自觉维护网络秩序。法律是规范所有公民行为的准则,网民也不能出乎其外。只有严格遵守法律的规定,才能促进网络舆论走向理性和成熟,才能享受到更多更为公正、安全、方便的网络服务。部分网民的行为违背了法律规范,除了盲目的跟风之外,主要还是对相关法律的不了解。因此,应该加大基本法律及网络立法的宣传教育力度,让网民知法、懂法、守法。同时,大力加强网络道德建设,宣传和推广网络素质教育,培养和加强广大网民的网络舆论自律性。只有社会公众的素质提高了,才能正确分辨各类网络信息,冷静思考,理性行为,才能进一步促进网络舆论和整个社会舆论环境的健康、和谐发展。

2. 充分发挥网络舆论"意见领袖"的作用

"意见领袖"又称舆论领袖,通常指在信息传递和人际互动过程中少数具有影响力、活动力的人。他们是活跃在人际传播网络中,经常为他人提供信息、观点或建议并对他人施加个人影响的人物。在互联网当中,这些人一般由精英分子组成,他们是社会热点事件中的评论员、转达者,是组织传播中的闸门、滤网,是人际沟通中的"小广播"。

美国社会学家拉扎斯菲尔德提出二级传播理论①,他指出意见领袖扮演着两级传播中的重要角色,且其在大众传播效果的形成过程中起着中介或过滤作用。

意见领袖一般颇具人格魅力,具有较强综合能力和较高的社会地位或被认同感,在社交场合比较活跃,与受其影响者同处一个团体并有共同爱好,通晓特定问题并乐于接受和传播相关信息。意见领袖作为一种社会现象,它不仅存在于西方社会中,也存在于其他不同的社会之中和信息传播过程中,虽然他们存在的形态可能有些差异。在信息传播中,信息输出不是全部直达普通接受者,而是只能先传达到其中一部分人,而后再由这一部分人把信息传递给他们周围的最普通的受众。有的信息即使直接传达到普遍受众,但要他们在态度和行为上发生预期的改变,还须由意见领袖对信息做出解释、评价和在态势上做出导向或指点。

在互联网当中,社会热点事件发生后,随着网络舆论的进展,观点相近、态度相似、具有相同倾向性的意见经过不断地讨论和碰撞,意见会不断走向聚合和趋同,最终形成以"意见领袖"的言论为中心的"核心圈子"舆论,其言论与观点对整个网络舆情的走向起着重要的作用,既有着负面影响,又能发挥积极作用。可以说,群体中意见领袖的作

① 拉扎斯菲尔德等人在 1940 年美国总统大选期间,围绕大众传播的竞选宣传,对选民进行调查,以证实大众传播媒介在影响选民投票方面具有非常强大的力量。这次研究有一个完全出人意料而且意义重大的发现,即传播过程中的两级传播现象。拉扎斯菲尔德等人意外发现,大多数选民获取信息并接受影响的主要来源并不是大众传播媒介,而是一部分其他的选民。这一部分选民与媒介关系密切,频繁地接触报刊、广播、广告等媒体,对有关事态了如指掌。于是那些经常与他们交往的大多数选民便从他们那里间接地获得了竞选的所有重要信息,并且听取他们对许多竞选问题的解释。这一部分选民就被拉扎斯菲尔德等人称为"意见领袖(又译为舆论领袖)"。拉氏据此认为在传播过程中存在两级传播,就是说大众传播并不是直接"流"向一般受众,而是要经过意见领袖这个中间环节,再由他们转达给相对被动的一般大众,其模式如下:大众传播—意见领袖——一般受众。

用是不容忽视的，尤其在网络舆论中针对敏感问题的讨论。

只要确保这些意见领袖能充分发挥其领袖作用，在网络互动中影响和感染其他群体，就能有效引导互联网中的舆论方向。可以通过邀请现实生活中某一方面的权威来承担网络中"意见领袖"的角色。如各类专家、学者或行业的先进人物、成功人士在某一领域具有发言权，是天然的"意见领袖"，可以请他们到网上参与网络互动，争取更多网民的支持、理解和参与。这在一些大型论坛，都应用得非常成功。如人民网强国社区的"嘉宾访谈"已经成为一个影响巨大的栏目。每年"两会"期间都会邀请全国人大代表、政协委员与网友交流互动，产生了极好的影响。

当前的中国社会中，网络媒介的迅速发展赋予了广大民众更多的话语权，放大了广大民众的各种诉求。这是社会的进步，但同时也带来了前文所述的一些负面影响，如由于网络舆论的非理性化、群体极化等特点催生而出的网络暴力、媒介审判与恶性舆论。在社会热点事件发生时，面对极速膨胀的各种情绪和各种价值判断交错的舆论汪洋，知识精英应该及时承担起意见领袖的角色，主动、积极地发表理性、克制、科学的分析与判断，引导由普通民众所聚合而成的网络舆论向理性的方向发展，更好地塑造舆论方向。这样，可以通过网民引导网民，用网民自己的声音引导、感染网民，实现网民自我教育、自我引导，以期充分运用和放大网络舆论的积极作用。

3. 提高网民的网络素养

德国哲学家康德曾经说过："世界有两样东西最为神圣，一是头顶上的灿烂星空，一是自己内心永恒的道德标准。"法律是外部的制约力量，一个人无论其身份地位如何，都要受到法律的约束。然而，由于互联网当中身份的隐蔽性，使得网络活动的参与者们可以打破现实社会中的种种顾忌，更加随意地发表自己的意见，干自己喜欢干的事情。

而在当前的网络技术条件下,具有强制力的法律规定对于网上多数情况是无法发挥制约作用的,网民在网上发表的言论,只要没有确定的违法事实,就不在法律制裁的范畴内。这时候就需要道德的作用,从内部约束来规范人们的行为。道德是通过公众舆论来制约人们行为的一种力量,它虽然是一种非强制力,却在大部分情况下发挥着规范人们行为的作用。良好的网络道德风尚可以对互联网的社会功能起到积极的促进作用,同时也是中华民族整体素质的重要体现。

但是,目前我国虽然网民数量大幅增长,位居世界前茅,但是实则整个网络社会还处于初级阶段。整个网络依然缺乏统一、有效的道德评判。从国外互联网管理经验来看,国外的一些计算机和网络组织为此纷纷制定了一系列相应的规则,最著名的就是美国计算机伦理研究组织推出的"计算机伦理十戒",告诫网民要恪守伦理情操。在我国对于此类规定的制定起步较晚,比较早的是 2006 年 4 月 19 日中国互联网协会发布《文明上网自律公约》,号召互联网从业者和广大网民从自身做起,在以积极态度促进互联网健康发展的同时,承担起应负的社会责任,始终把国家和公众利益放在首位,坚持文明办网,文明上网。2008 年汶川地震发生后,网民自发制定了《中国网民自律"十不"公约》,该公约在互联网上的广泛传播主要是提醒广大网民应该理智地面对问题、分析问题,做到不造谣、不传谣、不信谣,不断提高自己的自律意识,文明地、理性地面对网络。之后,又有一些网民自律公约出现。这些公约无疑成为我国网民加强自律行为的一座座里程碑,充分地体现了广大网民正逐步走向成熟和理智。

但是,这些自律公约仍然存在影响力还不够,网友认同不一等问题。因此,政府应当主动参与自律公约的制定过程,积极引导自律公约的完善,大力加强自律公约的宣传。另外,还需要通过适当的价值引导培养网民的自律意识。要加强对网民的伦理道德教育,构成网络道德评价体系,提高网民的自律意识。健康的网络文化,需要道德伦理、法律法规作为保障,也需要网民良好的道德和思想修养。而现在网民的年龄、文化参差不齐,尤其是青少年,很难识别网络中的一些虚假、有害信息。为了避免网络对青少年的负面影响,我们更应该加强道德教育,提高他们的自律意识。这个过程需要来自于社会、学校、家庭三个方面的努力。

4. 完善网络实名制

网络实名制就是人们在互联网上进行相关操作的时候采用个人真实信息的方式。网络实名制的推广可以约束网民的行为。目前,网络犯罪之所以日益恶化的主要原因就是网络的匿名性导致了网络主体的不确定。网络实名制的实现,可以使执法机关迅速锁定责任人,降低了社会运行成本,节省调查时间,也使网络环境得到优化,加强了法律的执行力。但是,有许多人担心网络实名制的推行会影响到人们的言论自由。实则不然,公民网络言论自由是指在法律规定和认可的情况下,公民利用网络作为传播媒介,表明、显示或公开传递思想、意见、观点、主张、情感或信息、知识等内容,而不受他人干涉、约束或惩罚的自主性状态。我国《宪法》第 51 条也明确规定:"中华人民共和国公民在行使自由和权利的时候,不得损害国家的、社会的、集体的利益和其他公民的合法的自由和权利。"孟德斯鸠在《论法的精神》一书中写道:"自由是做法律所许可的一切事情的权利。"在任何一个社会,自由都是不可或缺的,但是自由也是一种秩序,也有一定的界限,只要是不超过界限的自由就是受保护的,一旦失去了秩序,自由超过了界限,自由也就丧失殆尽了。每个人在拥有自由的同时,也要承担着自由所带来的一切义务。

就如互联网本身来说,它也不是完全自由的产物。互联网确实给人们提供了前所未有的自由度,但绝对自由的互联网本身就是不存在的。事实上,互联网本身就是由各种各样的规则和协议来支撑的。典型例子是网络协议。网络协议是为计算机网络进行数据交换而建立的规则、标准或者约定的集合。当计算机终端用户之间进行通信时,网络协议的作用就在于通过将用户之间的字符转化为统一标准字符以利于用户之间的交流。所以,协议就是通信双方为了实现通信所进行的约定或者对话规则,如果所谓的"自由"超过了网络协议的基本要素,那么网络用户之间的对话就完全不可能。

因此,网络实名制的推行是为了更好地规范网络秩序、净化网络环境,防止网络暴力现象的发生,保护公民的合法权益不受侵害。它可以提高网民的自我规范意识,提高自身的道德素质,促使其正确地使用网络,遵守网络行为规范。网络实名制的推行是网络有效管理的必由之路和必然趋势,也为法律的有效性提供了保障。韩国在网络实名制方面给其他国家树立了榜样。韩国多数网民起初都强烈反对网络实名制。2003年初进行的一项大规模网上民意调查显示,反对网络实名制的网民比率要高于支持者。但随后发生的网络辱骂、垃圾信息传播、恶意"人肉搜索"等"网络暴力"事件,给当地社会带来巨大冲击,唤起人们的深思。这些事件中,最引人关注的是韩国影视明星崔真实因不堪网络谣言而自杀的事件,舆论普遍认为网络造谣者和传谣者是这起惨剧的幕后推手。随着民意的转向,韩国国会在2006年12月通过关于网络实名制的法律,并在2007年7月开始实施,这个新制度的实施在当时的韩国社会得到广泛支持。但是,实名制也存在其负面影响。一是个人信息的安全问题。2011年7月,当时韩国一家著名门户网站和一家社交网站被黑客攻击,约有3500万名网民(韩国2010年的总人口为4800余万人)的个人信息外泄,包括名字、身份证号码、生日甚至地址。此次事件让民众和政府都意识到网络实名制的潜在隐患。二是争议比较多的问题:网络实名制扼杀互联网上的言论自由,并使对政府的批评成为沉默的声音。韩国的民主党也一直借此反对网络实名,称网络实名制并非一个民主国家所为。认为网络实名制让民众平等而广泛地监督和批评政府的渠道进一步紧缩,言论空间更加狭窄。纵然,有部分缺陷,但并不能否认网络实名制的作用。各国也认识到,网络实名制在规范互联网环境的有益作用。如美国,2011年在总统奥巴马的推动下,作为国家网络安全战略重要组成部分,美国商务部启动了网络身份证战略。

对此,我国在采用网络实名制时,决不能回避上面两个问题。首先,要构建一个公民身份信息大型数据库,其中包括姓名、身份证号、家庭住址等,有条件的可以将公民指纹加入系统之中。该系统应当由各地公安机关负责维护、管理,以保障用户信息的准确性和安全性。其次,通过高技术手段来构建一个安全、可靠的实名制认证系统。例如,由公安机关根据公民身份信息数据库,建立一个代码库。网民只要在公安机关的数据库上验证个人真实信息后,就可以从代码库里申请任意数量的代码。而网站只需要网民提供这个特定的代码,并向公安机关的数据库确认代码真实有效后,就可以完成实名认证的过程。一方面,公安机关本身就是公民个人信息的管理机关,从事这项工作责无旁贷。而且,公安机关强大的技术力量能保证公民个人信息的安全和真实性。另一方面,这减少了网站进行实名认证的繁琐手段,也避免了个别网站泄露个人信息的风险。最后,在采用实名制的同时,建立网络分级制度,使实名制用户能够拥有更多的权限的同时,也不否定匿名用户最基本的言论自由,形成完善的网络信用体系。

第五章
互联网不良信息治理

　　2009年1月8日凌晨1时许,抚州市资溪县鹤城镇刘家山新村附近的省道上,有人发现一辆出租车被抛在路边的排水沟旁,车灯开着,车内可以看到几摊血迹,但车上及周围却没有发现司机。当天凌晨4时许,正在家中熟睡的吴伟(化名)被警方抓获。吴伟面对突然来到的刑警,承认是自己杀死了女出租车司机,并抛尸在现场附近的河道内。30岁的被害女司机陈清(化名)的尸体很快被找到。一名曾亲眼目睹现场的办案民警告诉记者,他们抓获吴伟后都很震惊:"我们很难相信,这么残忍的凶杀案嫌犯竟是一位成绩优秀的17岁高三学生!而他杀人的动机仅仅是为了表现出玩网络暴力游戏时'强悍的自己'。"吴伟在接受警方审讯时交代,1月7日晚10时许,他下晚自习后像往常一样,拦了一辆出租车往城郊的家中赶。当出租车离开明亮的县城大街进入暗淡的郊区时,窗外的夜色让他很强烈地感到:自己进入了一种与网络游戏中相似的情景,全身顿时有种想与人搏斗厮杀的莫名冲动。望着身旁孤身的女司机,他的内心开始挣扎,"我眯着双眼,靠在座椅上,开始回味着游戏中相互搏杀的紧张与刺激感"。当出租车行至刘家山新村附近的省道时,他感觉全身已是热血沸腾,顿时开始殴打女司机陈清。陈清大声呼喊着逃离出租车。然而,她的呼救声,却让吴伟内心中的"征服欲望"越发强烈。他一路狂追,已完全沉浸在

游戏的疯狂欲望之中。没有跑出多远,30 岁的陈清就被 17 岁的吴伟抓住并用随身携带的水果刀乱捅。直到陈清一动不动,吴伟才感觉"游戏结束",遂将她的尸体丢到了刘家山新村附近的河道里。然后回到出租车里,拿起自己的书本慢慢走回家。

　　互联网技术的不断发展,使得社会各领域都发生着前所未有的巨大变化,深深地影响着社会大众日常的学习、工作与生活等各个方面。其中,互联网的一个主要作用就是便于社会大众进行信息交流、信息传播,它为社会大众提供了一个开放自由的信息交流平台,这种汇集各种海量信息的交流平台正以一种全新的交流形式促进了人们的思想文化交流,对人们工作效率的提高与生活质量的改善发挥着不可替代的作用。但互联网本身是一把"双刃剑",一方面,互联网具有自由性、便捷性和开放性的特点,它为社会大众提供了自由获取和发出信息的言论交流空间,使得信息资源的传播和共享变得更加便捷,任何社会大众都可以便利、快速地获取所需的信息,并可以借助虚拟的身份在这种虚拟的社会里畅所欲言;另一方面,互联网的自由性、便捷性和开放性等特性也会被一些用心不良的人所利用,他们基于各种不良目的,利用互联网这个交流平台,大肆传播违法悖理、有害身心健康等不良信息。如许多网站运营商片面地追求商业利益最大化,通过各种形式在网站上刊载一些虚假的信息,海量发送垃圾邮件,甚至大肆地传播淫秽色情图片、视频等网络不良信息;一些网络游戏设计商为了提高社会大众对游戏的吸引力,他们常常在游戏内容方面设计出带有暴力、色情成分的场景与画面;除此以外,更有少数反民主的极端分子和国外反动势力利用互联网向社会发布一些煽动国家分裂的反动信息等。这些不良的网络信息引发了大量有违社会道德的问题和违法犯罪行为,不仅影响了网络大众的正常生活和身心健康,而且还导致了一些网络用户走上了违法犯罪的道路,特别是对一些青少年的影响尤其恶劣。因此,互联网不良信息问题必须引起国家、社会及社会民众的高度重视。

一、互联网不良信息的界定

互联网不良信息以不同的形式频频出现,也引起了全社会的普遍关注,那么,我们就很有必要对互联网不良信息的概念下一个定义。因为,只有明晰一个问题的概念,才能对这个问题进行深入的研究。

(一)学术界的界定

什么是互联网不良信息?学者对此定义各有不同:有学者认为"网络不良信息是指互联网上那些容易对人的身体造成损害,给人的精神带来污染,使人的思想产生混乱,让人的心理变得异常的垃圾有害信息,包括色情信息、暴力信息、垃圾信息、虚假信息等"[①];有学者认为互联网不良信息是"通过互联网散布的不符合法律规定、有违社会公共秩序与道德,对社会产生有害影响的信息"[②];也有学者认为"互联网低俗不良信息是指违背社会主义精神文明建设要求、违背中华民族优良文化传统以及违背社会公德的各类网上信息"[③]等。从这些概念来看,虽然表述的形式各有不同,阐述的方式有概括式和列举式,但我们可以从中寻找出定义互联网不良信息的一些共性。具体表现为:互联网不良信息是互联网信息的一个部分,也是通过互联网的交流平台来进行传播的,互联网是其生存的空间;互联网不良信息的不良性主

---

① 李乔:《网络不良信息对未成年人健康成长的危害及消除》,《中州学刊》2007 年第 11 期。

② 崔执数:《试论网络不良信息法律规制的完善》,《理论与探索》2005 第 3 期。

③ 钟忠:《中国互联网治理问题研究》,金城出版社 2010 年版,第 73 页。

要表现为，要么是违反国家的法律、法规与政策，要么是违背了社会传统的道德伦理与核心价值观；互联网不良信息对国家、社会及个人都会产生有害的影响，影响国家的安全、社会的稳定以及个人的生活，并为国家、社会及个人所排斥；互联网不良信息的出现本质上是现实社会中出现的不良现象的一种反应，从某种意义上说，它是现实社会生活的真实写照，是反映现实生活的。因此，从上面的分析可以得出，互联网不良信息是指行为人通过互联网发布的公然违反国家的法律、法规及政策，违背社会道德伦理与价值观，对国家、社会及个人造成有害影响并为国家、社会及个人所排斥的，反映现实社会不良现象的互联网信息。

（二）国外的法律界定

互联网不良信息的广泛传播对国家安全、社会秩序和网络用户者的利益，都已构成了严重的威胁，但由于世界各国的法律法规、国情民俗都具有特殊性，因此在全世界的范围内，对互联网不良信息的理解和界定都存在着差异性，对不良信息范围的法律界定还没有形成一个国际统一的标准和共同的认识，在具体的内容、认定和分类上也都存在一定的差异。对互联网不良信息的界定是对其进行依法治理的必要前提，尽管有各种差异性的存在，但互联网不良信息导致网络社会风气的严重污染，使得各国政府都很重视其治理工作，各国政府都制定了相关的法律法规对互联网不良信息进行法律上的界定，并依法采取措施对这些不良信息进行治理，在一定程度上制止了互联网不良信息的大肆传播所带来的有害影响，也清洁了网络社会的风气。

国外对互联网不良信息的认定是比较全面的，在欧洲，根据欧洲议会、欧洲委员会、欧洲经济和社会委员会、欧洲地区委员会联合签署的一份对互联网中违法与有害信息的调查与对策的文件，互联网中的不良信息主要包括:危害国家安全的信息(政治煽动、恐怖主义、如何制造炸弹、非法使用毒品等);伤害未成年人的利益和健康(对未成年人滥用市场营销手段、滥用暴力和色情);伤害人的尊严(挑动民族对立情绪、民族仇恨和种族歧视);威胁经济运作的安全性(商业上的欺诈行为、非法伪造、盗用信用卡);危害他人安全(恶意地伤害他人);侵犯他人的隐私权(非法窃取他人数据,利用电子手段对他人进行骚扰);破坏他人的声誉(诽谤、侮辱他人,在广告中非法贬低同类其他产品);破坏知识产权(未经授权散发受版权保护的产品,如软件、音乐作品等)。①

在美国,其《儿童在线保护法》明确规定了对青少年有害的内容是指任何淫秽的图片、图像、图形文件、文章、录音、作品或其他形式的内容,以及用普通人同时代的标准来衡量,被认为是对青少年进行好色鼓动和勾引的内容;以公然侵犯青少年的方式,说明、描写或描述一个实际的或模拟的性行为,性接触、正常或歪曲的性行为,或淫荡地展示外生殖器或青春期后的女性胸部。从整体上看,这些有害内容对青少年缺乏严肃的文学、艺术、政治或科学的价值。②

在新加坡,对禁止上网的信息在其颁布的《互联网络内容指导原则》中给予规定,具体有以下方面:治安和国防方面的内容,包括危害公共安全和国家防卫、动摇公众对司法部门的信心、惊动或误导公众、引起人们痛恨和蔑视政府、激发对政府的不满等方面的信息;种族和宗教和谐方面的内容,包括抹黑或讥讽任何种族或宗教团体、在任何种族或宗教间制造仇恨、提倡异端宗教或邪教仪式等信息;公共道德方面的内容,包括色情、猥亵、提倡性解放和性乱交,刻画或大肆渲染

---

① 王军:《网络传播法律问题研究》,群众出版社 2006 年版,第 21—22 页。

② 美国《儿童在线保护法》,参见 http://info. broadcast. hc360. com/HTML/001/003/006/001/50791. htm.

暴力、裸体、性和恐怖,刻画或宣扬变态性行为等方面的信息。[①]

(三)我国法律的界定

随着我国互联网法治建设的不断完善,我国对互联网不良信息也有比较明确的规定,除《全国人大常委会关于维护互联网安全的决定》、《电信条例》之外,《互联网上网服务营业场所管理条例》、《互联网电子公告服务管理规定》、《互联网站从事登载新闻业务管理暂行规定》、《计算机息网络国际联网安全保护管理办法》、《计算机信息网络国际联网管理暂行规定》、《互联网信息服务管理办法》等规范性文件都对不良信息的范围作了相应规定。其中《互联网信息服务管理办法》专门规定了互联网信息服务提供者不得在互联网上制作、复制、发布、传播的信息,按照该法第十五条规定(互联网不良信息治理部分),互联网信息服务提供者不得制作、复制、发布、传播含有下列内容的信息:①反对《宪法》所确定的基本原则的;②危害国家安全,泄露国家秘密,颠覆国家政权,破坏国家统一的;③损害国家荣誉和利益的;④煽动民族仇恨、民族歧视,破坏民族团结的;⑤破坏国家宗教政策,宣扬邪教和封建迷信的;⑥散布谣言,扰乱社会秩序,破坏社会稳定的;⑦散布淫秽、色情、赌博、暴力、凶杀、恐怖或者教唆犯罪的;⑧侮辱或者诽谤他人,侵害他人合法权益的;⑨含有法律、行政法规禁止的其他内容的。

除了这些专门的规制互联网的法律法规外,对互联网不良信息的认定还可以结合一些具体的法律法规来进行,如对互联网淫秽色情信息的认定主要依据《关于认定淫秽及色情出版物的暂行规定》,根据该规定的第二条,淫秽信息是指具有以下内容的信息:①淫亵性地具体描写性行为、性交及其心理感受;②公然宣扬色情淫荡形象;③淫亵性

[①]　钟瑛、牛静:《网络传播法制与伦理》,武汉大学出版社 2006 年版,第 142—143 页。

地描述或者传授性技巧;④具体描写乱伦、强奸或者其他性犯罪的手段、过程或者细节,足以诱发犯罪的;⑤具体描写少年儿童的性行为;⑥淫秽性地具体描写同性恋的性行为或者其他性变态行为,或者具体描写与性变态有关的暴力、虐待、侮辱行为;⑦其他令普通人不能容忍的对性行为淫秽性描写。《关于部分应取缔出版物认定标准的暂行规定》也具体地规定了夹杂淫秽色情内容、低级庸俗、有害于青少年身心健康、宣传封建迷信及凶杀暴力出版物的界定标准:①"夹杂淫秽色情内容、低级庸俗、有害于青少年身心健康的"出版物(简称"夹杂淫秽内容的出版物"),是指尚不能定性为淫秽、色情出版物,但具有下列内容之一,低级庸俗,妨害社会公德,缺乏艺术价值或者科学价值,公开展示或阅读会对普通人特别是青少年身心健康产生危害,甚至诱发青少年犯罪的出版物:描写性行为、性心理,着力表现生殖器官,会使青少年产生不健康意识的;宣传性开放、性自由观念的;具体描写腐化堕落行为,足以导致青少年仿效的;具体描写诱奸、通奸、淫乱、卖淫的细节的;具体描写与性行为有关的疾病,如梅毒、淋病、艾滋病等,令普通人厌恶的;其他刊载的猥亵情节,令普通人厌恶或难以容忍的。②"宣扬封建迷信"的出版物,是指除符合国家规定出版的宗教出版物外,其他违反科学、违反理性,宣扬愚昧迷信的出版物:以看相、算命、看风水、占卜为主要内容的;宣扬求神问卜、驱鬼治病、算命相面以及其他传播迷信谣言、荒诞信息,足以蛊惑人心,扰乱公共秩序的。③宣扬"凶杀暴力"的出版物,是指以有害方式描述凶杀等犯罪活动或暴力行为,足以诱发犯罪,破坏社会治安的出版物:描写罪犯形象,足以引起青少年对罪犯同情或赞赏的;描述罪犯践踏法律的行为,唆使人们蔑视法律尊严的;描述犯罪方法或细节,会诱发或鼓动人们模仿犯罪行为的;描述离奇荒诞、有悖人性的残酷行为或暴力行为,令普通人感到恐怖、会对青少年造成心理伤害的;正面肯定抢劫、偷窃、诈骗等具有犯罪性质的行为的。这些认定的标准也可以作为互联网不良信息的判定标准。

二、互联网不良信息的分类与特点

（一）互联网不良信息的分类

根据互联网不良信息的不同分类标准，其分类的类型也有很多。一般来说，最常见的分类有两类：一类是根据不良信息的性质，把互联网不良信息分为违反法律的信息、违反道德的信息及破坏信息安全的信息；另一类是根据不良信息的内容，把互联网不良信息分为暴力信息、淫秽色情信息、虚假信息以及垃圾信息等。

1. 根据互联网不良信息的性质分类

根据互联网不良信息的性质，互联网不良信息可分为。

（1）违反法律的信息。违反法律的信息指内容公然地违背国家法律法规的网络不良信息，具体是违背了《中华人民共和国宪法》（以下简称《宪法》）、《全国人大常委会关于维护互联网安全的决定》、《电信条例》、《互联网上网服务营业场所管理条例》、《互联网电子公告服务管理规定》、《互联网站从事登载新闻业务管理暂行规定》、《计算机信息网络国际联网管理暂行规定》和《互联网信息服务管理办法》以及其他法律法规明文规定禁止传播的各类信息，特别是违反了《互联网信息服务管理办法》第十五条规定的内容，在互联网上制作、复制、发布、传播法律明文禁止的九类内容的信息。违反法律的信息涉及很多种类，包括淫秽、色情、暴力等低俗信息；赌博、犯罪等技能教唆信息；毒品、违禁药品、刀具枪械、监听器、假证件、发票等管制品买卖信息；虚假股票、信用卡、彩票等诈骗信息，以及网络销赃等多方面内容。最为突出的就是"淫秽色情类"低俗信息。（见表5-1）

表 5 - 1　互联网上违反法律的信息分类

违禁买卖类	诈骗类	低俗类	犯罪类
毒品	股票内幕	淫秽色情	赌博
违禁药品	信用卡	暴力	网络销账
刀具枪械	彩票		教唆犯罪技能
监听器			
假证件			
发票			

在这些互联网违法信息中,对社会、特别是对未成年网民危害最大的就是称为"网络鸦片"的淫秽色情信息;网络用户举报、投诉最多的违法信息就是诈骗类信息,其中股票内幕、彩票预测及赌博类诈骗信息是最能诱惑网民的信息,为大学生替考和信用卡诈骗类信息是最具有诈骗规律性的信息;最频繁的违法信息就是办理假证、倒卖发票等信息;贩卖毒品、枪械、刀具、违禁药品等信息造成的后果是最为严重的;还有教唆犯罪技能的信息,这些信息对社会的稳定和人们的生命财产安全构成了极大的威胁。

(2)违反社会道德的信息。违反社会道德的信息指违背了社会主义精神文明建设要求、违背中华民族优良的传统美德,以及其他违背社会公德的各类信息,包括文字、图片及视听资料等网络不良信息。这些不良信息的传播虽未触犯到法律,却突破了社会的道德底线,这类信息主要有以下表现形式:①以超出了特定人群、特定尺度、特有目标的性保健、性文学、同性恋、交友吧以及人体艺术等内容构成的成人类信息。这类信息是社会所不提倡的,是违反社会整体道德观的,如果超过一定界限,这些信息就会成为淫秽色情信息,上升到违反法律的高度。②不雅网络语言信息。由于网络某些领域存在着监管的空缺,许多网络用户喜欢以谩骂、嘲讽、诋毁等方式来表达自己的情感,在某些情况下甚至会使用一些带有人身攻击的语言。③容易引起社会争议的信息,如那些钻法律空子的"代孕"、"私人伴游"、"赴港产子"等信息。④与风水、手相、算命、占卜等相关的迷信类信息。⑤以"代写论文"、"代发论文"等形式表现出的学术造假、学术腐败信息。⑥披着高科技外衣对他人网络进行攻击或窃取机密的信息。互联网上存在许多关于计算机技术交流的信息,这些信息是普通网民作学习之用的,以提升自我计算机水平,但某些别有用心的人有可能会用学来的技术攻击合法网站或窃取机密。

这些信息的存在虽然没有公然地违背法律,但其污染了社会风气。从法理上来说,法律是最低限度的道德,道德是最高标准的法律。违反道德类信息表面上看仅违背一般的道德准则,受到主流道德规范的谴责和约束。但此类信息如果没有很好的规制,一旦"过了头",也会造成严重的后果和影响,很容易演变为"违反法律类"信息。

(3)破坏信息安全的信息。破坏信息安全的信息指含有木马、蠕虫等计算机病毒或其他高风险程序,对访问者的计算机数据构成安全性威胁的网络不良信息。现在互联网上,各种木马盗号、挂马网站(网站上存在木马病毒,用户一旦访问该网站,就极其容易感染上木马病毒)越来越多,也越来越猖獗,对普通用户进行网络访问产生了严重的威胁。当网络用户单击某些网页时,不经意中就有可能会感染病毒,轻者导致计算机罢工,使得计算机内的文件被删除或受到不同程度的损坏,重者甚至导致大面积的网络瘫痪。2011年,国家互联网应急中心(CNCERT)全年共发现890万余个境内主机IP地址感染了木马或僵尸程序,较2010年大幅增加78.5%。其中,感染窃密类木马的境内主机IP地址为5.6万余个,国家、企业以及网民的信息安全面临严重威胁。根据工业和信息化部互联网网络安全信息通报成员单位报告,2011年截获的恶意程序样本数量较2010年增加26.1%,位于较高水平。①

---

① 国家互联网应急中心(CNCERT):《2011年中国互联网网络安全态势报告》,2012年3月19日。

"破坏信息安全"类不良信息最典型的特征就是具有巨大的破坏性，它们是网络用户安全、健康上网的最大威胁。此类信息不但本身具有破坏性，更有害的是其具有传染性，一旦该信息被复制或被转载传播，其散步速度之快、范围之广实在令人震惊。如 2007 年我国破获的国内首例制作计算机病毒大案中的"熊猫烧香"病毒①，在网络上通过多种方式进行广泛的传播，而且传播速度很快，危害的范围也极广。据当年 3 月 2 日 CCTV《法治在线》播出的"第一现场——熊猫烧香"节目报道，到 2007 年 1 月中旬，全国已有上百万台计算机、千余家企业网络相继中招，并且毒情仍不断蔓延。该病毒在《瑞星 2006 年安全报告》中位列十大病毒之首，并在《2006 年度中国大陆地区计算机病毒疫情和互联网安全报告》的十大病毒排行中，获得了"毒王"的称号。

此外，"破坏信息安全"的不良信息还具有隐蔽性，有的可以通过相关的病毒软件检查出来，有的根本就查不出来，有的时隐时现、变化无常，当打开此类信息后不会有什么特别之处，但在浏览网页内容的

---

① 熊猫烧香是一种经过多次变种的蠕虫病毒变种，2006 年 10 月 16 日由 25 岁的中国湖北武汉新洲区人李俊编写，2007 年 1 月初开始肆虐网络，它主要通过下载的档案传染，对计算机程序、系统破坏严重。但原病毒只会对 EXE 图标进行替换，并不会对系统本身进行破坏。而大多数用户中的是原病毒变种，用户计算机中毒后可能会出现蓝屏、频繁重启，以及系统硬盘中数据文件被破坏等现象。病毒还会删除扩展名为". gho"的文件，使用户无法使用 ghost 软件恢复操作系统。"熊猫烧香"感染系统的". exe"、". com"、". src"、". html"、". asp"文件，添加病毒网址，导致用户一打开这些网页文件，IE 就会自动连接到指定的病毒网址中下载病毒。在硬盘各个分区下生成文件"autorun. inf"和"setup. exe"，可以通过 U 盘和移动硬盘等方式进行传播，并且利用 Windows 系统的自动播放功能来运行，搜索硬盘中的". exe"可执行文件并感染，感染后的文件图标变成"熊猫烧香"图案。"熊猫烧香"还可以通过共享文件夹、系统弱口令等多种方式进行传播。该病毒会在中毒计算机中所有的网页文件尾部添加病毒代码。一些网站编辑人员的计算机如果被该病毒感染，上传网页到网站后，就会导致用户浏览这些网站时也被病毒感染。多家著名网站遭到此类攻击，而相继被植入病毒。由于这些网站的浏览量非常大，致使"熊猫烧香"病毒的感染范围非常广，当时非常短的时间内，中毒企业和政府机构就已经超过千家，其中不乏金融、税务、能源等关系到国计民生的重要单位。

时候,暗含在网页中的病毒、木马、插件等恶意程序便悄悄地进驻了用户的计算机中,且此类信息通常很具有诱惑力,多以成人信息、免费下载、明星照片及商业牟利为诱饵,来吸引用户的点击进入。

2. 根据互联网不良信息的内容分类

根据互联网不良信息的内容,互联网不良信息可分为。

(1)暴力及暴力倾向信息。暴力及暴力倾向信息是指以一种非理性的方式宣扬斗殴、绑架、强暴、凶杀、喋血、战争和恐怖等内容,让人日益变得好勇好斗,为达到个人目的而不择手段,最终让人丧失同情心的网络不良信息。

(2)淫秽色情信息。淫秽色情信息是指在网络上以性或人体裸露为主要诉求,其目的在于挑逗、引发使用者的性欲,而不具有任何教育、医学或艺术价值的网络不良信息。其内容包括表现人体性部位、性行为,具有污辱性的图片、音视频、动漫、文章的信息;包括非法的性用品广告和性病治疗广告的信息;包括色情交易、不正当交友等信息以及走光、偷拍、露点等利用网络恶意传播他人隐私的信息。网络信息传播在时间上的瞬间性和空间上的无边界性,使得色情信息可以毫无障碍地传播。目前,淫秽色情信息已成为公众举报的数量最多的不良信息之一。

(3)虚假信息。虚假信息是指内容不真实的网络不良信息。互联网在技术上具有发布信息简易、传播速度快捷、发布者隐匿等特点,为虚假信息在网络传播中滋生繁衍提供了运行场所。典型的网络虚假信息包括不实的新闻、封建迷信、伪科学、广告和谣言等。

(4)诱赌信息。诱赌信息是指煽起人们内心用钱物作注以获得输赢的那种癫狂的、非理性的网络不良信息。它促使人们通过一种投机的方式来获取不正当的利益,容易导致人们产生好逸恶劳、尔虞我诈、投机侥幸等不良心理品质。网络赌博的危害性很大,很容易引发其他的刑事案件。

(5)网络垃圾信息。网络垃圾信息是指在互联网上未经接受者的同意而强行向其网络通信工具发送的商业广告信息、政治宣传材料、征集慈善捐助请求之类的网络不良信息。其中,网络垃圾邮件是最主要的网络垃圾信息方式。根据12321网络不良与垃圾信息举报受理中心与中国互联网协会反垃圾信息中心联合开展的2012年第一季度中国反垃圾邮件状况调查显示,中国电子邮箱用户平均每周收到垃圾邮件数量为16.7封,环比上涨了0.3封,同比上涨2.9封。电子邮箱用户平均每周收到的邮件中,垃圾邮件所占比例为35.6%,环比上涨了0.1个百分点,同比下降4.5个百分点。通常这些垃圾邮件信息量常比一般信息的信息量大,使得用户信箱的空间被大量占用,极度影响正常的邮件接收及其他信息的正常流通。

(6)小道信息。小道信息是指一些由于种种原因未公开传播的,通过非正规途径被传播出的内容未经证实的网络不良信息。因为小道信息的传播途径基本上是通过人际间的交流来进行的,具有不稳定、善变的特点,一般很难识别消息的真伪。如果传播的环节过多,可能会导致原始信息的失真,甚至可能会出现以讹传讹,导致小道信息的传播就会演变为虚假信息的传播,此时,其对社会或人的身心破坏力会进一步增大。

(7)厌世信息。厌世信息是指现代社会中人们在巨大的学习压力、工作压力、社交压力等情况下产生的对人生持悲观情绪,导致人们心理不健康的、甚至反社会的网络不良信息。为了逃避巨大的社会压力,一些人开始沉迷于网络的虚拟世界,然而在受到互联网悲观世界观的熏陶后,他们不但没有从现实生活的烦恼与不快中解脱出来,反而由此滋生了轻生、厌世,甚至反社会的念头。

(二)互联网不良信息的特点

互联网不良信息也是网络信息的一种,具有网络信息的一般性特点。同时,互联网不良信息的社会公害性,又使其在传播过程中呈现自己独有的特点。

1. 互联网不良信息的一般性特点

(1)广泛性。互联网是个不断发散的立体性网络,其发展趋势是全社会的广泛参与。网络使现代社会每个角落的人们都可以进行直接交流与沟通,使世界成为一个名副其实的"地球村",人人享有参与交流的公共空间。互联网不良信息寄存于这样的公共空间中,自然也拥有这样的广泛性。也正是这一特性为不良信息的泛滥提供了存在的基础。早在 2003 年 9 月,美国 NZHZ 网站过滤公司的一份报告显示,互联网上的色情网页已经膨胀到 2.6 亿页,而该公司的数据库在 1998 年只包含 1400 万个可确定的色情网页,相当于 5 年增长了将近 20 倍。根据《2011 年中国互联网网络安全态势报告》显示,2011 年国家互联网应急中心捕获移动互联网恶意程序(手机病毒)数量较 2010 年增加超过两倍。2011 年境内约 712 万个上网的智能手机感染手机病毒。现在,互联网不良信息的形式更加具有多样性,如淫秽色情网站提供大量的淫秽色情图片、录像、电影、文字。由此可见,不良信息不断地充斥着互联网的各个领域,甚至一些正规的知名网站上也出现了零星的不良信息。可以说互联网信息能延伸至何处,那么不良信息就可能存在于何处。

(2)匿名性。互联网上有句非常出名的话——"在网络上没有人知道你是一个人还是一条狗",充分说明了互联网的匿名性。网络用户可以隐藏自己的真实身份,可以无拘无束地在互联网上做自己想做的事情,说自己想说的话。同样,这也为互联网不良信息的发布提供了便捷,这些不良信息的发布者、传播者可以大胆地进行信息的发布与传播。信息的匿名性增加了管理部门监控网络不良信息的难度,变相地为不良信息的泛滥提供了可能性。

(3)来源的多渠道性。在网络社会中,人人都可以是信息的获取者,也可以是信息的发布者与传播者,加上网络用户参与的广泛性,这就使得网络不良信息的来源渠道很广。

2. 互联网不良信息的独有性特点

(1)社会危害性。互联网不良信息的危害性不仅体现在对公民个人的合法权益造成侵害,而且还体现在对公共利益、社会秩序造成危害,甚至对国家安全构成威胁。一方面,大量无价值的信息或垃圾信息导致网络信息冗余度大,干扰了网络信息的正常传播与利用。另一方面,大量虚假信息、色情信息、暴力信息的存在,给社会带来了严重的危害和极大的负面影响。互联网不良信息的存在是百害而无一益的,它所造成的社会危害性是远远大于报刊、影视、广告、杂志等传播媒介所散布的精神污染,尤其是对青少年的健康成长危害极大。

(2)传播更加快捷。由于网络传播具有快捷性,其运行也具有高覆盖率性和高效率性,所以互联网不良信息的传播速度远远大于传统媒介的传播速度,这些小道消息、灰色段子、色情视听、暴力新闻等不良信息,容易使人产生一种好奇的心理,便加速其传播蔓延。因此,网络不良信息一旦产生,它可以在很短时间内传递到世界的任一角落。可以说,不良信息在网络上的扩散是辐射式的、爆炸性的。

三、互联网不良信息的存在方式与传播渠道

互联网上不良信息的存在与泛滥,对社会造成的严重危害,不仅引起我国政府、社会的普遍重视,而且也成为联合国互联网治理工作

组（WGIG）和互联网治理论坛（IGF）研究的重要议题。但无论国内还是国外，要治理互联网不良信息，就必须先认识和了解互联网不良信息的存在方式以及其传播的渠道。

（一）互联网不良信息的存在方式

互联网不良信息治理的一个重要前提就是要了解其存在方式，掌握其存在的主要形态。互联网不良信息是存在于一定的空间中的，根据《中国互联网不良信息研究报告（2008）》中"网康互联网内容研究实验室"分析显示，互联网不良信息的生存空间主要有两种。第一种生存空间是来自独立的服务器。先前一些互联网不良信息的发布传播者主要在国内通过托管服务器或者租用服务器空间的方式来提供相关内容，但随着国家对此类信息监管力度的加强，通过国内服务器来提供不良信息的空间越来越小，所以，一部分人开始将托管服务器放置到国外其他国家或地区，以避过国家相关部门的监管、检查。例如，在一些太平洋岛国，法律容忍、允许甚至鼓励从事色情业务，在这类国家建立色情网站不仅合法合理，而且建立的成本也低廉。据分析显示，90％以上的情色网站都是通过这种方式建立起来的。第二种生存空间是国内的一些主流网站。由于国内的主流网站时刻聚集着一批数量庞大而且黏合度极高的网民。因此，在巨大的经济利益驱动下，有一些别有用心的人在法律的缝隙中铤而走险，在这些网站的 BBS、BLOG、微博上散布情色信息、暴力游戏信息等，以赚取网民的"眼球"关注，并获取利润。

互联网不良信息一般是以文本、图像和视频的形式存在的。随着网络技术的不断发展，不良信息的存在方式不再单纯地以某一形式存在，多数情况是以文本、图像和视频的综合形式存在。目前，从数量上来看，文本形式的不良信息数目最多，但从检测、治理的难度来看，图片不良信息与视频不良信息的检测、治理难度最大。如对文本不良信息的检测方法目前主要有关键字匹配和模式识别两种方法,其中关键字匹配法实施简单,但易被规避,误判率高,而模式识别法识别精度高,能达到自动化检测。对图像不良信息的检测具体包括肤色识别、场景识别、姿态识别等不同的识别方式,尽管其识别精度需要提高,但其可做到人工把关的半自动化检测。对视频不良信息检测主要通过抽取关键帧,得到图像,然后采用图像分析技术的方式。但视频文件存储空间大,对系统的存储、计算能力要求很高,加上相关识别技术并不是很成熟,所以对视频不良信息的监管难度较大。总的来说,目前文本不良信息的检测技术比较成熟,可实现高精度、高效率的自动化检测。而图像和视频不良信息的检测技术,代价高、效果有限,但可以通过人工管理与检测技术相结合的方法,来提高治理的效果与效率。

(二)互联网不良信息的传播渠道

如果说了解互联网不良信息的生存空间和存在方式是从静态上治理互联网不良信息的必要前提,那么认识互联网不良信息的传播渠道则是从动态上规制互联网不良信息的必要准备。由于网络技术的不断发展,互联网不良信息传播的渠道也越来越多。对互联网不良信息传播渠道进行研究,便于在治理这些不良信息时能够有针对性地采取相应的有效措施和手段,从而在源头上控制这类不良信息的传播,减少或消除其所带来的危害和不良影响。

对于互联网不良信息的传播途径和渠道,可以从两个方面来进行分析:一方面,可以从计算机技术方面来了解其传播方式;另一方面,主要从网络信息的内容来认识其传播渠道。

1. 从计算机技术方面来了解互联网不良信息的传播方式

由于互联网的普及范围越来越广,其应用频率也在不断增多,为满足这种增长趋势，互联网信息传播方式已由最简单的 HTTP 网页浏览方式，发展到如 P2P 分享、IM 即时聊天等方式。互联网信息传播技术的发展，促进了信息高效、及时的传播，但这也为不良信息的传播提供了技术基础。目前常见的不良信息传播的方式主要有以下几种。

（1）HTTP 方式。HTTP（超文本传输协议）是一个基于请求与响应模式的、无状态的、应用层的协议，常基于 TCP 的连接方式，HTTP1.1 版本中给出一种持续连接的机制，绝大多数的 Web 开发，都是构建在 HTTP 协议之上的 Web 应用。HTTP 方式是互联网不良信息传播的最主要方式。

（2）手机 WAP 方式。WAP（Wireless Application Protocol）为无线应用协议，是一项全球性的网络通信协议，它作用于手机网络、手机的网站，也是不良信息传播重要渠道之一。它又可分为代收费 WAP 和免费 Free WAP 两种。

（3）P2P 方式。P2P 是 peer-to-peer 的缩写，peer 在英语里有"同事"和"伙伴"等含义。所以，P2P 也就可以理解为"伙伴对伙伴"的意思，或称为对等联网。P2P 使得网络上的沟通变得容易、更直接共享和交互，真正地消除中间商。同时，它使用户可以直接连接到其他用户的计算机交换文件，而不是像过去那样连接到服务器去浏览与下载。P2P 另一重要特点是改变互联网现在的以大网站为中心的状态、重返"非中心化"，并把权力交还给用户。P2P 同样为不良信息的传播提供了方便，它常见于数据下载、视频流媒体等应用。

（4）IM 方式。即时通信（Instant Messenger，IM），是指能够即时发送和接收互联网消息等的业务。自 1998 年面世以来，即时通信的功能日益丰富，逐渐集成了电子邮件、博客、音乐、电视、游戏和搜索等多种功能。即时通信不再是一个单纯的聊天工具，它已经发展成集交流、资讯、娱乐、搜索、电子商务、办公协作和企业客户服务等为一体的综合化信息平台。目前基于 IM 应用来传播不良信息也越来越多。

目前,针对不同的传播方式,涉及的相关监控技术是不同的。对 HTTP 方式主要采取网络爬虫①等主动检测手段,并配合 DPI(Deep Package Instruction,深度包检测)监测等被动检测手段对 HTTP 方式的流量内容进行监测;对手机 WAP 方式的信息监管一般是分类处理,对代收费 WAP 网站可主要在 WAP 网关出口处进行检测和过滤,而针对免费 Free WAP 网站可以和普通 HTTP 网站采用同样的处理方式;对于 P2P 方式与 IM 方式,由于目前的监管技术难度相对较大,而且需要的技术成本较高,对于此类不良信息传播渠道的治理,需要政府相关主管部门、基础运营商及 ICP 等产业链上下游的单位加强合作,共同治理。

2. 从网络信息的内容来认识互联网不良信息的传播渠道

根据互联网不良信息的内容,可以把互联网不良信息的传播渠道主要分为以下七种。

(1)网络游戏。根据国内网络市场调查研究机构艾瑞咨询的统计报告显示,2012 年中国网络游戏的预期市场规模为 495.0 亿元,同比增长 20.7%(如图 5-1 所示)。虽然网络游戏的增长趋势有所放缓,但网络游戏行业依然对互联网经济的发展起着不可或缺的作用。从网络游戏用户角度来看,当前我国网络游戏用户数量是日益增多且非常庞大,网络游戏用户的人群年龄结构正在发生变化,青少年所占网游用户的比例可达到五成以上。

目前市场上销售的网络游戏大多以暴力、打斗等刺激性的内容为主,特别是在一些作战、格斗类游戏中,两方或者多方相互进行对决,为消灭敌对方而不择手段,游戏中许多血腥暴力的画面频频出现,而

---

① 网络爬虫(又被称为网页蜘蛛,网络机器人),是一种按照一定的规则,自动地抓取互联网信息的程序或者脚本。

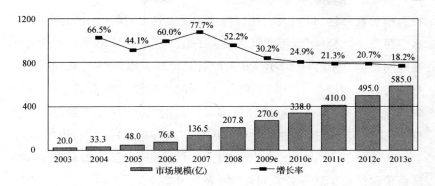

图 5 - 1 2003－2013 年中国网络游戏市场规模

且游戏的背景美轮美奂,这些都正好迎合了人们特别是青少年的好奇、好胜和对英雄崇拜的心理,他们通过操纵游戏可以获得一种强烈的满足感和成就感,并可以随意宣泄和释放在现实生活所不能宣泄和释放的怨气和情绪。网络游戏中的暴力行为和倾向很容易影响到沉迷于游戏里的大众。特别是这些游戏能使青少年在现实世界中滋生暴力行为的倾向,从而有可能给社会及他人造成伤害。

(2)色情网站。根据《互联网色情内容统计报告》[①]显示,互联网上12％的网站是色情网站,网络上有 24644172 个色情站点,每天有 25 亿封邮件涉及色情内容,35％的网络下载都是色情内容,在网站搜索查询中,25％涉及色情内容,每天 6800 万次搜索。虽然有不少被举报取缔,但仍以每天两万封的速度在增长。根据相关数据统计,全球浏览人数最多的 250 个色情网站,日均浏览量达数千万次之多。互联网上的色情信息,以低级简单的方式重复链接,对互联网用户产生了极大的诱惑,造成恶劣的社会影响。色情网站提供具体描绘性行为等色情的文章、影像、录音、图片及其他淫秽物的信息。当前,在互联网上制作、传播色情资料成为色情业的新领域,这些色情信息忽视人类性

① onlineMBA:《互联网色情内容统计报告》,2010 年 8 月 28 日。

行为中的社会性,强调人类性行为中的生物性,传播扭曲的性信息,严重地污染了社会风气,而且直接侵害了青少年的身心健康。根据中国互联网络信息中心(CNNIC)发布的《第 29 次互联网络发展状况统计报告》显示,截至 2011 年 12 月底,中国网民规模突破 5 亿人,过去五年内 10～29 岁群体互联网使用率保持高速增长,这个年龄段的网民最多,是我国互联网用户的主体。因此,互联网色情信息的传播,不仅会严重危害青少年的心灵,侵蚀青少年的思想,而且会破坏青少年的道德伦理结构。这势必影响青少年的健康成长,甚至可能会导致他们走上违法犯罪的道路。

(3)垃圾邮件。电子邮件的应用带来了个人通信的革命,极大地促进了人们之间的信息交流与共享。但是,大量垃圾邮件的发布与传播,却给网络用户的生活带来了严重的困扰。一般来说,垃圾邮件就是未经过用户许可就强行发送到用户邮箱中的电子邮件,它一般是批量发送的,其信息内容一般包括商业或个人网站广告、成人广告、电子杂志等。根据 12321 网络不良与垃圾信息举报受理中心与中国互联网协会反垃圾信息中心联合开展的 2012 年第一季度中国反垃圾邮件状况调查显示,中国电子邮箱用户平均每周收到垃圾邮件数量为 16.7 封,环比上涨了 0.3 封,同比上涨 2.9 封。电子邮箱用户平均每周收到的邮件中,垃圾邮件所占比例为 35.6％,环比上涨了 0.1 个百分点,同比下降 4.5 个百分点。此类垃圾邮件的存在,一方面,由于其数量巨大,占用了用户邮箱的存储空间,影响了用户的正常通信;另一方面,这些垃圾邮件有很大一部分中含有反动、暴力、色情、诈骗等不良信息,严重干扰了社会的正常秩序,妨害了互联网的健康发展。

(4)网络论坛与聊天室。网络论坛和聊天室是网民对于社会的热点问题、矛盾冲突以及重大事件发表各种意见、宣泄内心情绪的交流场所,在这里,网民发布言论时一般无须提供真实的姓名、年龄、性别、身份等个人信息,所以他们可以毫无顾虑地传播各种各样的信息,表达自己的观点和想法,宣泄自己的情绪。然而,也正是由于网络主体在这里的匿名性,使得网络论坛和聊天室成为暴力、色情、虚假不良信息滋生蔓延的场所,随着 Web2.0 的普及与发展,这些负面影响所带来的后果会越来越大。这里特别要强调网络论坛,我们最常见的网络论坛方式就是 BBS(Bulletin Board System),又称电子公告板,用户可以自由地访问 BBS、发布自己的一些信息、评论他人的信息及与他人进行信息交换。然而,现今的 BBS 功能远不止这些,它还提供软件下载、影视下载、视频聊天等,因此,网上论坛也是互联网不良信息传播的重要渠道。

(5)网络博客与微博客。网络博客,又称网络日志,是继电子邮件、网络论坛等工具之后的又一互联网交流平台。由于网络博客是由个人管理、不定期张贴新文章的网站,其操作十分简单,稍懂计算机知识的人都能注册一个完全属于自己的博客,用户根据自己的爱好、兴趣及价值取向发布相关信息。并且,博客的读者也可以与博主进行互动,进行信息交流。这就为不良信息的传播提供方便的交流场所,一些如危害社会、刺激性、虚假性的信息就会借此泛滥,恶意诽谤、宣扬暴力及色情交易等网络现象也可以借助博客与微博客平台不断滋生。

微博客是一个基于用户关系的信息分享、传播以及获取平台,用户可以通过 WEB、WAP 以及各种客户端组建个人社区,以 140 字左右的文字更新信息,并实现即时分享。微博开通的多种 API①,使得大

———————————

① API(Application Programming Interface,应用程序编程接口)是一些预先定义的函数,目的是提供应用程序与开发人员基于某软件或硬件的以访问一组例程的能力,而又无须访问源码,或理解内部工作机制的细节。微博中的 API 大多是一个基于微博客系统的信息订阅、分享与交流的开放性平台。微博开放平台为用户提供了海量的微博信息、粉丝关系以及随时随地发生的信息变化传播渠道。用户可以登录平台并创建应用,使用微博平台提供的接口,创建有趣的应用或者让自己的微博客具有更强的社交特性。

量的用户可以通过手机、网络等方式来即时更新自己的个人信息。微博客最大的特点就是它的互动性、开放性及传播的极快性,特别是其信息传播速度甚至比媒体还快。所以,微博越来越受到互联网用户的青睐。根据《2010 中国微博年度报告》显示,截至 2010 年 10 月,中国微博服务的访问用户规模已达 12521.7 万人,活跃注册账户数突破6500 万个。根据 EnfoDesk 易观智库产业数据库发布的《2011 年第 4季度中国微博市场季度监测》数据显示,2011 年第 4 季度中国微博市场活跃用户规模达 2.49 亿个,环比增长 18%,同比增长 146.5%。(如图 5-2 所示)

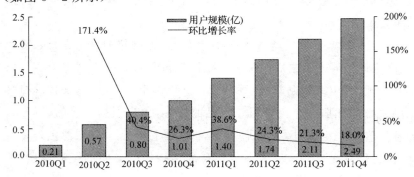

图 5-2 2010Q1－2011Q4 中国微博市场活跃用户规模

由于微博所具有的传播性和便捷性特点,越来越多的不法分子也把微博作为散布反动言论、传播色情信息、恶意宣泄情绪的重要场所,给社会带来了一系列的负面影响。

(6)即时通信工具。即时通信是指能够即时发送和接收网络消息等的业务方式。网民可以利用即时通信工具,进行异地文字、语音、视频的实时互通交流。目前比较流行的即时通信工具是 ICQ、MSN 和QQ。随着即时通信软件技术的不断发展,它的应用范围也越来越广,它在给广大用户带来信息交流便利的同时,也成为互联网不良信息传播的又一新渠道。一些不良分子利用这些即时通信软件,向用户"强制性"地提供具有低俗信息内容的文字、图片、声音和视频；一些不法分子利用即时通信工具的便利进行"裸聊"或网上色情表演；更有甚者是有些不法分子冒充即时通信服务提供商，骗取用户的个人信息，进行网上诈骗等活动。这些不良信息的频频出现，已经严重扰乱了网络用户的正常交流秩序，特别是损害了青少年用户的身心健康，造成了不良的社会影响，成为了网络社会的一颗毒瘤。

（7）强制浏览。强制浏览是利用网页代码的技术，使用户自动地访问某一网站。强制方式主要有强制书签、强制主页、强制标题及强制拨号等。强制书签是当用户浏览某一网站时，其收藏夹中就会出现相关网站的一个甚至多个的链接。强制主页是用户只要打开计算机，某网站即被设为浏览器的默认主页。强制标题是当用户访问某一网站时，浏览器标题中就会出现某一网站的网址或商业广告。强制拨号是指用户只要访问过某个网站，等下次打开计算机时就会自动拨号进入该网站。通过这些强制浏览方式，出现了大量违反国家法律和社会道德的现象：不良商家为推销产品而大量推出的垃圾广告；不法网络运营商为增加点击率而肆意推出的淫秽色情信息；反动分子为扩大影响、混淆视听而宣传的叛国言论等。

互联网不良信息的传播途径和方式有很多，以上是当前互联网不良信息传播的主要渠道。除此之外，还有一些其他的传播渠道，如一些网站为用户提供免费的个人主页空间，不良分子通过在互联网上建立个人网站，来散布一些不良信息；个别网络服务的提供商和网络不良信息的供应商之间进行联合发布、传播的不良信息等。随着互联网技术的不断进步，还会有其他新的传播不良信息的方式出现，这不仅需要互联网不良信息的治理者与时俱进，及时地掌握新技术、了解互联网发展的新动向，而且还需要广大的网民认识到不良信息的危害，从而对其进行更好的防范与治理。

四、互联网不良信息的危害与泛滥原因

(一)互联网不良信息的危害

互联网技术的问世推动了人类社会向信息社会迅速转变,特别是进入 21 世纪后,互联网技术的高速发展不仅带来了一场影响深远的传媒革命,改变了人们的生产生活方式,而且促进了国家的繁荣和社会发展。与现实社会相比,网络社会是一种符号化、虚拟化及程序化的社会系统,所以,互联网上的信息传播无论在速度和规模上,还是在影响地域范围与表现形式上都远远超过了以往的大众媒体,它具有信息量大、传播速度快、传播方式多样、传播过程多向互动、传播主体广泛性及交流具有开放性等特点。互联网信息传播所具有的这些特性给信息传播带来了极大的便利性,但相应的负面影响也与之伴随而来:一方面,由于大量的无价值的信息或垃圾信息的泛滥,造成网络信息冗余,严重干扰了网络信息的正常传播与有效的利用;另一方面,网络传播中存在的大量虚假信息、暴力信息、色情信息及垃圾信息等不良信息,给社会带来了严重的危害和极大的负面影响。如果任由这些不良信息泛滥下去,必将对整个国家、社会、个人造成极大的危害。

1. 危害国家安全

良好的政治氛围能够激发民众爱国的斗志,而腐朽的思想意识则起到侵蚀政治基础的作用。出于一些恶性的政治目的,国内外的敌对势力、分裂势力及其他别有用心的所谓"民主斗士"在互联网上大肆发布一些旨在颠覆中国共产党政权的反动信息、煽动"台独"、"藏独"、"疆独"等分裂信息,及主张人权高于主权从而谋求国外势力干涉我国内政的信息。这些反党、反政府的信息不利于我国社会稳定和民族团结。国内外的敌对势力、分裂势力及其他别有用心的所谓"民主斗士"通过恶意攻击我们的党和政府,对国内的民众进行政治误导,扰乱民心、诱导民众对政府产生不满情绪,引诱民众去实施各种危害国家安全的违法犯罪行为,来达到动摇党和国家的政治基础,从而实现他们分裂中国、遏制中国,阻碍中国社会发展的险恶用心。

如 2012 年 3 月以来,一些不法分子在互联网上无端编造、恶意传播所谓"军车进京、北京出事"等谣言,造成恶劣社会影响。北京市公安机关迅速展开调查,依据有关法律法规,对在网上编造谣言的李某、唐某等 6 人依法予以拘留,对在网上传播相关谣言的其他人员进行了教育训诫。根据《全国人大常委会关于维护互联网安全的决定》、《互联网信息服务管理办法》、《互联网新闻信息服务管理规定》等法律法规,国家互联网信息办公室责成有关地方网络管理部门进行严肃查处,电信管理部门依法对梅州视窗网、兴宁 528 论坛、东阳热线、E 京网等 16 家造谣、传谣、疏于管理造成恶劣社会影响的网站予以关闭。针对新浪和腾讯微博客网站集中出现谣言,违反国家有关法律法规,造成恶劣影响的问题,北京市和广东省互联网信息管理部门分别对两个网站提出严肃批评,新浪微博和腾讯微博于 3 月 31 日上午 8 时至 4 月 3 日上午 8 时暂停微博客评论功能,清理后系统再开放。北京市公安局有关负责人表示,利用互联网编造、传播谣言的行为严重扰乱社会秩序、影响社会稳定、危害社会诚信,公安机关对此将依法查处。希望广大网民自觉遵守法律法规,不信谣、不传谣,发现谣言及时举报,共同维护健康的网络环境和良好的社会秩序。

2. 扰乱社会秩序

随着互联网不良信息的传播,一些被其所吸引的网络用户逐渐接受了这些不良信息的负面价值取向,并把网络社会这些错误的价值观带进了现实社会,其不良行为必然严重扰乱现实社会的秩序。如色情信息不仅败坏了网络社会的风气,污染了现实社会的环境,而且声像、图文并茂的色情信息更能够刺激人的性欲,一些不能进行自控的人,很可能走上违法犯罪的道路。特别是色情信息会对未成年人的心理、人格产生很大的负面影响。暴力信息更能够诱发人们的好斗情绪,在现实生活中可能为一点小事就大打出手,扰乱社会治安秩序。赌博信息使得一些人常年沉溺于赌博之中而不能自拔,不但使自己走入了歧途,而且可能会破坏一个健康的家庭,给家人带来伤害。这些不良信息的发布、传播给社会秩序造成极其恶劣的影响。同时,由于互联网不良信息的增多,使得互联网的正常信息的接受、交流受到干扰,不利于网络社会和谐秩序的建立。

需要特别指出的是,网络不良信息中,影响最为严重的是网络谣言。谣言自古以来就危害严重。在我国古代,每逢社会混乱尤其是改朝换代的战乱年代,就盛产谣言,比如秦末陈胜吴广起义前,吴广学着狐狸叫声喊出的那句"大楚兴,陈胜王",引起社会议论纷纷,加剧了当时社会心理的崩溃。所谓"众口铄金,积毁销骨",所谓"三人成虎"等,这些成语都是来形容谣言之危害的。互联网是一个开放的世界,为人们交流信息提供了极大便利,但网络传播匿名的特点,又使很多人疏忽于法律和道德的约束,肆意而行。其中,网络虚假信息的盛行,更是将互联网世界扰成一团污水。网络虽然是网络社会,但网络社会与现实社会密不可分,直接关系现实社会的和谐稳定。网络谣言的流行,轻则干扰网民个人的正常生活,重则损害他人的切身权益。网络谣言四处扩散,极易引发公众焦虑和恐惧,给社会带来不安定因素,危害社会正常秩序。特别是,我国的网络文明发展还处于初级阶段,网络谣言很容易成为引发社会震荡、危害公共安全的因素。

2011年2月10日凌晨2时许,江苏省盐城市响水县有人传言,陈家港化工园区大和化工企业要发生爆炸,导致陈家港、双港等镇区部分不明真相的群众陆续产生恐慌情绪，并离家外出，引发多起车祸，造成 4 人死亡、多人受伤。响水县公安部门于 10 日下午 4 时初步确定并抓获此案件的谣言来源者刘某。经查，2 月 9 日晚 10 时许，刘某给响水生态化工园区新建绿利来化工厂送土过程中，发现厂区一车间冒热气，在未核实真相的情况下，即打电话告诉其正在打牌的朋友桑某，称绿利来厂区有氯气泄漏，告知快跑。桑某等在场的 20 余人，即通知各自亲友转移避难。这则谣言的传播链条无形中就此形成。在传播过程中，绿利来化工厂被置换为园区内另一家企业大和氯碱厂，而事件程度也在人们口耳相传中愈发严重，最终导致了一场万人大逃亡。11 日凌晨 4 时左右，由于下雪天黑路滑，双港镇居委会八组群众 10 多人乘坐的 1 辆改制农用车滑入河中，当场 2 人死亡，另有 5 人受伤，送至医院后，又有 2 人抢救无效死亡。当地公安部门得到消息并及时上报后，县委立即召集相关镇区和部门，成立事件处置工作领导小组。截至 11 日早晨 6 时左右事态平息，群众陆续返家。2 月 12 日，编造、故意传播虚假恐怖信息的犯罪嫌疑人刘某、殷某被刑事拘留，违法行为人朱某、陈某被行政拘留。

2011 年 8 月 12 日，有网站刊登《国家税务总局关于修订征收个人所得税若干问题的规定的公告》即所谓"国家税务总局 2011 年第 47 号公告"并做了解读，公告文中标记发布日期为 2011 年 7 月 31 日。由于涉及时下备受关注的"年终奖税收"计算方式，经国内多家媒体转载、放大，引起社会广泛关注和议论。15 日，国家税务总局发布声明称，近日，有人盗用税务总局名义，对外发布了"《国家税务总局关于修订个人所得税若干问题的规定的公告》（2011 年 47 号)"并作解读，该文及解读内容在媒体刊登后，严重误导了纳税人。税务总局表示，税务总局从未发过该文件及解读稿，此文件及解读稿系伪造。税务总局将依法行使追究伪造公文者法律责任的权利。10 月 25 日，国家互联网信息办公室网络新闻宣传局通报,在网络上流传的"国家税务总局关于修订征收个人所得税问题的规定的47号公告"已查明属于编造的谣言,国家互联网信息办网络新闻宣传局、公安机关已责成属地管理部门依法依规对制造和传播这些谣言的责任人和网站予以惩处,经公安机关查明系上海励某杜撰而成。公安机关对在网上伪造国家相关文件并传播的励某依法做出行政拘留15天的处罚。

2011年10月20日,重庆交通大学土木建筑学院2006级本科生皮某某在百度重交吧以"我热,针ci事件居然闹到重庆了"为题发帖,引起许多网友关注并回帖。"针ci"信息很快在该校部分学生中传播,并引起了一定程度的不稳定情绪。皮某某后来在发出的"个人声明"中说,他在与母亲通电话时,听说老家永川出现犯罪分子疑似用毒针扎小孩的事件,而母亲在电话中一再要求注意安全,于是他在未经核实真实性的情况下以"'针刺'闹到重庆"为题在网上发帖。皮某某主观上是想提醒同学们注意安全保持警惕,但客观上违反了国家的相关法律规定。根据《中华人民共和国治安管理处罚法》(以下简称《治安管理处罚法》)第25条规定:散布谣言,谎报险情、疫情、警情或者以其他方法故意扰乱公共秩序的,处五日以上十日以下拘留,可以并处五百元以下罚款;情节较轻的,处五日以下拘留或者五百元以下罚款。鉴于皮某某认识到自己违法行为的实质,警方依法对其做出治安拘留3日的处罚。重庆市公安局网监总队一位陈姓警官说,公民在网上散布和传播"针刺"言论,原则上定性为刑事犯罪。鉴于皮某某是在校大学生,尚未有证据证明皮某某是主观故意,警方才做出这样的处罚决定。

2011年11月,有人在网络和手机短信中传播一条信息:新疆籍艾滋病人通过滴血食物传播病毒,多人感染艾滋病。此信息一度引发民众恐慌。对此,卫生部11月16日发表声明称,这一信息纯属谣言。

卫生部指出，科学证据表明，艾滋病传播有三种途径，即血液途径、性途径和母婴途径。艾滋病病毒不能通过餐具、饮水、食品而传染。自艾滋病病毒发现以来，国内外没有一例经食品传播艾滋病病例的报告。同时，新疆维吾尔自治区公安厅也通过官方新浪微博"平安天山"辟谣称，未发现新疆籍艾滋病人用病血滴进食物投毒的案件。12月4日，国家互联网信息办公室网络新闻宣传局透露，这一信息已经有关部门查明均属谣言，多名捏造事实、编造和传播谣言者已被公安部门依法予以治安拘留处罚。经有关部门查明，此信息是河南省洛阳市一李姓男子故意编造并通过手机短信散布传播的，郑州市某公司女职员戚某将收到的手机短信谣言转发到QQ群后在互联网上扩散，李某和戚某及其他编造和传播谣言者被公安部门依法予以治安拘留处罚。同时，新疆石河子木某、乌鲁木齐刘某、伊犁州张某、巴音郭楞州甘某4人也分别通过手机短信、微博、QQ群大量转发该谣言信息，这4人也依法受到治安处罚。

　　2012年2月21日，名叫"米朵麻麻"的网友通过微博发布了"今天去打预防针，医生说252医院封了，出现了非典变异病毒，真是吓人"的信息。该微博迅速在网络上传播，引起各方关注。随后，不断有网友发布消息，试图求证"保定252医院出现非典"的消息。之后，"保定252医院确认一例非典"的虚假信息，引起一些群众恐慌。23日，252医院院方和保定市卫生局辟谣称，经调查为普通感冒，但被网络炒成非典病例。25日，卫生部通报，经与解放军总后卫生部核实，此次疫情经过解放军疾病预防控制中心的实验室检测，已经排除了SARS、甲流、人感染高致病性禽流感等疾病，确诊为腺病毒55型引起的呼吸道感染。截至2月25日8时，发病病例都是轻症为主，没有危重病人，也没有死亡病例。经过采取各种积极的防控措施，疫情已经得到有效控制。卫生部在通报中还表示，腺病毒病例主要表现为发热、咳嗽、咽痛等症状,目前绝大多数病例症状较好,而且愈后良好。27日,卫生部再度辟谣,并透露:保定市公安局新市区分局经调查,于2月26日依法查处这起散布非典谣言案件,涉案人员被依法劳动教养两年。据调查,涉案人员刘某某为某互联网站经营者,其为提高网站点击率,在未经证实的情况下,于2012年2月19日在互联网发布了"保定252医院确认一例非典"的虚假信息,并自己连续跟帖制造影响,扰乱了社会治安。

3. 诱发犯罪行为的发生

互联网上的不良信息是诱发犯罪的重要因素,特别是色情信息与暴力信息。网络用户如果没有积极、健康的思想情操与抵制黄色诱惑的毅力,很容易沉迷其中,甚至有些人可能在网络色情的诱使下,逐步走上犯罪的道路。如同色情信息一样,暴力信息也可能诱发网络用户走上犯罪的道路。网络游戏运营商们为了吸引更多的游戏爱好者,他们在设计游戏时将一些暴力游戏的场面设计得非常血腥,打斗场景更加逼真,使游戏者有身临其境的感觉,甚至把自己当成游戏中的虚拟角色。长期沉溺于这种厮杀与血腥的场面的玩家们,在现实世界中情绪容易冲动,自己在遇到冲突或矛盾时,常用游戏中的暴力方式来解决现实中的纠纷,最终可能会走上犯罪的歧途。现实社会中有许多犯罪事件的发生都是因为模仿了网络中的暴力信息。

2011年5月23日,江苏省南京市秦淮区人民法院审结一起故意伤害案件,被告人张某和孙某因模仿暴力网络游戏故意伤害他人,分别被法院判处有期徒刑两年零八个月,缓刑三年和有期徒刑两年零五个月,缓刑三年,法院同时对他们下达禁止令,禁止其在两年内接触未经国家新闻出版总署审批运营的与提示非适龄的网络游戏。

该年16岁的张某和17岁的孙某都是南京某中专院校的学生,经常到附近的网吧打网络游戏,精神极度空虚。2010年11月,张某因感觉找不到沟通和倾诉的对象心情郁闷,预谋仿照平时玩的网络暴力游戏,通过捅人发泄寻求刺激,就邀约孙某一起去。张某和孙某就携带刀具至公园内将被害人刘某无故用刀捅伤,致其伤残。

法院认为,被告人张某、孙某故意伤害他人身体,致人重伤,其行为均已构成故意伤害罪,依法应予惩处。但两被告人在案发时均未满16周岁,处于人生观、世界观、价值观初步形成的阶段,对于生活中遇到理想和现实的差距没有正确的心理调适方法。归案后,两被告人认罪悔罪态度好,庭审中,针对两被告人犯罪的社会危害性、原因及应吸取的教训,法院对两被告人进行了法制宣传及挽救教育工作。两被告当庭表示悔罪,故法院决定对其适用缓刑。

法院同时认为,被告人张某因觉得找不到能理解他和可以倾诉的对象而极度烦躁苦闷,遂邀上同班同学被告人孙某模仿他们平时常打的网络暴力游戏《刺客信条》捅人发泄,从而走上了犯罪的道路。根据两被告的犯罪情节,法院认为充斥着暴力因素的网络游戏会对心理尚未成熟的未成年人形成误导,应有必要在一定限期和限度内禁止未成年人接触不适当的网络游戏,故同时向其发出禁止令,禁止其从判决确定之日起两年内,接触未经国家新闻出版总署审批运营的与提示非适龄的网络游戏。[①]

4. 造成巨大的经济损失

在这个信息化的社会中,经济的发展与信息化之间的联系越来越紧密。不法分子为达到牟取利润的目的,肆意传播虚假的经济信息,扰乱了正常的经济秩序。不良信息的传播已经对网络经济的发展构成了严重的威胁。据美国 FBI 统计,美国每年因网络安全问题造成的经济损失达 75 亿美元。在我国,利用互联网传播不良信息而造成重

---

① 人民法院报:《未成年人模仿暴力网游伤人受刑罚》,2011 年 5 月 25 日。

大经济损失的现象也日益增多。由于我国经济活动的日益活跃,互联网信息传播技术不断发展,一些不法分子为牟取暴利,利用互联网进行非法经营,如发布虚假广告。这种商业欺诈行为产生了许多受害者。一些不法分子靠制造、贩卖、传播不良信息,大发不义之财,使得合法网络店铺的运营遭受极大冲击。除了传统的网络欺诈之外,虚假信息传播过程中造成的间接经济损失也尤为惊人。

2008 年的一条短信"告诉家人、同学、朋友暂时别吃橘子!今年广元的橘子在剥了皮后的白须上发现小蛆状的病虫。四川埋了一大批,还撒了石灰……"从一部手机到另一部手机,这条短信不知道被转发了多少遍。此间,又有媒体报道了"某地发现生虫橘子"的新闻,虽然语焉不详,但被网络转载后再度加剧了人们的恐慌。自 2008 年 10 月下旬起,它导致了一场危机:仅次于苹果的中国第二大水果柑橘——严重滞销。在湖北省,大约七成柑橘无人问津,损失或达 15 亿元。在北京最大的新发地批发市场,商贩们开始贱卖橘子,21 日还卖每斤 0.8～1 元,次日价格只剩一半。山东济南,有商贩为了证明自己的橘子无虫,一天要吃 6～7 斤"示众"。10 月 21 日,当传言已经严重影响全国部分地区的橘子销售时,四川省农业厅对此事件首次召开新闻通气会,并表示,此次柑橘大实蝇疫情仅限旺苍县,全省尚未发现新的疫情点,并且该县蛆果已全部摘除,落果全部深埋处理,疫情已得到很好控制。

2011 年 2 月 17 日,网络上出现了一篇名为《内地"皮革奶粉"死灰复燃长期食用可致癌》的文章。文章说,销声匿迹数年后,内地再现"皮革奶粉"踪影,内地疑有不良商人竟将皮革废料的动物毛发等物质加以水解,再将产生出来的粉状物掺入奶粉中,意图提高奶类的蛋白质含量蒙混过关。"皮革奶粉"再次被摆到台面上,引起人们对食品安全的担忧。文章一出,立刻引起轩然大波:伊利、蒙牛、三元、光明的股价应声下跌,蒙牛跌幅高达 3.3%;同时,公众、奶制品企业和监管部门的神经也立刻紧绷起来。当晚,农业部在官网上再次声明,2010 年抽检生鲜乳样品 7406 批次,奶站 4778 批次,运输车 2628 批次,三聚氰胺全部符合临时管理限量规定,没有检出皮革水解蛋白等违禁添加物质,生鲜乳质量安全状况总体良好。农业部奶业管理办公室表示,在三聚氰胺事件后,国内生鲜乳制品安全状况进入了一个非常好的阶段,农业部门会继续加大管理和查处力度,保证生鲜乳制品的安全。谣言虽然破了,但消费者对我国乳制品的信心遭到重创。2008 年三聚氰胺事件发生以来,公众对国内乳制品的不信任感居高不下,具备购买能力的消费者一般都会优先选购国外奶制品,内地乳制品企业则在战战兢兢中向前发展。

2011 年 3 月 11 日,日本东海岸发生 9.0 级地震,地震造成日本福岛第一核电站 1—4 号机组发生核泄漏事故。谁也没想到这起严重的核事故竟然在中国引起了一场令人咋舌的抢盐风波。从 3 月 16 日开始,中国部分地区开始疯狂抢购食盐,许多地区的食盐在一天之内被抢光,期间更有商家趁机抬价,市场秩序一片混乱。引起抢购的是两条消息:食盐中的碘可以防核辐射;受日本核辐射影响,国内盐产量将出现短缺。经查,3 月 15 日中午,浙江省杭州市某数码市场的一位网名为"渔翁"的普通员工在 QQ 群上发出消息:"据有价值信息,日本核电站爆炸对山东海域有影响,并不断地污染,请转告周边的家人朋友储备些盐、干海带,暂一年内不要吃海产品。"随后,这条消息被广泛转发。16 日,北京、广东、浙江、江苏等地发生抢购食盐的现象,产生了一场全国范围内的辐射恐慌和抢盐风波。3 月 17 日午间,国家发改委发出紧急通知强调,我国食用盐等日用消费品库存充裕,供应完全有保障,希望广大消费者理性消费,合理购买,不信谣、不传谣、不抢购。并协调各部门多方组织货源,保障食用盐等商品的市场供应。18 日,各地盐价逐渐恢复正常，谣言告破。3 月 21 日，杭州市公安局西湖分局发布消息称，已查到"谣盐"信息源头，并对始作俑者"渔翁"做出行政拘留 10 天，罚款 500 元的处罚。

5. 导致社会道德失范

互联网不良信息所散布的低级庸俗思想，会侵蚀人们正常的价值观，特别是其所散布的拜金主义、享乐主义和极端个人主义的思想，使人们的意志消沉、斗志衰退，对人们的理想信念具有极大的腐蚀、麻醉和毒害作用。互联网不良信息混淆了道德的是非界限、荣辱观念及善恶标准等，造成了社会的道德认知混乱，使人们的道德观念在不知不觉中被麻痹，这对人们的日常行为产生了消极影响，进而危害了整个社会的道德层次。如 2007 的"很黄，很暴力事件"，该年年底，中央电视台《新闻联播》播放一条有关净化网络环境的新闻。北京 13 岁女孩张某某接受采访时说："上次我查资料，突然蹦出一个窗口，很黄很暴力，我赶快给关了。"短短几秒钟的出镜，因一句"很黄很暴力"涉嫌被"教唆操纵"，各大论坛随即出现了许多帖子，有人制作了色情漫画图影射张某某；有人发起了人肉搜索令、悬赏通缉令，希望把这个孩子找出来。不久，孩子的出生年月、所在学校、平时成绩以及所获奖励、家庭电话、住址甚至精确到出生医院等暴露在网上，关于张某某的视频、图片、信息、恶搞漫画、帖子一夜之间泛滥成灾，数万网民恶搞一个未成年女孩，"很黄很暴力"顿时成为 2008 年最时髦的语言。张某某的父母发表网文强烈谴责这种行为。

6. 危害文化的发展

随着互联网技术越来越多的应用，互联网成为有效传播文化的重要平台之一。"文化全球化"也成为势不可当的趋势，人们比以往的任何时候都更加彻底地置身于一个广为开放的文化交流网络之中。这也为西方的怪异文化和糟粕文化渗透到我国的网络文化空间大开其门,在我国形成强推性的文化扩张,达到了某种程度的网络"文化侵略"。这不仅冲击着我国民族文化的发展,而且腐蚀着我国文化的社会主义优越性。同时,这些不良信息的进入,也挤压和排斥了我国传统文化与经典文化的继承与发展。因此,我们必须积极采取切实有效的保护措施,使得我国的传统经典文化与社会主义先进文化能够顺利发展。

7. 危害青少年的健康成长

互联网的文化环境直接影响着青少年的健康成长。由于青少年的身心发育尚未成熟,他们的世界观、人生观、价值观正处于一个形成阶段,缺乏对不良信息的基本分析能力、判断能力与辨别能力。在面对着含有色情、暴力及凶杀等有害内容的信息时,由于他们有着极强的好奇心和探索欲,加上自制能力较弱,其思想和行为极易受到诱惑和误导。这些不良信息危害着青少年的健康成长,造成他们的思想错乱、行为怪异,导致他们学业荒废,沉迷于虚拟世界里面,忽视亲情和友情,更有甚者是诱发他们走向犯罪等。如2012年,22岁的山西男子赵某因为抢劫而被捕。究其原因是赵某在忻州一所武术学校学习时曾在网上看过一段劫匪抢劫银行的网络视频。这段视频使其在生活费不够挥霍的时候,萌生了抢劫的念头。最后,他在体育用品商店购买了仿真枪并进行了改装,先后抢劫省城9家酒店和大型洗浴中心,抢劫现金4万余元,全部挥霍一空,最终受到法律制裁。在我国,青少年是互联网使用群体中总人数最多的网络用户,网络不良信息的泛滥对他们的影响尤其严重,对此问题必须引起我们的高度重视。

(二)互联网不良信息泛滥的原因

既然互联网不良信息具有多方面的危害性,大到威胁一个国家的政权的稳定;小到危及一个公民的身心健康,那这些不良信息为什么还能在网络社会肆意地泛滥呢？导致这些不良信息泛滥的原因可能有很多,且逐渐随着互联网技术的不断发展与快速应用而变得更加具有复杂性和多样性。总体来看,这些不良信息泛滥的原因主要包括:个别互联网用户为寻找刺激而肆意传播互联网不良信息;某些网络运营商为追求经济利益而发布一些不良信息;国家对互联网治理监管体系、法律体系还不够完善;互联网治理的技术不成熟及网络社会的自律性还不是很强等。我们可以将这些原因,从以下六个方面来具体分析。

1. 网络社会自身的特点

网络社会是一个自由开放的社会,它具有共享性、虚拟性、分布性、平等性、去中心性、交互性、全球性、即时性以及无限性等特征。正是由于网络社会具有这些特点使互联网在短时间内迅速发展,成为生活不可缺少的部分,使得互联网上的信息传播速度快、传播方式多样、传播过程多向互动、传播主体广泛、匿名及交流具有开放性,这是其他任何媒体都不能比拟的。互联网信息传播所具有的这些特点也在一定程度上有利于不良信息的传播,造成不良信息的泛滥。

2. 经济利益的驱动

不良信息发布传播者为获得巨大的经济利益,铤而走险来传播不良信息,是互联网不良信息泛滥重要因素之一。网络信息技术不仅给网络用户带来了便利,同样也给商家带来许多获取巨大利润的商机,一些不法分子也利用网络技术进行信息传播来谋取非法利润。利用网络传播不良信息所需要的成本较低、效率较高且利润巨大,更加促使了这些不法分子为了个人私利,而漠视不良信息可能给社会带来的负面影响,大肆在互联网上传播不良信息,从而获得非法的经济利益。所以,许多色情信息、暴力信息、虚假信息等不良信息的传播其背后都有着巨大经济利益的驱使。

3. 网民自身的问题

网民既是不良信息的受害者,也是不良信息的发布与传播者。由于互联网上的交流主体的多样性,一些道德素质、法律意识低下的网民为寻求刺激、宣泄不满以及为攻击他人等各方面的原因而肆意地发布、传播不良信息;也有一些网民在对一些不良信息比较好奇的情况下,会主动地接收不良信息,这也无意中"帮助"了不良信息的传播,客观上助长了不良信息的泛滥。特别是一些青少年网民,他们对这个网络社会是充满着各种幻想与好奇,并积极地寻找在现实社会中通过正常的途径无法得到满足的欲望,一些不良信息正好迎合了他们的这种心理,他们极为"自主地"接受来这些来自互联网上的不良信息。

从个人因素而言,网络不良信息利用求新、求奇心理,从众心理吸引了不少人。除此之外,个别人素质不高,分析能力和判断能力不强也是网络不良信息得以流行的原因。如在 2011 年全国"抢盐风波"中,笔者家乡四川省自贡市号称"千年盐都",盐业为其支柱产业。自贡市悠久的采卤制盐史,可上溯到近两千年前的东汉章帝时期(76—88)。然而,就是这样一座盐业历史悠久的城市,照样卷入了"抢盐风波"中。其实,只要当地人稍微冷静一下,不用普及科学常识,仅仅是耳濡目染的当地历史就会让他们明白自己抢盐的行为是多么可笑。

4. 法律的不完善性

不良信息的泛滥与互联网法律体系的不健全存在着一定的内在关系。法律相对于社会的快速发展而言在不同程度上具有滞后性。特别是互联网技术的发展的超前性,使我国现行的法律法规更难以适应互联网快速发展的需要。目前,我国专门对互联网进行规制的法律法规主要有《全国人大常委会关于维护互联网安全的决定》、《互联网上网服务营业场所管理条例》、《互联网电子公告服务管理规定》、《互联网站从事登载新闻业务管理暂行规定》、《计算机息网络国际联网安全保护管理办法》、《计算机信息网络国际联网管理暂行规定》及《互联网信息服务管理办法》等数十部法律法规。相对西方发达国家而言，我国这些互联网法律法规数量较少，层级较低，属于法律层面的很少，甚至行政法规层面的都很少，大多是部门规章，而且这些法律法规还很不完善，一些法律法规在现实生活中缺乏可操作性，不能解决虚拟社会中出现的实际问题。此外，我国专门针对互联网不良信息方面的立法还存在着许多空白，使得一些不法分子更加明目张胆地进行不法信息的发布与传播，这也客观上造成了不良信息的泛滥。

5. 治理技术的不成熟

互联网不良信息的治理也要依靠先进技术的保障，但由于我国互联网技术的发展相对较晚，治理互联网的经验还不够成熟，通过技术措施对不良信息进行治理的效果还不太理想。目前，技术因素已成为我国治理不良信息的瓶颈。我国对互联网不良信息的技术治理，主要体现在不良信息传播的层面上，对于不良信息的控制，仍采用较为单一的分级管理过滤技术。如果不良信息的发布者将主机移到国外或者使用代理服务器的时候，那么我们的技术治理手段则鞭长莫及，对不良信息的打击力度就大为削弱。因此，要通过技术手段对不良信息进行有效的治理，就必须时时关注、密切跟踪互联网前沿技术的动向，不仅要加大对信息传播的内容和信息技术产品的监管，而且还要加强对相关先进技术的研发，并使得这些先进技术迅速运用到不良信息的治理中。

6. 社会监管难以有效实施

互联网不良信息的监管常常难以实施，原因是多方面的，除了和互联网自身特征及治理技术不能及时更新有关外，我们还要从互联网不良信息的特殊性出发，关注为什么不良信息在网络社会有广阔的市场。例如，部分不良信息是网络用户自己主动搜集而获得的，如一些色情信息。网络用户主动搜集不良信息的行为，一方面，给政府执法部门对不良信息进行监管治理增加了难度；另一方面，仅靠监管部门的技术手段难以对其进行有效的治理。这需要全社会的力量来共同对不良信息进行监管。虽然网络用户是社会监督的重要组成部分，但是个别网络用户本身是不良信息的传播者或是需求者，这部分网络主体是不可能对不良信息进行监督的。同时，对于一般的网络用户，只要不良信息没有侵犯他们的切身利益，他们也不会积极地去对这些不良信息进行监管。鉴于此，社会力量的监管常常难以达到应有的效果。

7. 国际合作的不协调

互联网让全球各个国家都联系在一起，不良信息的传播同样如此。它的危害不是单一国家，而涉及整个世界。因此，对不良信息的有效治理需要各国共同的努力。各国需要加强国际交流与合作，拓展共同治理合作新渠道。目前，各国政府虽然都出台了相应的法律法规并采取了具体监管措施，对本国的不良信息进行了治理，但在国际合作治理上却存在着不协调的情况。因为各国政府是根据本国的国情、社会风俗及习惯来对不良信息范围进行界定的，这样就导致了对不良信息的界定存在差异性。这种差异必然导致各国政府在进行不良信息合作治理时的不协调，影响了合作治理的有效性。因此，各国政府要进一步加快有效沟通与互信机制的建立，制定统一的不良信息认定标准，共同研究多边和全球合作治理的新方案，以实现真正意义上的互联网不良信息标准化治理。

五、互联网不良信息的综合治理

（一）我国互联网不良信息治理现状

互联网不良信息的传播不仅使得网络社会秩序变得日益混乱，而且导致了现实社会的问题也层出不穷,这直接影响着世界各国的政治、经济、社会和文化等方面的良性发展。所以,对互联网不良信息的治理已是各国共同关注的全球化热点问题,这也是我国政府亟需解决的社会问题。

1. 我国对不良信息治理的措施

目前,和世界其他国家一样,我国对互联网不良信息的治理所采取措施同样是综合性的,这些措施主要有法律的规制、行政机构的监管、行业的自律约束及技术的控制等。

(1)法律规制。我国是社会主义法治国家,对一切重大社会问题的治理都必须在法律的范围内予以进行。对互联网不良信息的治理是我国社会共同关注的重大社会问题,必须将互联网不良信息的治理纳入法制的框架内,这是法治社会最基本要求。从我国目前的法律制度方面来看,有很多对网络不良信息规制的法律法规。这些法律法规基本上分为两大类:一类只是抽象地规定了信息传播的要求,如宪法、刑法及民法通则具体来看,我国《宪法》第三十五条规定了公民享有言论自由权,第三十八条规定了公民的人格尊严不受侵犯,以及第四十条规定了公民的通信自由与通信秘密受法律保护。宪法的这些规定是我国对互联网信息进行规范的最基本的指导原则。《刑法》第二百四十六条规定了侮辱罪与诽谤罪,第三百六十三条规定了制作、复制、出版、贩卖、传播淫秽物品罪,《民法通则》第七条规定了公序良俗原则,这些条款一起构成了信息传播最基本的法律要求。

另一类是对互联网监管作了专门规定的法律法规,其中的一部分内容是关于对不良信息的规制。这类的法律法规数量比较多。虽然对互联网作专门性规定的法律(狭义的法律)文件只有一部,即全国人大常委会 2000 年 12 月 28 日颁布的《全国人大常委会关于维护互联网安全的决定》,但对互联网作专门性规定的行政法规与部门规章有很多,如《计算机信息网络国际联网管理暂行规定》、《公用计算机互联网国际联网管理办法》、《互联网电子邮件服务管理办法》、《互联网文化管理暂行规定》及《互联网安全保护技术措施规定》等。此外,最高人民法院和最高人民检察院在 2010 年通过了《关于办理利用互联网、移动通讯终端、声讯台制作、复制、出版、贩卖、传播淫秽电子信息刑事案件具体应用法律若干问题的解释(二)》。互联网监管法律体系的建立与完善,为互联网不良信息的治理提供了法律依据,从而更能有效地遏制不良信息所带来的危害。

(2)行政监管。对互联网不良信息的治理主要是依靠政府的监督管理。各有关部门在各自的职责范围内对不良信息进行专项的治理,如工业和信息化部作为行业监管部门,在对互联网不良信息治理中发挥着重要的作用,特别是该部通信保障局,它主要负责组织开展网络环境与信息的治理,处理或配合处理互联网上的有害信息;文化部文化市场司网络文化处主要负责在互联网上从事文化产品传播和文化服务经营活动的监控工作,且负责动漫和游戏市场的管理;公安部公共信息网络安全监督局的职责主要是负责信息网络安全,处理和制裁违法的网上有害信息和违法犯罪活动;教育部思想政治工作司思想政治教育处主要负责高校网络教育管理和网络思想政治教育的工作;中宣部舆情信息局和新闻局负责网上的舆情收集与分析、引导网上舆论的工作。除此以外,还有国务院新闻办、新闻出版总署、国家广电总局等部门对互联网不良信息的治理也有明确的职责。为了避免多头管理下的混乱,互联网不良信息治理工作还需要各个部门在明确自己职责情况下进行联合执法、专项行动来统一规划,以便有效治理不良信息。如 2007 年 4 月至 10 月,公安部会同中宣部、教育部、信息产业部、文化部、广电总局、新闻出版总署、国务院新闻办、银监会和全国"扫黄打非"办公室等 10 部委,联合组织开展了全国依法打击网络淫秽色情专项行动,严厉打击了互联网上传播淫秽色情等违法犯罪活动。

(3)自律管理。加强互联网行业的自我管理,是对互联网不良信息进行有效治理的重要措施。因为行业内部的人比政府部门更加了解自己的业务,这样更有利于治理不良信息。同时,这些行业组织、协会、中心等也通过各种方式来直接或间接地协助政府相关部门对不良信进行管理,共同维护、促进互联网空间健康有序的发展。2001年,由国内从事互联网行业的网络运营商、服务提供商、设备制造商、系统集成商以及科研、教育机构等70多家互联网从业者共同发起,成立了中国互联网协会,它是全国性的互联网行业自律组织,为行业发展、政府决策而服务。其基本任务之一就是制订并实施互联网行业规范和自律公约,协调会员之间的关系,促进会员之间的沟通与协作,充分发挥行业自律作用。中国互联网协会不仅制定发布了《互联网站禁止传播淫秽、色情等不良信息自律规范》,而且还设立互联网违法和不良信息举报中心、公共信息网络安全举报中心和12321网络不良与垃圾信息举报受理中心,这些措施有效地遏制了不良信息的传播,维护了互联网的有序状态。

(4)技术控制。对互联网不良信息的治理需要掌握更高的网络技术,目前,对于互联网不良信息的治理,主要是在互联网信息内容的传播渠道上,可以利用技术的手段对他们进行过滤。一般主要有两种方式对不良信息进行过滤。一是用户可以在计算机终端安装不良信息的过滤屏蔽软件,如"绿坝—花季护航"过滤软件,该过滤软件具有文字和图像过滤功能,能主动识别、拦截黄色图像及不良网站。另外,该软件还可以通过自主设置白名单、黑名单来限定上网内容,上网时间也可同时设定。二是用户可通过网络运营商开展的业务对网上的信息内容进行技术上的处理。如电信宽带运营商开展的"绿色上网"业务,用户可选择过滤宽带上的某些不良信息内容。该项业务可以屏蔽掉全球数百万个暴力、色情、赌博等不良网站,并能跟踪每天新出现的数百个不良网站,保持着同步的更新和屏蔽。

2. 我国不良信息治理存在的问题

目前,我国对互联网不良信息的治理已采取了多种有效的治理措施,开展了一系列的综合治理专项活动,动员了大部分社会主体参与到治理的活动中,这在一定程度上有效地遏制了互联网不良信息的发布、传播与泛滥,净化了网络社会的污浊风气。但现行的不良信息治理还存在着一些问题,治理的措施还需进一步完善,具体表现在以下五个方面。

(1)法制不健全。规制互联网不良信息的法律体系,包括法律、行政法规、部门规章和地方性法规、规章及司法解释等多个层次。目前,虽然对互联网建设中的法制建设在逐渐加强,但有关互联网不良信息治理的法律制度仍然不健全,有待进一步完善。一是在有关规制互联网不良信息的法律系统中,处于最高位阶的法律仅有《全国人大常委会关于维护互联网安全的决定》一部,国务院及其部委发布的行政法规、部门规章是该法律体系的主体,特别是部门规章所占的数量最多,但它们的法律位阶较低,不是严格意义上的法律。二是互联网不良信息治理有关法规多为部门规章,它们多是对某一具体领域或者某一阶段的突出问题进行规定,涉及的范围较窄。此外,由于对互联网进行管理的部门数量较多,有时它们对某一问题的规定会不一致,从而导致法律冲突问题。三是专门对互联网不良信息进行规制的法律还没有,存在着立法空白。四是治理互联网不良信息的立法布局缺乏总体规划,立法工作呈现混乱状态,并且立法工作相对滞后,许多法律法规不能解决实际问题。与此同时,现有的法律体系还缺乏较低位阶的具体配套规定,如《全国人大常委会关于维护互联网安全的决定》对禁止互联网传播的信息作了明确规定,但没有相关的配套法规对之做出具体操作规定。

(2)行政管理不到位。目前,互联网不良信息的行政管理还不是很到位。首先,管理部门过多,各部门职责交叉的现象严重,跨部门协作治理的效果较差。目前有权对互联网不良信息进行监管的部门有公安部门、新闻出版管理部门、国家广播电影电视总局、省级以上文化管理部门、教育部门、信息产业管理部门、电信部门等十余类单位。由于各部门的相关职责规定得比较抽象,出现了一些职责交叉现象,导致这些部门在管理过程中常常存在着重复管理的现象,造成了执法资源的浪费。此外,一旦出现某些对各自部门利益不利的情况,相关部门互相推诿的现象比较严重,其协作执法的效率较低。其次,某些行政执法人员的执法水平较低,还不符合互联网发展的要求。互联网不良信息监管的特殊性要求监管人员既要具备相当的互联网技术知识,又要具有一定的法律知识,但个别执法监管人员欠缺这方面的知识,特别是对互联网专业技术知识的欠缺,导致他们很难胜任监管职责,从而影响了互联网不良信息治理的效果。最后,大多管理部门对于互联网的监管手段比较单一,一般只重视源头审批而忽视对过程的监管,而且各管理部门的管理技术大致相同,不能形成管理上的优势互补。

(3)行业自律性不高。目前,在我国互联网不良信息的治理过程中,网络用户和互联网服务提供商是网络治理中自律的主要行为主体。尽管这些行业主体采取了不少自律措施,但行业自律所要追求的效果没能够完全实现,行业自律性还有待提高。一方面,是由于行业自律主体的自律性意识还比较薄弱。目前,我国社会正处于一个转型期,经济社会的快速发展带来了一些消极因素。这些消极因素对我们的社会造成了不小的冲击,腐蚀了人们原有的道德体系,致使人们的社会责任感缺失、道德水平下降。同时,因为互联网具有虚拟性、匿名性特点,使得部分网络用户对自身道德素养的要求不再严格,或抱着侥幸的心理,为了谋取一些不正当的利益或为某些不能示人的目的走上违法道路,这也是行业主体自律性减弱的表现。另一方面,作为全国性的互联网行业自律组织——中国互联网协会,其自身的组织机制还不完善。中国互联网协会治理不良信息的机制除了倡导性机制外,尚未建立起确实有效的警告、惩戒制度,对那些经常违规但又屡教不改的网站,没有相应有效的惩戒机制作保障。而且,互联网协会也没有与行政监管机关、司法机关等相关机构建立起长效的联系机制,导致在行业自律无效或者效果较差的情况下,不能发挥行业自律与行业他律的联动效果,从而使自律的效果大打折扣。除此之外,还存在一个容易忽视的原因:个别互联网服务提供商没有很好地承担起引导和监督用户的社会责任。虽然互联网服务提供商有追求利益的权利,但互联网的社会性也要求其承担一定的社会责任,从而引导广大的网络用户去合法合理地进行信息发布与传播,并监督网络用户的不良的行为。相反,有些互联网服务提供商不仅没有去积极地承担这些社会责任,反而对自己的行为有所放纵,不但没有严格自律,反倒是为最大程度地追求经济利益或市场效应而对不良信息听之任之,甚至是自己发布、传播不良信息,无视广大用户的利益和社会利益,极大地推动了不良信息的泛滥。

(4)技术发展的滞后性。计算机、互联网、数字化三大技术的发展,为互联网不良信息的发布传播提供了技术支持。要想有效、快速地遏制互联网不良信息的泛滥,从某种程度上来说必须技术先行。我国互联网技术的发展起步较晚,我们的技术还远远处于落后状态。这严重制约了互联网不良信息的有效治理。首先,我们不能及时地跟进国际互联网发展的前沿技术,我们的技术发展总是远落后于发达国家。这就导致了一些不良信息进入我国互联网领域时,我们不能有效、迅速地识别这些信息,自然无法对其有效监管。其次,我们缺乏对网络技术的创新。技术的发展总是按部就班,遵循一定规律的。而我国现有的大部分互联网技术都是从国外购买专利而得来的。这就为国外敌对势力留了个"后门",他们可以通过这些转让的技术向我们散布、传播不良信息。甚至,某些敌对势力可以利用这些"后门",瞬间使我国所有使用这些技术的计算机瘫痪,从而达到打击我国的目的。可见,缺乏互联网技术创新,对我国的互联网安全基本上可以说构成了致命的隐患。最后,我国技术发展滞后的主要原因是我国的技术创新型人才大量缺乏,即使有技术创新型人才,我们也缺乏对其进行进一步的培养的机制。与之同时缺乏的,还有一整套有利于创新的科研机制,以及将创新技术推向市场的运行管理机制。缺乏创新型人才培养机制,我们无法培养出足够的科研人员;没有创新型技术推广、运用机制,我们的高新技术永远是纸上谈兵。单纯地依靠引进国际先进技术来治理互联网不良信息,永远是治标不治本,不良信息的泛滥仍会存在,只不过延缓了其泛滥的时间罢了。

(二)互联网不良信息综合治理的趋势

在互联网不良信息的治理过程中,仅仅依靠政府相关部门的管制与引导,已经无法完成对互联网不良信息的有效治理。治理互联网不良信息,已不再是政府一方的责任,也不是某个国家独自的责任,而是全社会乃至全世界共同的责任。只有采取综合性的治理措施,充分利用社会各方面的有效资源,全面运用法律、行政、自律、教育、技术等多种手段,积极加强国际间的交流与合作,才能实现互联网不良信息有效治理的目标,维护网络社会的和谐与稳定,促进现实社会的不断进步与发展。

根据我国互联网不良信息的治理现状以及治理中出现的问题,我国互联网不良信息综合治理的发展趋势应该是:政府部门要建立健全完备的规制互联网的法律体系,强化行政监管,弘扬网络社会道德,鼓励互联网技术创新,提倡行业自律,加强国际间的交流与合作;互联网行业要加强自律性建设,提升自身的网络道德水平,加大对互联网先进技术的研发;公民个人也应提高自身道德素质,积极抵制各种不良信息的诱惑,主动地对不良信息进行监督,从而达到对互联网不良信息进行有效治理的目标。

1. 完善互联网建设的法律法规

制定完备的法律体系是有效治理互联网不良信息的法律前提与制度保障。通过法律手段来规制互联网不良信息的传播是各国治理不良信息的首要措施。目前,为促进互联网信息的合法交流,打击不良信息的散布与传播,同其他国家一样,我国也制定了多部相关的法律法规,为不良信息的治理部门提供了执法依据。但我国有关互联网不良信息治理的法律法规还不够完善,不也全面,仍需要建立一套完备的法律体系对互联网不良信息进行全面的管理和规制。完善互联网建设的法律法规,制定科学严谨的互联网不良信息治理的专项法律法规是我们当前治理工作的首要任务。

(1)完善目前互联网建设的法律法规。目前我国规范网络社会的法律法规的数量还是比较多的,特别是部门规章的数量占绝大多数,但这些法律法规对互联网不良信息的认定标准、范围还不够明确,对其界定大多是抽象性、模糊性的。为此,应该加大对相关法律法规的清理和修改,在互联网不良信息的认定标准、确定范围上,尽量采用列举式的规定,增加政府部门执法中的可操作性。此外,对于一些需要各部门联合治理的互联网不良信息,相关机关在修订法律法规确定其认定标准和范围时,应该综合考虑各部门的实际情况,制定符合各部门实际情况的互联网不良信息认定标准与范围,以便各部门联合采取行动,共同治理互联网不良信息。同时,当前的法律法规还对互联网不良信息的发布与传输等主体责任的认定存在着不少差异,并且对相关服务提供商在不良信息传播与治理过程中的责任认定还不明确；对一些信息管理的程序性规定不具体，甚至存在缺乏的现象。这些都需要在完善法律法规时加以强调，必须注重对主体责任的明确，对执法程序的健全。

（2）制定治理互联网不良信息的专门性法律法规。目前我国虽然已出台一批有关规范互联网信息的条例和规定，如《互联网信息服务管理办法》、《电信条例》等，但一方面，这些条例和规定对互联网信息的规制缺乏权威性、系统性和操作性，难以满足规范互联网信息的需要；另一方面，这些规范缺乏治理互联网不良信息的具体规定，导致在治理不良信息过程中，常常出现无法可依的情况。因此，应尽快制定一部专门的规范互联网不良信息的法律规范，具体明确互联网不良信息的认定标准与界定范围，明确治理的主体及它们的权利与义务，确定不良信息发布专播者的法律责任及规定治理不良信息的具体法律程序等，以便把这项法律作为治理不良信息的基本法律，为执法部门行使监管职责提供明确的法律依据，同时也可为社会大众监督不良信息提供指导。

（3）健全互联网的立法体制。目前，单纯就互联网不良信息管理而言，行政机关对此进行了大量的行政立法，在我国有关互联网的法律体系中，行政法规与部门规章占了最大的比例。由全国人大对规范互联网做出的法律规定则没有，法律层面的只有《全国人大常委会关于维护互联网安全的决定》这一部。这种立法体制不仅不利于保障公民在网络社会中应享有的各项权利和自由，而且影响了执法部门对互联网不良信息的有效治理。因此，国家要对现有的互联网规制的立法体制进行改革，改变以行政法规、部门规章为主导的立法现状，由全国人大及其常委会统一制定专门法律来对互联网不良信息进行治理和规范，保证互联网不良信息治理规定的统一性与全面性。

2. 加强对互联网不良信息的行政监管

我国针对互联网不良信息的传播进行过多次专项治理活动。虽然在治理活动期间不良信息的散布与传播会有所遏制,但在专项治理活动结束后,不良信息会重新活跃在网络社会中。其主要原因是,目前行政执法机关还没有对互联网不良信息形成长效性的监管。

(1)将专项治理行动制度化和常态化。对互联网不良信息进行专项整治行动,能够在比较短的时间内取得较好的治理效果。但专项整治行动只是治理不良信息的一种手段而已,在专项治理行动后,一些不法分子为了商业利益或其他意图,会继续铤而走险散布、传播不良信息。因此,要防止不良信息的不断泛滥,就必须把专项整治行动予以制度化和常态化。相关专项整治的执法部门还应广泛听取社会各界的意见,不断地积累专项治理行动中的经验。同时,应积极探索建立一套较好的常规化制度,形成一种长效性治理机制,不断巩固和扩大专项整治活动的治理效果。

(2)设立专门的行政监管部门。目前对不良信息可以进行管理的部门及单位有公安部门、国家广播电影电视总局、新闻出版管理部门、省级以上文化管理部门、电信部门、信息产业管理部门等,由于这些部门的职责权限的有限性,一般情况下,它们只负责自己职权内不良信息的管理,在联合治理行动之外具有不协调性,执法效果有限。2011年5月,国家成立了国家互联网信息办公室,在国务院新闻办公室加挂国家互联网信息办公室牌子。该机构主要落实互联网信息传播方针政策,指导、协调、督促有关部门加强互联网信息内容管理,担负依法查处违法违规网站等职责。国家互联网信息办公室的成立,打破了原来多头管理的困局,一定程度上整合了各部门的职责权限,并初步形成了以通信、公安、宣传三部门为主的互联网管理体制。

(3)提高互联网监管执法人员的业务水平。互联网技术是一项高新技术,对互联网不良信息的治理,必然会涉及技术层面的处理问题。但目前我国大多数执法人员的技术水平较为偏下,他们一般只具有相关的法律知识,这是我国互联网不良信息有效治理工作的一大瓶颈。

为了有效地对互联网不良信息进行治理,行政执法人员既要具备相应的法律知识,又要懂得一定的互联网技术。所以,在提高互联网监管人员的法律素质之外,还必须加大对这些执法人员的相关技术培训,提高他们的业务水平,这样才能满足互联网不良信息治理的需要。

(4)加大对互联网信息源的监控。对互联网不良信息源的监控是治理不良信息的有效措施,目前不良信息源主要有境外的网站、国内非法经营的网站、电子出版物及网吧等,对这些不良信息的传播口进行有效监管与封堵,是实现和谐网络社会的重要保证。对境外发布不良信息内容的网站要严格地实行隔离、屏蔽手段,对要经营链接境外网站、登载境外互联网站发布新闻的互联网业务,必须报经国务院有关部门审批;对那些非法经营的网站、网吧及电子出版物要予以严格的法律制裁。与此同时,对互联网信息的发布主体进行登记备案,对其所提供的信息内容实现严格的依法审查,与其签订《入网信息安全责任书》。

3. 继续加强互联网行业的自律性

目前,我国互联网行业业已成立了中国互联网协会,在行业内部也有《中国互联网行业自律公约》等自律规范对行业内部进行约束。但我国对互联网不良信息的治理,仍然以政府的规制为主导,行业自律的空间有限,《自律公约》也缺乏必要的强制力,其运行的效果有待提高。因此,为确保互联网不良信息治理的有效性,还得继续加强互联网行业的自律性,充分发挥互联网行业协会的作用。一方面,作为互联网行业协会的中国互联网协会应该进一步发动社会大众的力量,健全互联网不良信息的举报制度,简化对举报的处理程序,督促互联网企业签署行业自律条约,要求各互联网企业的门户网站与互联网不良信息举报中心的网站建立链接,并对互联网企业的员工进行定期的教育、培训。另一方面,中国互联网协会应向电信运营商和银行部门建议加大对互联网支付方式的监管力度,定期对其收费渠道进行整顿和清理。这是因为不良信息网站的存在,主要是通过银行卡支付的方式或手机短信扣款的方式来进行收费的。所以,中国互联网协会要充分发挥自己的主动性,在开展行业自律方面要多作出努力。

4. 大力开展互联网道德教育

道德教育是有意识地提高人们的道德认识、培养人们的道德情感、锻炼人们的道德意志、确立人们的道德信念、形成人们的道德习惯的一系列行为。[①] 大力开展互联网道德教育,强化互联网用户的自律意识,提高他们的认识能力,有助于他们自觉过滤、抵制、监管互联网不良信息,使其不受不良信息的侵害。

(1)构建互联网道德规范体系。构建互联网道德规范可以从两个层面来进行:一方面,是对禁止性规范进行构建,该类规范明确告诉人们什么行为在网络社会中是禁止的,这样可以对那些不道德的行为予以否定。另一方面,是构建倡导性规范,鼓励人们在使用互联网时应做什么事,有助于引导人们积极向善。加强互联网道德规范教育,首先要求每一网络主体都必须遵守这些道德规范,合法、健康、文明地使用互联网,共同构建一个和谐稳定、绿色健康的网络社会环境。

(2)大力宣传高尚道德。借助互联网的广泛影响力,利用多种多样的道德教育方式和网络载体,大力宣传高尚的道德价值观,让这些积极的道德风尚主动占领互联网道德的空间并成为主流道德观,让网络用户感染并接受这些主流道德观念。加强这些互联网主流道德的教育,一方面,可以使网民在一定程度上积极主动地去抵制这些暴力、色情、虚假等不良信息,增强他们的自我保护意识;另一方面,通过宣传这些高尚道德,也有助于提高广大网民的网络道德水平,对于维护网络社会的正常秩序有着至关重要的作用。

5. 加快对新技术的研发与应用

网络领域是一个技术领域,要解决网络领域的社会问题,就必须依靠网络技术本身来解决。同样,互联网中不良信息也是由网络技术

---

① 钟瑛、牛静:《网络传播法制与伦理》,武汉大学出版社 2006 年版,第 219 页。

发展带来的,要对这些不良信息进行有效的治理也必须依靠互联网技术来解决。目前,我国互联网技术水平相对比较落后,因此,必须高度重视和大力发展互联网技术,只有通过技术的进一步研发,才能加快完善与应用互联网不良信息传播的控制技术。第一,政府监管部门要加大对建立专门技术研发中心的资金的投入,积极引进拥有高端计算机技术的人才,并定期对其进行技术培训,加快对新技术的研发,为监管互联网不良信息提供技术支持;第二,政府部门应定期组织互联网相关企业和行业自律组织对现有互联网技术的功能进行研究和评估,并对其评估资料进行技术分析,依照相关法律和宣传政策积极鼓励、支持、引导互联网行业自主研发更为有效的不良信息控制技术;第三,政府部门应该大力普及对互联网不良信息进行控制的技术性知识,积极鼓励和支持用户采用这些控制技术对互联网不良信息进行分级和过滤,倡导他们进行自我管理。

6. 加强国际交流与合作

互联网从其产生开始就具有开放性、无国界性,也正是因为互联网的这一特性,互联网不良信息才能得以如此广泛的传播。此外,互联网中的不良信息问题有很多都具有跨国性,如垃圾邮件问题、网络色情问题等。所以,很有必要加强对互联网不良信息治理的国际合作,共同抵制不良信息的危害。加大国际交流与合作要做到以下几点:第一,要构建一套规范国际互联网信息传播的国际法体系,为各国协作处理互联网不良信息提供法律上的依据。当然,这一国际互联网法律体系的建立必须合理,符合所有发达国家和发展中国家的基本国情。第二,提高国家之间在打击互联网不良信息传播以及控制技术方面的合作,建立健全相互信任的信息安全合作机制,共同抵制互联网不良信息的传播。第三,建立国际互联网不良信息治理的专门性国际组织,各国在平等互助的基础上积极参与其中,这对互联网不良信息进行有效治理也有着重要的作用。总之,加强互联网不良信息治理的国际交流与合作的措施有很多,这需要各国共同探索。

第六章
互联网信息安全与保护

2006 年 10 月 16 日,25 岁的中国湖北武汉新洲区人李俊编写了"熊猫烧香"病毒。之后,在 2007 年 1 月初开始肆虐网络。该病毒通过多种方式进行传播,并将感染的所有程序文件改成熊猫举着 3 根香的模样,同时该病毒还具有盗取用户游戏账号、QQ 账号等功能。该病毒传播速度快,危害范围广,当时非常短的时间内,中毒企业和政府机构就已经超过千家,其中不乏金融、税务、能源等关系到国计民生的重要单位。到案发为止,已有上百万个人用户、网吧及企业局域网用户遭受感染和破坏,引起社会各界高度关注。《瑞星 2006 安全报告》将其列为十大病毒之首,在《2006 年度中国大陆地区计算机病毒疫情和互联网安全报告》的十大病毒排行中一举成为"毒王"。根据统一部署,湖北网监在浙江、山东、广西、天津、广东、四川、江西、云南、新疆、河南等地公安机关的配合下,侦破了制作传播"熊猫烧香"病毒案,抓获李俊、雷磊等 6 名犯罪嫌疑人。这是我国破获的国内首例制作计算机病毒的大案。

信息是互联网的血液,互联网的良性运行离不开互联网信息的安全。随着互联网的快速发展与广泛普及,互联网信息安全问题已是全社会共同关注的热点问题,我国互联网信息安全形势比较严峻,存在的问题也比较突出。对于互联网信息安全问题的治理,不仅是政府的天职,也是每个网络社会个体的职责;不仅是某个国家的单独责任,也是整个国际社会的共同责任。

一、互联网信息安全与保护概述

(一)互联网信息安全问题的提出

随着互联网技术的不断发展与互联网普及率的不断提高,互联网渗透到社会生活的方方面面,互联网所具有的信息数量的海量性、信息内容的多样性使人们所憧憬的信息共享、信息交流、信息获取的灵活便捷等需求得到满足,人们也越来越依靠互联网进行信息的传递和交流。但是,网络社会和现实社会一样,并不是一切都处在稳定、和谐、有序的社会状态中。在互联网信息社会中,信息污染、信息遗失、信息渗透、信息侵权、信息犯罪乃至信息战争等有关信息安全的事故频频发生。这使得人们逐步认识到,要确保网络社会的有序运行,确保网络社会的信息安全,必须要对互联网依法进行规制。由此,互联网信息安全问题由此进入世界民众的视野。

和世界其他国家一样,互联网信息安全问题也是我国政府和社会所共同关注的重要问题。我国互联网技术发展较晚,在 20 世纪 90 年代通过美国路径而正式连入互联网。互联网技术发展得也很快,特别是进入 21 世纪后互联网发展得更加快速,截至 2011 年 12 月底,中国网民规模达到 5.13 亿人,全年新增网民 5580 万人,互联网普及率较上年底提升 4 个百分点,达到 38.3%,中国手机网民规模达到 3.56 亿人,同比增长 17.5%,我国已成为世界上互联网使用人数最多、发展速度最快的国家。但我国互联网的普及率相对而言还是比较低的,加快发展互联网依然是我国制定互联网法律、政策的根本出发点。互联网的迅速发展改变了人们的生产生活方式,极大地推动了经济社会的发展,但随之而来的是,大量的网络信息安全问题、互联网信息安全事故的频繁发生,严重影响了社会秩序的稳定,为政府部门实施社会管理、维护国家安全和利益带来了新的问题和挑战。我国的互联网信息安全问题主要来源于以下几个方面。

第一,互联网发展的趋势是普及全社会。全社会的所有主体都能广泛地参与其中,但伴随而来的问题就是政府如何在控制权分散而又薄弱的情况下,完善网络社会的管理。由于网络社会天生所具有的交流自由性、主体不确定性,人们利益、目标、价值的多样性,以及政府对信息资源保护、管理的脱节甚至存在着管理真空的现象,从而使信息安全问题变得广泛和复杂。

第二,在互联网信息安全问题的治理上,仍然存在对某些不良信息界定不清的问题以及政府管理观念依然陈旧的问题。如对网上淫秽色情等不良信息的界定仍然抽象模糊、不清晰,使得相关执法部门在监管时无法可依。政府管理观念陈旧,不能很好地引导行业自律而导致某些领域出现监管过度或者监管缺失等问题。

第三,我国互联网技术是西方的舶来品,其发展还处于起步阶段,缺乏自主的信息软件核心技术,对互联网信息的有关认定标准还不得不接受发达国家制定的规则和标准,甚至在我国信息化建设过程中,也缺乏自主技术支撑,导致我国互联网信息常常处于被窃听、监视、干扰及破坏等多种威胁中,信息安全处于极为脆弱的状态。

第四,在信息安全保障方面,缺乏制度化的信息保障机制。在互联网信息管理制度上,我国没有建立相应的安全保障机制,同时在整个互联网监管过程中,也缺乏一些行之有效的信息安全检查制度和信息应对保护制度。同时,有关信息安全的法律法规难以适应网络社会发展的需要,信息安全的专门立法还存在着立法空白。

(二)互联网信息安全的基本内涵

1. 互联网信息安全的基本概念

正如互联网影响到社会生活的各个方面一样,信息安全也为社会大众所逐渐认识和重视,但人们对信息安全的理解则各式各样,网络安全、计算机安全、信息内容安全等,都是从不同层面对信息安全概念的理解和表达。

目前,对信息安全的定义有不同的表述,从政府层面来看,《中华人民共和国计算机信息系统安全保护条例》对其的表述是:"保障计算机及其相关的和配套的设备、设施(含网络)的安全,运行环境的安全,保障信息的安全,保障计算机功能的正常发挥,以维护计算机信息系统的安全运行。"国家信息安全重点实验室对其的表述是:"信息安全涉及信息的机密性、完整性、可用性、可控性。综合起来说,就是要保障电子信息的有效性。"美国总统信息技术顾问委员会(PICTAC)报告认为:"信息安全是为防护和维护网络中的信息所采取的措施,包括网络本身。"英国信息安全管理标准定义为:"信息安全是使信息避免一系列威胁,保障商务的连续性,最大限度地减少商务损失,最大限度地获取投资和商务的回报,涉及信息的机密性、完整性、可用性。"国际标准化委员会的表述是:"为数据处理系统而采取的技术的和管理的安全保护,保护计算机硬件、软件、数据不因偶然的或恶意的原因而遭到破坏、更改、显露。"从静、动态角度来看,静态安全是指信息在没有传输和处理的状态下信息内容的秘密性、完整性和真实性。动态安全是指信息在传输过程中的不被篡改、窃取、遗失和破坏。① 从技术层面来看,信息安全的含义主要包括:操作系统的安全问题、数据库安全问

---

① 徐华丽:《网络信息安全问题及解决方案》,《乐山师范学院学报》2005 年第 5 期。

题、网络安全问题、计算机病毒防护、访问控制、加密措施、鉴别手段等。① 从法律角度来看，信息安全主要是对合法网络信息及信息平台（如操作系统、数据库）等的保护与对违法网络信息内容的法律管制等两个大的方面。②

　　事实上，信息安全的概念是在不断变化的，它随着互联网技术的发展而与时俱进，从单纯的保密和静态的保护发展到现今整个信息保障体系。信息安全不仅仅是互联网信息技术本身的安全，更是指一个国家网络社会的信息化状态不受外来威胁与侵害，一个国家社会信息技术体系不受到外来的威胁与侵害，特别是有了后者的保障才能确保前者信息的自身安全。因此，信息安全首先应该是一个国家网络社会的信息化状态是否稳定，一个国家社会信息技术体系是否处于自主，其次才是信息及信息技术自身的安全问题。

2. 互联网信息安全的基本特征

　　互联网信息安全要求信息的传输、存储、处理和使用都处于安全的状态，根据对信息安全概念的不同表述，信息安全应具有以下基本特征。

　　（1）保密性，是指信息不被非授权的解析、知晓甚至公开，不供非授权人使用的特性。信息保密性主要体现在信息运行的安全方面，它要求信息数据即便被捕获也不会被解析公开，信息系统即使允许被访问也不能未经允许而越权进行其他的访问。所以，保密性是信息安全的首要基本属性。

　　（2）完整性，是指信息不被修改、不被乱序、不被插入及不被破坏等特性。对互联网信息安全进行攻击的最终性目的就是破坏信息的完整性。完整性要求互联网中所传播的信息不被修改、不被乱序、不

---

① 孙昌军、郑远民、易志斌：《网络安全法》，湖南大学出版社 2002 年版，第 16 页。
② 孙昌军、郑远民、易志斌：《网络安全法》，湖南大学出版社 2002 年版，第 16－17 页。

被插入及不被破坏,或任何被修改、被乱序、被插入及被破坏的信息都可以被发现。

(3)真实性,是指在交互运行系统中,信息的内容、来源以及信息发布者身份的真实可信、不可否认及无虚假的特性。真实性在信息交流中尤为重要,它确保了信息交互双方的身份、交互信息的内容及其来源的真实可靠,没有弄虚作假的成分。

(4)可用性,是指信息及信息系统能够满足合法需求主体的基本需求,能对合法需求主体产生价值,并且能被其所了解、认识的特性。可用性确保了信息与信息系统的正常运行能力,保障了信息的正常交流与传递,保证了信息系统能够提供正常的服务,反映了合法信息需求的主体能够对信息进行了解的属性。

(5)可审查性,是指在信息交流过程结束后,通信各方所交流的信息内容或形式能被审查,通信各方不能否认其曾经实施的信息交流行为,也不能否认其曾经接收到他方所发送的信息。

(6)可控性,是指在信息系统中信息的内容及传播能够被相关的授权主体所控制、支配,包括可控制授权范围内的信息流向及信息交流的方式。可控制性表现为对互联网上特定信息和信息流的主动监测、过滤、限制、阻断、支配及控制等。

3. 互联网信息安全的主要表现形式

互联网安全指互联网的各个传送功能的安全问题,包括互联网基础设备的物理性安全和系统安全、互联网资源的安全以及数据信息的传送安全和信息存储的安全。互联网安全还包括互联网的业务安全与应用安全,指的是在互联网信息数据传送功能的基础上,各种应用性服务(如邮件业务、www 业务、网络电话、P2P 下载等)的运行安全问题,这方面又包含业务运营安全、应用服务器安全及用户信息安全等问题;此外,由互联网服务引发的政治、经济、社会、文化等其他所有安全问题，都可以划归互联网安全范畴，如个人隐私保护、不良信息传播、知识产权保护等。信息是互联网的血液，作为大众传媒平台和信息交流平台的互联网，它的安全问题也是信息的安全问题，互联网的信息安全的表现形式可从两个方面来界定。

（1）从社会层面的角度来分析，信息安全在网络社会中的舆论导向、社会行为和技术环境等三个方面得到反映。

第一，在舆论导向方面。由于互联网具有高度开放性，使得互联网信息得以迅速而广泛地在网络社会进行传播，而且难以对其进行控制，使得传统的国家舆论管制体系易被打破，境内外的敌对势力、民族分裂势力及恐怖势力利用信息网络，威胁国家的安全。此外，一些不良分子利用信息网络不断地散布谣言、制造混乱、宣传与我国传统道德相违背的价值观。这些有害信息的失控，会对社会的意识形态、道德文化、核心价值等方面造成严重后果，甚至会导致一个民族凝聚力下降和社会秩序的混乱，从而对国家的现行制度和国家政权的稳固有着不利的影响。

第二，在社会行为方面。信息安全主要表现为：恶意地利用或针对信息及信息系统进行违法犯罪的行为，如散播病毒、网络窃密、信息诈骗、攻击各种信息系统、为信息系统设置后门等违法犯罪行为；毁灭性破坏或瘫痪基础性信息系统的网络恐怖行为；国家间的信息对抗行为、信息网络战争，以及摧毁他方信息及信息系统的行为。

第三，在技术环境方面。信息安全主要表现为信息系统自身技术具有的脆弱性；信息系统缺乏安全功能；信息系统的管理技术能力较薄弱；信息系统的主要技术、关键装备缺乏自主可控性等情况。这些形式都是由于信息系统自身存在的某些安全隐患，从而在其面临网络攻击时难以抵抗，或是难以在一些异常状态下兼容运行而产生的。

（2）从信息安全所产生的威胁来看，信息安全主要有五种表现形式。

第一,计算机病毒的扩散与攻击。这种形式的主要特点是计算机病毒针对的是特定的网络信息系统但没有特别具体、明确的攻击目标,攻击发生后破坏面甚广,即使攻击者一般也难以对其进行控制。

第二,垃圾邮件的泛滥。该形式的突出特点是垃圾邮件以广泛传播、强制配送的方式吞噬整个网络资源,侵占网络空间,从而影响网络用户正常的信息交流活动,甚至扰乱正常的网络秩序。

第三,黑客行为。黑客行为是利用网络系统的脆弱性因素或网络用户自身的失误,在特定的信息系统中"游逛"并对特定目标进行攻击。

第四,信息系统自身的脆弱性。由于信息系统自身的脆弱性,导致系统自身所存在的某一隐患可能突然在某个特定的条件下被激活,从而使系统出现不可预计的崩溃现象。

第五,有害信息被恶意传播。这是指网络中的色情信息、暴力信息、诱赌信息、反动信息及教授违法犯罪信息等有害信息被一些不法网络主体在互联网上发布、传播,以排挤网络社会中合法健康信息的生存空间,甚至一些有害信息被大肆渲染从而影响社会舆论,对合法健康的社会信息进行攻击。

(三)保护互联网信息安全的重要性

互联网信息安全问题是伴随互联网信息技术的迅猛发展与广泛应用而产生的,但互联网信息安全问题又超出了信息技术自身的范畴,它所涉的范围很大,大至一个国家的军事、政治等机密安全,小至防范一个企业的机密泄露、防范青少年对不良信息的浏览、个人信息的泄露等问题。所以,必须高度重视互联网的信息安全问题。

1. 互联网信息安全是社会安全的重要部分

由于互联网信息化程度的日益加深,不论是人们生产、生活,还是国家机关、各种社会组织进行社会管理、提供社会服务以及网络社会自身有序的运转，都与信息网络越来越紧密地连在一起；不论发展社会经济，还是进行政治外交、国防军事等活动，都越来越依赖互联网信息系统。现如今，互联网信息系统已经成为一国经济、政治、文化和社会活动的神经中枢和基础平台，如果一个国家的能源交通、金融通信、国防军事等关系国计民生和国家核心利益的关键基础设施所依赖的网络信息系统遭到破坏，或处于无法运转或失控状态，将可能导致国家通信系统中断、金融体系瘫痪、国防能力严重削弱，甚至会引起经济崩溃、政治动荡、社会秩序混乱及国家面临生存危机等严重后果。例如，2010 年，伊朗布什尔核电站的网络系统遭到"震网"病毒攻击，一度无法正常运转，该事件被称为世界上第一个针对现实世界中工业基础设施的病毒攻击，所幸没有造成严重破坏。如果"震网"被激活后，能够控制计算机监控系统，破坏工厂正常运行，工业自动化系统会将生产线的相关数据传输到病毒设定的目的地，从而使工厂丧失对工业系统的控制权，小则导致生产线停工，大则泄露商业机密或者导致整个生产系统完全瘫痪，给企业造成巨大损失。因此，信息安全是国家安全的血液，在互联网信息时代中，没有互联网的信息安全，国家的经济、政治、军事等安全将无法保障，互联网信息安全已成为国家安全的关键要素和主要内容，并逐渐成为整个社会安全的基础。

2. 互联网信息安全是一种整体性保护

互联网中的每个信息点都相互连接着，其中任何一个信息点、任何一个信息传播环节的安全都是不可或缺的。这些信息点和信息传播环节的安全，就像构成信息网络安全"水桶"的木板，任何缺失都会如"短板"一样决定信息安全"水桶"的安全程度。因此，互联网信息安全不是由个别信息点、信息传播环节或者是大多数信息点、信息传播环节来决定的，而是互联网中最薄弱的信息点、最薄弱的信息传播环节的安全水平代表了信息安全的整体水平。由于互联网的信息安全关系着互联网的整体性安全;而互联网又连接着社会生活的方方面面,连接着世界的每一个国度,因此,互联网的整体性安全又关系着社会的整体性安全和世界的全局性安全。所以,互联网信息的整体安全,甚至一个信息点的安全、一个信息环节的安全都事关着社会的整体性安全。互联网信息的整体性安全要求对互联网信息安全的维护,不仅仅是监管互联网信息安全的主管机关、专门机构的责任,而是互联网信息安全的监管者和被监管者的共同社会责任;同时,由于互联网信息安全问题的跨国性,维护互联网信息安全已不仅是单一某个国家的责任,而是整个国际社会的共同责任。

3. 互联网信息安全是一种积极性的保护

目前,互联网信息安全问题的治理,从传统的被动"消除威胁"发展到国家积极地去加强相关方面的"控制力"和"影响力"。一方面,由于互联网信息技术总是不断发展的,任何信息安全都只是某个时间段的相对安全。因此,必须不断地进行技术创新,占领信息技术发展的制高点,积极地追求国家互联网信息的安全。任何消极应对信息安全的观念、做法,带来的只是"暂时的安全"而非"真正的安全"。另一方面,互联网与生俱来的属性,使得任何组织或个人都可以较为便利地通过网络与国家对抗,网络犯罪行为的方式简单灵活、成本较低,且不受地域影响和国界限制,甚至一个人就可以引起一场足以影响整个网络社会的信息安全事件。这绝不是危言耸听。

如被称为世界上"头号计算机黑客"的凯文·米特尼克,他是第一个在美国联邦调查局"悬赏捉拿"海报上露面的黑客。米特尼克在15岁时,就闯入了"北美空中防护指挥系统"的计算机主机,同另外一些朋友翻遍了美国指向苏联及其盟国的所有核弹头的数据资料,然后又悄无声息地溜了出来。这成为了黑客历史上一次经典之作。这件事对美国军方来说已成为一大丑闻，五角大楼对此一直保持沉默。事后，美国著名的军事情报专家克赖顿曾说："如果当时米特尼克将这些情报卖给克格勒，那么，他至少可以得到 50 万美元的酬金。而美国则需花费数 10 亿美元来重新部署。"不久之后，他又进入了美国著名的"太平洋电话公司"的通信网络系统。他更改了这家公司的计算机用户，包括一些知名人士的号码和通信地址。太平洋计算机公司开始以为计算机出现了故障，经过相当长时间，才知道自己的系统被入侵了。在太平洋公司捣乱之后，米特尼克又闯入了美国联邦调查局的网络系统，发现联邦调查局正在调查他自己。于是，米特尼克立即施展浑身解数，破译了联邦调查局的"中央计算机系统"的密码，开始每天认认真真地查阅"案情进展情况的报告"，并恶作剧式地将几个负责调查的特工的档案调出，将他们全都涂改成了十足的罪犯。1994 年到 1995年期间，米特尼克成功地入侵了美国摩托罗、美国的 NOVELL、芬兰的诺基亚、美国的 SUNMICROSYSTEMS 等高科技公司的计算机，盗走了各式程序和数据。根据这些公司的报案资料，FBI 推算的实际损害总额高达 4 亿美元。

　　2011 年 12 月 21 日，我国国内最大的程序员社区 CSDN 上的 600万个用户资料被公开，同时黑客公布的文件中含有用户的邮箱账号和密码。22 日，继 CSDN 信息安全事故出现之后，网上更是传出包括天涯网、当当网等多家互联网公司的用户被公开的消息。随后，包括奇虎 360 和金山都相继发布警告，通知相关用户尽快更新密码。12 月21 日，360 安全卫士在微博披露："今日有黑客在网上公开了 CSDN 网站用户数据库，包括 600 万余个明文的注册邮箱账号和密码。CSDN是国内最大的程序员网站，请广大程序员务必重视并尽快修改密码，包括 CSDN 账号密码，以及采用相同注册邮箱和密码的其他网络账号，如邮箱、微博、购物网站、聊天软件等账号，以免蒙受盗号损失！"同日晚间,CSDN 就在其官方网站上贴出了相关的公开道歉信,公开信中披露,目前泄露出来的 CSDN 账号数据基本上是 2010 年 9 月之前的数据,泄露原因正在调查中。在此次事件中,CSDN 此前采用的明文密码方式被认为可能是"罪魁祸首"。CSDN 还在这封道歉信中透露,CSDN 网站早期使用过明文密码,使用明文是因为和一个第三方chat 程序整合验证带来的,后来的程序员始终未对此进行处理。一直到 2009 年 4 月当时的程序员修改了密码保存方式,改成了加密密码,但是直至 2010 年 8 月底 CSDN 才清理掉所有明文密码。采用明文密码是一个相对低端的模式,很容易就被黑客破解。随后,CSDN"密码外泄门"持续发酵,天涯、世纪佳缘等网站相继被曝用户数据遭泄密。天涯网于 12 月 25 日发布致歉信,称天涯 4000 万个用户隐私遭到黑客泄露。12 月 29 日下午消息,继 CSDN、天涯社区用户数据泄露后,互联网行业普遍人心惶惶,而在用户数据最为重要的电商领域,也不断传出存在漏洞、用户泄露的消息。2012 年 1 月 9 日,几乎让互联网裸奔的"CSDN 泄密门"事件传出最新消息,两名涉案黑客已经被抓,还有部分人员尚未落网。①

2012 年 6 月 3 日,一家名为 Swagg Security 的黑客组织宣布,已经攻破了华纳兄弟和中国电信的网络,并发布了相关文件和登录证书。Swagger Security 又称 SwaggSec,该组织上周日通过海盗湾的文件连接分享了上述信息。自今年以来,SwaggSec 一直非常活跃,还曾窃取了富士康订购系统中的用户名和密码。SwaggSec 称,中国电信的数据包含 900 个网络管理员的用户名和密码,这些信息是通过一个不安全的 SQL 服务器获得的。电信方面对此也迅速采取了一些应对措施,并迅速转移了 SQL 服务器,但 SwaggSec 在中国电信的网络中

---

① 中国评论新闻网:《"密码危机"发酵,拷问中国网络安全》,2011 年 12 月 28 日。

植入了一条信息,以此通知该公司。这个 SQL 服务器已经被移除,但问题并未解决。并称:他们应该感到庆幸,我们没有破坏他们的基础架构,也没有导致数百万用户无法使用通信服务。最终也证实了,该黑客组织也仅仅为了炫耀一下自己的战果,并非为了其他目的,目前对国内用户的通信服务未造成实质影响。[①]

一般来说,黑客对某一网站进行攻击的主要目的有三个:一是行为人向外炫耀自己的技术实力;二是为了击垮或毁坏他人的信息防御系统;三是为了直接的经济利益。起初有业内人士认为 SwaggSec 黑客组织对电信的攻击直接目的是为了财务,因为该组织攻击的是电信的门户网站,而电信的门户网站互联星空,其用户账号密码是与手机号及宽带账号绑定的,通过账号可以进行付费活动,而且互联星空是中国电信互联网应用业务的统一品牌,聚合了大量 SP(移动网增值业务)的内容和应用,其提供宽带及手机号对 Q 币、QQ 会员等产品进行在线充值,还可以进行水、电、气的缴费等业务。黑客盗取中国电信 SQL 服务器的管理员密码,可能是为了破解一些付费账号,从中获取利益。此外,消费者通过互联星空账号购买增值服务,其资费将被直接计入其宽带账号或手机账号中,因此,即便被盗号消费,用户也难以察觉。不过还好,该黑客组织也仅仅为了炫耀一下自己的战果,并非为了其他目的,也未对国内用户的通信服务造成实质影响,否则,黑客获取的管理员信息可能会对电信网络业务互联星空的账号安全造成威胁,导致的后果将不可估计。

这两个例子仅仅是诸多网络安全事件的冰山一角。因此,我国对互联网信息安全问题的治理必须始终处于积极防御的态势,确保一旦遇到信息安全问题,能够具有及时预警、快速反应和信息恢复的能力。

---

① 凤凰网:《中国电信网络遭黑客入侵,900 个管理员信息泄露》,2012 年 6 月 4 日。

因此,互联网信息安全是一种积极性的安全,只有具备积极性才能保持其安全性。

4. 互联网信息安全是一种战略性的保护

在国家的战略层面上,信息网络社会已经作为一国对他国进行意识形态渗透、推广其价值观和争夺国际资源的重要战场和平台。由于互联网信息安全问题具有很强的隐蔽性,其引发的后果具有延时性,如果一个国家的信息技术在核心技术、关键领域不能达到自主控制的能力或自主控制能力尚不强,国家基础网络和核心信息系统仍在一定程度上依赖国外软件、硬件设备,甚至配套的技术服务也由国外公司承担,虽然这对国家的安全不会立即造成危害,但长远来看,由于这些软、硬件设备中可能存在技术后门或隐藏指令,难以避免在以后的非常时期受制于人而导致威胁、危害的发生。

最为明显的例子就是我国计算机普遍使用的微软操作系统。操作系统是计算机系统中的关键部分,是所有应用软件发挥作用的平台。目前国内的大部分计算机都使用微软公司的操作系统,微软公司产品的源代码是保密的,其产品的安全策略、安全隐患及产品缺陷都只有微软才掌握,操作系统存在的任何问题也只有微软自己才能修改。对于用户,尤其是对各国政府机构、金融、证券等涉及国家安全的重要部门而言,缺乏最基本的安全保障。而按照中国市场发展的增长趋势,中国今后每年却要为这样一套缺少安全保障的操作系统支付数百亿的版权费用,并且还存在巨大的安全隐患。"计算机的操作系统是信息化最根本的基础平台,一个国家没有自己的操作系统平台,就像在别人的地基上盖房子,带来的风险和制约非常大。"全国政协委员黄庆勇指出,目前,我国的操作系统等基础软件完全依赖国外进口,特别是在国防、金融等关键领域大量应用国外软件,将会直接威胁我国国家安全。

为摆脱对美国微软系统的依赖,目前欧洲国家已研发了源代码公开、客户免费使用的自由软件,成为了成熟的操作系统。我国中科院也研发了国产的红旗计算机操作系统,该系统是目前国内唯一拥有全部核心技术的中文操作系统,在技术水平上与国际同类产品同步,在中文处理方面居于世界领先地位。该操作系统的诞生对打破微软在中国的垄断地位,保护我国信息系统的安全,促进民族软件产业的发展具有重要的战略意义。红旗系统改进了内核,增加了设备驱动程序,简化了安装、配置过程,开发出了友好的界面,具有强大的硬件兼容性和数据库支持能力,并针对不同的应用需求提供了各种流行的网络应用服务,使原来的应用软件100%可以在新系统上使用。但非常遗憾的是,这套操作系统目前在国内的普及程度还远远无法和美国微软系统相比。

二、我国互联网信息安全与保护的成就及问题

在这个互联网信息占主导的社会,一个国家的信息实力直接决定着一个国家的综合国力。由于我国互联网发展的时间相对较晚,导致信息化产业的发展相对滞后,但随着政府对信息化产业发展的日益重视,特别是在21世纪后,我国互联网信息建设的速度在迅速加快。为加快信息化建设,政府提出了国民经济和社会信息化的战略任务,同时在结合我国具体国情的基础上,政府初步确立了一条具有中国特色的信息化发展道路。在信息化发展水平得到迅速提高的同时,我国的信息安全问题也日益受到政府与社会的广泛关注,在互联网信息安全管理方面也取得了一系列的成就,例如政府加强了对互联网信息的国家宏观管理和支持力度,信息安全技术产业化工作也在顺利地推进,有关信息安全的立法也取得了一系列的成果,同时也积极参与了国际

信息安全事务的交流与合作等。但是,总体来看,我国互联网信息安全形势依然不容乐观。

(一)我国信息安全与保护的主要成就

互联网产业作为国家重点推进的战略性新兴产业,在政府高度重视并大力发展下,保持了快速发展的势头,且取得了显著成果:网民数量平稳增长,产业规模迅速扩大,商业模式不断创新,应用领域不断延伸,服务内容不断丰富,微博、电子商务、移动支付等各种应用继续保持高速发展,行业监管和信息安全保障工作有序开展。目前,我国信息安全取得主要成就如下。

1. 信息安全产业发展迅速

对信息安全的重视和其本身的重要性推动了我国信息安全产业的发展,自 2000 年 6 月,国务院发布关于鼓励软件产业和集成电路软件的若干政策以来,中国软件产业飞速发展。2010 年软件产业收入为 1.33 万亿元,比上年增长 31%。软件产业占电子信息的产业比重,由 2000 年的 5.8%,上升到 2010 年的 18%,软件产业增加值,占 GDP 的 1% 以上,成为名副其实的支柱产业,占全球软件服务业的份额超过 15%。① 2010 年中国信息安全产业规模约 300 亿元,产品类型日益多样,软硬件系统、防护体系协同推进。同时根据《2011 年全国工业和信息化工作会议报告》显示,我国宽带网络基础设施深入推进,新技术、新业务、新业态加快发展。3G 网络已覆盖全国所有县城及大部分乡镇。截至 2011 年 11 月底,固定互联网宽带接入用户达到 1.55 亿户,3G 用户数达到 1.19 亿,其中 TD 用户 4800 万户。三网融合稳步推进,广电、电信业务双向进入取得一定进展,企业合作、产业协作模式

---

① 中国新闻网:《中国信息安全产业发展迅猛,规模达 300 亿元》,2011 年 7 月 16 日。

创新力度加大,新业态逐步形成。三网融合基础设施建设加快推进,向用户提供业务的条件已经具备,配套产品研发、产业支撑能力不断提高。网络信息和文化安全监管得到加强。截至 2011 年 11 月底,全国 IPTV 用户已超过 1100 万户,手机视频用户超过 4000 万户。这些信息安全产业的发展,对提升国家的信息安全有重要意义。2012 年 5 月 9 日国务院专门召开常务会议,研究部署推进信息化发展、保障信息安全工作,并通过了《关于大力推进信息化发展和切实保障信息安全的若干意见》,支持信息安全产业的发展。

2. 信息安全方面的立法工作突出

2000 年以来,我国制定了《关于维护互联网安全的决定》、《电信条例》、《互联网信息服务管理办法》等一系列涉及互联网安全的法律法规。尤其是 2012 年 12 月全国人大常委会通过的《关于加强网络信息保护的决定》从公民个人电子信息保护出发,对合理垃圾电子信息、网络身份管理以及网络服务提供者和网络用户的义务与责任、政府有关部门的监管职责等作出了明确规定。该《决定》为加强公民个人信息保护、维护网络信息安全提供了法律依据,表明了我国依法合理网络信息的坚定态度。

3. 互联网信息的管理工作进一步得到加强

由于信息安全的重要性越来越受到全社会的关注,政府对互联网信息安全的管理工作也在不断加强,特别是 2011 年 5 月 4 日,我国设立国家互联网信息办公室作为我国互联网信息管理领域的最高权力部门,这标志着我国互联网管理上了一个新的高度。国家互联网信息办公室的主要职责包括,落实互联网信息传播方针政策和推动互联网信息传播法制建设,指导、协调、督促有关部门加强互联网信息内容管理,负责网络新闻业务及其他相关业务的审批和日常监管,指导有关部门做好网络游戏、网络视听、网络出版等网络文化领域业务布局规划,协调有关部门做好网络文化阵地建设的规划和实施工作,负责重点新闻网站的规划建设,组织、协调网上宣传工作,依法查处违法违规网站,指导有关部门督促电信运营企业、接入服务企业、域名注册管理和服务机构等做好域名注册、互联网地址(IP 地址)分配、网站登记备案、接入等互联网基础管理工作,在职责范围内指导各地互联网有关部门开展工作。它的设立使得我国互联网"政出多门"的多头管理体制,得到了一定程度的整合,而且进一步加强了对互联网信息的管理。同时,《2011 年全国工业和信息化工作会议报告》显示,我国加大了对电信市场的监管和互联网行业的管理。2011 年督促 152 家电信企业对违规行为进行了整改,开展了整治网络低俗信息等专项活动,处理违规网站约 3500 家。我国也加强了网络与信息的安全,重点工程建设和技术手段下沉有效推进,信息安全监管和网络安全防护工作深入拓展,开展了互联网新技术新业务安全评估,网络运行安全监督取得成效,应急通信保障能力显著提升,圆满完成多项重大活动保障和突发事件处置任务。并且也进一步加强了对无线电管理的工作,保障了通信、交通、航天、气象、军队等部门及国家科技重大专项的无线电频谱和卫星轨道资源需求,维护了空中电波秩序,提升了安全保障能力。

(二)我国互联网信息安全与保护的现有问题

虽然我国互联网信息技术发展很快,在信息安全方也取得巨大成就,但由于信息本身所具有的易传播、易扩散、易损毁等特性使得信息安全也容易受到威胁和损害,信息安全的管理工作还有待于进一步提升,信息安全的防护形势仍然比较严峻,信息安全的隐患依然存在,信息安全存在的问题还很多。

1. 法律体系不够健全

如果说信息技术是信息安全产生的前提,那么法律法规则是信息安全的有力保障。健全的法律体系是确保国家信息安全的基础,是信息安全最有力的一道防护线。目前,对信息安全方面的立法体系已经形成了法律、行政法规、部门规章及规范性文件等多层面、多位阶的法律法规体系。但与我国互联网突飞猛进的发展速度相比,我国互联网管理的法律法规体系仍不健全,仍然存在着一些缺陷。一是现有的法律法规在内容上存在许多交叉重复的现象,而且这些内容的规定常常出现相互抵触的情形,这些法律法规对一些信息标准的规定也是比较抽象的,在具体实践中,缺乏可操作性。此外,这些法律法规整体上来看还是比较零乱的,没有真正形成一个相互补充的完备体系。二是某些信息领域还存在着立法空白。特别是在涉及网络规划与建设、数据的法律保护、电子商务规则、电子资金划转的法律认证及计算机证据等方面时,法律法规缺乏,法律法规建设跟不上信息技术发展的需要。如《电信法》,从 1980 年开始起草,到送交国务院法制办审议,到今天已经 32 年光阴至今没有结果。三是在整个信息安全的法律体系中,等级效力高的法律规范很少,绝大部分是国务院及相关部委颁布的行政法规与行政规章,法律的等级效力较低,导致在执行过程中的执行力度不够。

2. 当前互联网信息管理存在的问题

在互联网信息管理和安全防范方面,政府的相关部门做了大量工作,也取得了一定成效,但现实中还是存在一系列问题,最典型的就是安全管理和行业管理的不平衡性。要解决好互联网信息安全的问题,必须要充分发挥行业管理部门的作用。但我国目前对行业管理的重视和投入远远不及安全管理,作为对互联网信息安全管理的专门性部门国家互联网信息办公室才刚刚成立。除此之外,对互联网信息安全享有管理权的部门甚多,有公安部门、广电部门、工信部门、文化部门、教育部门等,这些部门无论是从人员上来讲还是从机构设置上来讲,其力量都是雄厚的,市、县均设有机构、配置人员,如公安部门的每个地市的网监人员就达 30~40 人,一般比互联网行业管理部门的省级机构人员还多。此外,互联网行业管理部门的设立还是停留在省一级,还未能设立市级机构。所以,管理问题中最突出的问题就是安全管理和行业管理的不平衡问题,欲要管理好信息安全问题,必须协调好安全管理和行业管理的关系。在管理中还有个比较突出的问题就是管理人员的安全意识不强,甚至还会出现轻视信息安全的不良意识。

3. 国家信息安全基础设施建设问题

互联网所带来的一系列新挑战,归根到底是由于新技术的不断发展。对于新技术所带来的问题,还需要新技术自身来解决。但是,目前我国的信息基础设施中的网络、硬件、软件等产品大部分的研发都是建立在国外的核心信息技术之上的,并且我们缺乏自主的计算机网络和软件核心技术,导致所需的大量微电子组件及集成电路仍然需要依赖进口,对于一些高技术含量的产品,如路由器、服务器、交换机等的生产开发能力还不强,操作系统软件以及应用软件多被外国公司所垄断。此外,在技术创新上,我国与发达国家相差较大,尤其是在多协议的适应性、多接口的满足性及多平台的兼容性方面还存在许多不足,在系统安全和安全协议方面的差距则更大。这些问题的出现,使得我国在信息的核心技术及产品方面是受制于人的,而这些国外的硬件、软件,其中可能有着严重的信息安全隐患。

三、影响互联网信息安全与保护的因素

影响互联网信息安全的因素有很多,可以说互联网所涉及的领域,都会有威胁互联网信息安全的因素。了解影响信息安全的因素是

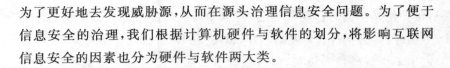

为了更好地去发现威胁源,从而在源头治理信息安全问题。为了便于信息安全的治理,我们根据计算机硬件与软件的划分,将影响互联网信息安全的因素也分为硬件与软件两大类。

(一)硬件因素

1. 外部不可抗力

外部不可抗力主要指一些水灾、火灾、雷击、地震、电磁、辐射、温度、湿度等因素,影响互联网信息系统的正常运行。这些影响信息安全的因素一般都是人们所不能左右的,当互联网信息系统在运行时遭遇到这些不利外部环境时,势必会对信息系统造成可能是无法估量的损失,除了对硬件设备造成损坏外,更重要的是使存储于设备中的信息数据丢失,从而对信息安全造成威胁。

2. 信息运行的基础设施

作为信息系统运行载体的基础设施,也是制约信息安全的重要因素,只有基础设施保存完好,信息才能在网络社会进行流通,才能有信息安全问题出现的可能。基础设施对信息安全的威胁主要体现在以下几个方面:一是基础设施的物理损坏,如硬盘损坏,设备使用寿命到期,外力破坏等;二是受到外部环境的影响,设备出现故障,如雷击、地震、电磁干扰等;三是机房内部设备如空调,机房构件如地板、天花板、隔层、消音材料等这些都可能间接对信息安全构成威胁。

(二)软件因素

1. 缺乏自主创新的信息核心技术

目前,我国还没有完全掌握或没有掌握互联网的核心操作系统和一些软件的关键技术,在信息化建设的进程中,也就缺乏一些自主技术的支撑,所使用的应用软件、芯片、操作系统和数据库大多依赖进口,即使是国内自己研发的芯片,其中所有的核心部件大多都是来自于国外的,甚至自己研发的芯片,也需要到国外加工。近年来,我国引进了不少国外技术设备,但这些设备大部分是不转让知识产权的,因此,我们很难获得完整的技术资料,这就在技术上受制于人,不便于为今后的技术扩容、升级和维护。我国的信息系统安全,正如信息安全专家、中国科学院高能物理研究所研究员许榕生所阐述的那样:"我们的网络发展很快,但安全状况如何?现在有很多人投很多钱去建网络,实际上并不清楚它只有一半根基,建的是没有防范的网。有的网络顾问公司建了很多网,市场布好,但建的是裸网,没有保护,就像房产公司盖了很多楼,门窗都不加锁就交付给业主去住。"总之,目前我国互联网所使用的网络设备和软件基本上来自国外的现状,使得我国互联网信息的安全性能大大降低,甚至被认为是易窥视、易打击的"玻璃网"。由于缺乏自主创新的核心技术,我国的互联网信息安全常常处于被窃听、被干扰、被监视的威胁中,信息安全处于脆弱的状态。

2. 互联网信息安全意识淡薄

尽管互联网信息安全密切关系着网络社会的安全,甚至关系到一个社会的稳定、一个国家的发展。但在我国当前对有关互联网安全的问题上,还存在着不少的认知盲区。如全社会对互联网信息安全的意识还比较淡薄,对信息安全也缺乏常识性的了解。对一部分网民而言,网络是个新生事物,他们一接触就忙着网上学习、工作和娱乐等,对互联网信息的安全性"无暇顾及",安全意识淡薄,就算遇到了不安全网络信息的情况依旧掉以轻心。有些网络主体,如网络的经营者和机构用户,他们注重的是网络所带来的经济效益,对信息安全的投入和管理远不能满足于安全防范的要求。从社会整体来看,互联网信息安全是处于一种被动地封堵漏洞、防范危险的状态,社会普遍存在着侥幸心理,没有形成一种主动防范、积极应付的安全意识。虽然政府部门在信息安全方面已采取了相关保护措施和治理计划,但就影响效果来看,还不能从根本上解决目前的被动局面,整个信息安全系统在预警防范方面,缺少主动性和应对能力。

3. 互联网信息管理存在问题

首先,互联网信息安全管理方面的综合素质人才缺乏。目前,从事信息技术管理的人员不具备安全管理所需的能力,信息安全管理方面的人才又无法适应信息安全形势的需要。其次,互联网信息安全缺乏制度化的防范机制。没有制度保障的信息安全必然因缺乏规范化、长效性的保障而常常受到威胁。目前在整个信息安全运行的机制过程中,仍有许多单位还没有从建立相应的安全防范机制,缺乏有效的安全检查和应对保护制度。再次,信息安全问题缺乏综合性的解决方案。由于互联网技术的发展是复杂多变的,大多数用户在遇到信息安全问题时缺乏综合性的安全管理的解决方案,稍有安全意识的用户大多依赖防火墙或加密技术等,缺乏入侵检测、风险评估和漏洞检测、防病毒和内容过滤、防火墙和虚拟专用网,以及企业管理解决方案等一整套综合性的安全管理的解决方案。最后,信息保护的安全措施不到位。由于互联网具有综合性和动态性特点,互联网不安全因素也由此而出。部分网民对此缺乏认识,未进入安全状态就急于操作,最终导致敏感数据在不安全的情况下予以暴露,也使信息系统增大了提前遭受风险的可能性。

4. 其他因素

当然构成信息安全威胁的因素还有很多,如黑客攻击、病毒传播、网络犯罪、信息恐怖主义、分裂势力的网络政治动员等。

四、互联网信息安全解决方案

高速发展的互联网行业,已渗透到政治、经济、文化、社会、教育、家庭等各个方面,改变了人们的生产方式和生活节奏。与此同时,互联网的发展也带来了不少社会问题,越来越多地涉及公共安全,甚至在一定程度上危及到国家的主权和社会稳定。因此,互联网安全问题的有效治理是政府的职责,也是每个社会成员的义务。互联网安全问题中的信息安全,更是事关国家安全、社会稳定的重要问题。对信息安全的保障能力是一个国家综合国力的重要组成部分,应当将其上升到国家安全保障的高度,把其作为一项基本国策加以重视。如何确保互联网信息安全、提升信息安全保障能力,是一个关系到社会中每一个个体切身利益的问题,也是一个政府需要解决的问题,更是国际社会所共同思考的问题。

(一)加大研发具有自主知识产权的核心技术

建立在引进他国先进技术基础之上的信息安全是绝对不安全的。要彻底解决我国信息安全中存在的受他国威胁的隐患,当务之急就是加强对信息技术的自主创新能力,大力研发出属于我国自己的互联网信息安全技术。

1. 加大对互联网信息安全技术的研发力度

网络技术的快速发展使得任何网络软件都存在技术上的缺陷,不可能有永无缺陷、永无漏洞的网络软件。这些存在漏洞和缺陷的软件一般都是网络遭受攻击(如黑客攻击)的潜在目标。同时,软件的"后门"也是网络信息安全的重大隐患。因此,要确保互联网信息的安全,不仅需要一些具体的安全产品的保障,更需要确保网络软件的安全,尤其是计算机操作系统软件和网络应用软件。要确保网络软件自身安全的前提就必须由自己进行研发软件系统。而目前在核心技术的掌握上,由我国完全自主研制开发的计算机中央处理器和操作系统产品基本没有,采用的产品基本都是来自外国的,这对我国信息安全构成巨大的威胁。所以，我们应该加大对核心技术研发方面的投入，培养核心技术型人才，提高自主研发能力，争取在尽可能短的时间内，研发生产出以我国自主知识产权技术为核心的技术产品，以取代外国的技术产品。对那些不得已而采用的国外技术产品，我们也应该走引进、消化、吸收、创新的道路，加快该种类技术产品的本地化步伐，最终用国内研发改进的技术产品替代国外的技术产品。

2. 给予信息安全产业优惠政策

互联网信息安全产业在经济社会发展中起着基础性、战略性作用，信息安全产业属于高新技术产业，信息安全产品对技术的要求非常高，西方发达国家对信息安全产业的政策支持力度非常大。而我国目前在这方面还是处于落后状态，与发达国家存在的差距还是比较大的。因此，国家更应该加大对信息产业、信息产品方面的资金投入，在税收、贷款、教育等方面予以政策倾斜和扶持，为信息安全产业的发展提供国家政策。需要注意的一点是，我们在给予信息安全产业优惠政策的出发点不能仅仅从追求最大经济效益出发，不能完全以经济效益作为判断信息安全产业发展好坏的依据，我们应该站在国家利益和社会利益的高度来加大对信息安全产业的政策支持。

3. 加快建立自己的根域名服务器

域名系统的结构是一种典型的树型结构，美国现已占据了系统的树根部分，即独自掌控着根域名服务器，所有加入互联网中的国家是处在树的枝杈或树叶部分，这对一国互联网的运行是非常不安全的。如果本国没有域名根服务器，那么国内的域名服务器首次解析某个域名时，就需要从国外的域名根服务器获得顶级索引。目前，我国已引进了域名根服务器的镜像服务器与.COM/.NET服务器的镜像服务器，在一定程度上解决了我国互联网用户的网速问题和安全问题。同时，由于注册国家顶级域名可以提高本国域名的国际竞争力，有助于维护本国的网络安全和国家利益,增加其在互联网域名监管上的话语权,各国正在加速国家顶级域名注册,而且越发达的国家,越注重本国顶级域名的发展。各国注重本国顶级域名的发展,不是单纯地只考虑经济方面的利益,更多是考虑到国家信息安全方面的原因。因此,我们也要加快推进国家顶级域名 .CN 的注册、使用,改变国内用户过度注册国外域名的现状,提高我国域名的国际竞争力,也增加我国在互联网域名监管上的话语权,维护我国的网络安全和国家利益。

(二)完善互联网信息安全的法律制度

互联网信息安全问题的解决需要技术的不断发展、创新,但仅依靠技术手段来解决信息安全问题是远远不够的,法律也是互联网信息安全的一道保障线,要使得互联网信息安全地运行,需要法律的手段来强化。所以,使技术性规范的法律化,建立健全完备的法律法规体系对于互联网信息安全的实现是不可或缺的。

1. 健全、完善我国目前有关互联网信息安全的法律体系

目前,我国的互联网立法层次较低,还没有一部关于互联网信息安全的专门性法律,基本是以行政法规、部门规章、规范性文件为主,在一定程度上缺乏权威性,而且相互之间也缺乏协调性。所以,我们要加快健全这些法律体系。要科学合理地建立健全信息安全法律体系,应当从几个方面来考虑。一是要提高互联网管制立法的法律位阶,由全国人大及其常委会来制定有关互联网信息安全的法律,避免用制定行政法规、部门规章及地方性法规的办法代替制定法律。二是尽快制定出专门的信息安全法,建立信息安全的法律机制,同时,在信息安全法颁布出台之前,可以根据互联网信息发展的需要,先着手制定一些急需的单行法律。三是要对现行的法律法规进行完善。一方面,对一些不符合网络社会发展的法律法规进行清理,予以修改或废

除;另一方面,根据法律位阶的高低,对一些存在冲突的法律法规进行统一协调,保持法律体系的统一性。

2. 把立法工作纳入国际法律体系中,加强国际立法合作

互联网的发展使人们信息交流和信息资源的共享几乎不受距离和时间的限制,这使得地域界限变得几乎没有意义,也使得信息安全趋向了国际化。所以,只有世界各国都行动起来,让各国的法律相互接轨、协调,形成一个严密的国际法律合作体系,建立一套国际上通用的有关信息安全的国际法体系,才能真正地打击那些有关信息安全的违法犯罪行为,确保世界各国乃至于整个人类社会的网络信息安全。因此,我国在制定有关互联网信息安全的法律法规和政策的时候,充分借鉴各国的立法经验,与各国通行的做法接轨,要特别注意和现有的国际规则保持某些一致性和兼容性,如在立法思想、方式方法以及一些具体法律法规等方面。此外,我们也要积极主动地参与互联网国际规则的创设立法过程中去,要在国际规则的立法过程中发出我们的声音,以维护我国的实际利益。我国已经在互联网技术上落后发达国家了,有关互联网技术的国际标准均是由西方国家制定的,如果仍在互联网国际规则的制定上缺乏自己的利益诉求,那么势必会使我国互联网信息安全的保障处于一个极为被动的位置。

3. 尊重和借鉴互联网发展过程中所形成的"习惯法"

互联网经过多年的高速而自由的发展,网络空间中已经形成了许多相对现实社会而言是独立的一套规则、礼仪和标准。这些规则、礼仪及标准对网络社会的有序发展起到了"准法律规范"的作用,可谓是网络社会中的"习惯法"。立法部门在进行互联网信息安全立法时,要认识到这些已经存在的"习惯法",并对这些"习惯法"进行分类收集,在具体立法程序中,参考和借鉴那些合理的、具有可操作性的规则,将它们纳入现实的法律体系之中。这样制定的法律,既能达到保障信息安全的目的,又能使得其与网络社会的发展相协调。

(三)健全国家互联网信息安全的管理体系

互联网信息安全问题的解决最终还是要回到管理中去,解决问题的关键就是要健全国家互联网信息安全的管理体系。

1. 在国家层面上制订"互联网信息安全计划"

对互联网信息安全的治理要有战略的高度,我们要在国家层面上制订出一个具有宏观指导意义的"互联网信息安全计划"。在充分研究和分析我国互联网信息领域所面临的内外威胁的基础上,结合我国互联网信息安全的现状,借鉴国内外互联网信息安全治理的经验,制订出一个能全面加强和指导国家政治、军事、经济、文化以及社会生活各个领域的互联网安全防范体系的计划,把它作为互联网信息安全保障工作的总的指导思想,并建立相应的机构来完善这项计划,且向立法机关提出立法建议,在条件允许的情况下,通过立法机关把某些计划上升到法律的层面。

2. 加强对有关互联网信息安全产品的监管

互联网信息安全产品从以防治计算机病毒为主发展到现在的多种类、多层次的安全防护技术体系,我们的管理应该与之相适应,加强对这方面信息安全产品的监管。例如,我们要进一步完善国家的信息测评认证体系,对于那些进入中国市场的核心技术产品,如服务器、大型机、处理器芯片、防火墙等必须经过专门的安全技术测试,检测合格后方能进入中国市场。其中对于国内已经有的并且性能超过国外产品的安全产品,要在政策上予以扶持,加大政府采购力度。同时,我们要建立一个能达到全局协调效果并且功能齐全的安全技术平台,包括技术防范、应急响应及公共密钥等技术系统,把其作为互联网信息安全管理系统的重要组成部分。

3. 加强对专业人员的管理

对于互联网信息安全管理,即使有一套完备的法律体系,但如果让一些素质不高的人员去执行这些完备的法律,那么不仅会导致无法实现这些法律的目标,相反还可能出现削弱互联网信息安全的反作用。同样,即使采用了最先进的安全防范技术,如果不对管理人员的权限进行有效明晰合理的分配,那么管理人员肆意越权操作,安全技术同样不能发挥效用;如果不对专业管理人员进行长期的专业培训,强化其业务素质和应付突发事件的能力,那么当真正遇到网络危害突发事件时,必然会措手不及。因此,应该加强对专业人员的管理,制定、实施严格的规章制度。同时,也要及时地加强信息安全的培训,使得专业安全人员能够胜任对网络进行管理、维护和升级等工作。

4. 加大宣传,提高网络用户的安全防范意识

互联网是一个由用户和网络组成的、开放的、十分复杂的庞大系统,网络社会中的人既是互联网发展的基本动力,也是确保互联网信息安全的最终防线。因此,对互联网信息安全的治理要面向所有网络用户,政府部门一方面依法采取一些积极的治理措施,另一方面也应向广大网络用户组织开展多层次、多方位的信息安全宣传和培训工作,提高网络用户的安全觉悟,增强他们的安全防范意识。特别是在社会组织中,主要负责人应将互联网的安全防范意识与责任意识、法律意识、保密意识联系起来,把单位的互联网信息安全工作纳入到一个人人负责的安全管理体制中。

(四)加强互联网行业组织的作用,提倡行业自律

互联网信息安全问题的治理,既需要宏观政府层面的调控,又需要微观的行业组织的自律管理。我国目前的互联网管理模式是政府主导型的管理模式,虽然这种管理模式有着许多优点,但同时也存在

一定缺陷,如个别互联网监管问题的主要产生原因就在于行政权的扩张,把本可以通过社会自主管理的事物都纳入了行政权管辖的范围。同时,在具体的互联网行政管理中,行政管理没有脱离传统行政执法手段,管理人员的思想受到了传统行政权力意识的桎梏,出现了大量行政管理过死,管理效率低下的局面。

事实上,互联网行业组织是互联网信息安全治理的重要组成部分,我们不应该忽视了行业自治的力量。互联网行业组织在管理中更贴近管理的对象,了解管理对象的需求,知道管理中哪些环节存在问题,管理更有效率。与政府管制相比,行业组织的自律管理常常能够较好地把握规范与自由、管理与发展之间的平衡,不会出现像政府管理那样会因为管理过度而阻碍互联网技术发展的情况。而且,由于互联网所具体的特性,仅仅依靠能力有限的政府部门来管理,是根本不可能在技术能力、人力、资源等多方面承担巨大的互联网监管工作的。此外,网络社会自从其诞生的那一刻开始就是一个高度自由、高度自治的社会领域,推动网络行为规范制定的最初力量是那些信息产业中的从业者,而并不是政府机关。在互联网管理的实践中,行业组织发挥着重要的作用。如在国际互联网管理中,发挥重要作用的互联网组织有国际互联网协会、互联网名字与编号分配机构(ICANN)、国际电信联盟及亚太地区互联网协会等。国内互联网行业组织大多成立于2000年以后,如中国互联网协会、互联网违法和不良信息举报中心、中国青少年网络协会等,这些互联网自治机构,在互联网治理中做了许多工作,出台了一些相关的自律公约。但目前这些行业组织力量还比较弱小,受重视的程度还不够,自律作用的发挥常常受到行政的限制。因此,要充分发挥互联网行业组织的作用,就要大力发展社会自治组织的力量,充分利用互联网行业的各种非官方组织的优势影响力,协助政府管理好互联网信息安全的工作,在一些允许的领域直接承担一定的网络监管职能。

（五）加强互联网道德建设

互联网是人类最伟大的发明之一，它是为人类的发展应运而生的，它的每一个进步都是由人类的智慧所带来的，所以，互联网信息安全的问题表面上看是互联网管理的问题，其实质就是对人的管理问题，对互联网进行治理，其实质就是对人的管理。所以，仅仅靠技术或法律等外部途径对互联网信息安全的管理，效果往往不很明显，最根本、最有效的治理措施是提高互联网中每一用户的道德素质，发展良好的网络文化。

现在我国互联网信息安全问题较为突出的是网络病毒、网络欺诈、网络黑客、网络色情等现象，这些现象的出现都和网络用户道德失范有直接关系，网络道德的缺失，直接影响了我国互联网的发展。与此同时，我们还面对着西方文化中的腐朽的思想也通过互联网传播进本土网络领域的问题。这些现象的出现都对我国互联网信息安全产生巨大的威胁。为此，我们在通过技术、法律、管制等手段来解决这些问题的同时，也应该通过道德规范的手段来治理这些不良现象。一方面，我们应该在传统优良道德体系的基础上，制定出一套适合我国国情的、具有较强操作性的网络道德行为规则，倡导大众文明上网，依法、合理地利用网络信息资源。另一方面，政府、行业组织、社会等要加强对网络道德的宣传、教育，不断地帮助网络用户提高思想道德修养，树立社会主义的网络价值观，强化社会大众的道德责任意识，使网络道德观念深入人心。最终，在网络这个虚拟的社会中，形成一种具有中国特色的网络文化氛围，构建一个和谐、稳定、有序的网络社会。因此，我们不应把外部硬性管理作为互联网信息安全问题治理的唯一手段。建立一个"干净"的网络社会，不仅需要完备的法律体系和先进技术设备,而且更需要高尚的道德使互联网中的每个人都能自律、自重。

当然,确保互联网信息安全、提升信息安全保障能力的具体措施还有很多,以上的几个方面是比较典型的治理方式。我们在这里要强调的是互联网信息安全问题的治理需要先进的安全技术,但互联网的安全问题毕竟是一般社会管理层面更高层的问题,互联网信息安全问题的治理体系必须是一个全社会的综合集成体系,它应该是法律、道德规范、管理、技术和人的知识、智慧及谋略的总和。

第七章
网络犯罪的预防与治理

2011年1月12日晚，正在家中上网的南京市民孙先生收到了一条手机短信，称其"中行 E 令"将于次日过期，需尽快登录"www.bocty.com"进行升级。孙先生随即上网并登录了短信上所提供的所谓网址，输入用户名、密码等，很快页面显示升级成功。谁知10分钟后，当孙先生再次登录其中行官网的网银账户时，发现自己账户上的60万元现金不翼而飞。随后不久，市民徐先生也遭遇相同的情况，并被骗走100万余元。接到报案后，南京警方发现自1月以来，以"中行 E 令"升级为诱饵实施诈骗的犯罪在南京多有发生，受骗市民达数十人，被骗金额从上千元到数十万元不等。2月中旬，警方专案组分赴浙江、福建和广东三地同时实施抓捕，一举将易某等12名犯罪嫌疑人抓获。至此，这个在江苏、浙江等地猖狂诈骗数十起、涉案金额达200万余元的诈骗团伙被警方彻底摧毁。

网络社会的形成与发展为现实社会中的犯罪分子提供了一个新的犯罪领域，网络犯罪实质上是现实社会中的犯罪活动在网络社会中的一种体现与升华，但网络犯罪的社会危害性一点都不亚于现实社会中的犯罪，甚至有人把网络犯罪，特别是网络入侵作为21世纪仅次于核武器、生化武器的第三大威胁。因此，我们必须加强对网络犯罪问题的预防与治理。

一、网络犯罪的特点和表现形式

(一)网络犯罪的概念与特点

人类社会正进入一个新时代——互联网信息时代,互联网是一把双刃剑,它的迅速发展和广泛应用,一方面,使社会生产力获得了极大解放,改变了人们的生产与生活方式,促进了社会的大发展;另一方面,又给社会的发展带来前所未有的挑战,一些影响社会稳定的负面现象也随着互联网的兴起而出现,最为典型的就是网络犯罪。网络犯罪其实是现实社会中的犯罪在网络社会中的一种体现,也是部分传统的犯罪在网络社会中的再现。随着互联网普及程度的提高和互联网技术的不断发展,传统的违法犯罪活动开始向互联网领域渗透。所以,在一定程度可以这么认为,没有网络就没有网络犯罪。就这样,促进人类社会不断发展进步的互联网,又为违法犯罪的行为提供了新的犯罪空间,成为犯罪分子积极开拓的新领域,由此而产生的网络犯罪也成为信息时代重大的安全隐患。随着互联网技术的继续向前发展,新型的网络犯罪活动将会不断出现。

"网络犯罪"已经成为一个很热门的词汇了,那么究竟什么是网络犯罪呢? 从性质上看,网络犯罪在本质上和传统的犯罪性质一样,都是触犯国家刑事法律的行为,只不过这种犯罪行为所发生的地点处于巨大的互联网络上。从类型上来说,网络犯罪主要包括三大类型:一是传统的犯罪活动与互联网相结合而产生的新型犯罪形式,如网络盗窃、网络赌博、网上传播淫秽信息等;二是以互联网为工具,通过互联网来实施的传统违法犯罪行为,如利用计算机窃取国家秘密罪,利用计算机实施金融诈骗罪,利用互联网来实施洗钱的犯罪等;三是以互联网为直接的侵犯对象,危害互联网安全的犯罪行为,如破坏计算机信息系统罪,非法侵入计算机信息系统罪,在线传播计算机病毒等。这三种类型的网络犯罪再进一步归纳可以分为两大类。第一大类,即前两种类型可以归纳为利用互联网实施的犯罪行为或以互联网为工具的犯罪行为,其具体的形态有:利用互联网实施的危害国家安全和社会稳定的犯罪行为;利用互联网实施的破坏社会主义市场经济秩序和管理秩序的犯罪以及利用互联网实施的侵犯自然人的人身权和财产权的犯罪行为或侵犯法人、其他社会组织的合法财产权的犯罪行为等。第三大类,可称为对互联网实施的犯罪行为,其具体形态有:破坏或盗窃互联网信息资源或资产的犯罪行为;非法侵入计算机信息系统的犯罪行为;攻击互联网的犯罪行为以及擅自中断互联网或通信服务的行为。

网络犯罪一般是传统犯罪与网络技术的结合而出现的一种新的犯罪形态,在犯罪本质上,网络犯罪与传统犯罪具有同质性,但网络犯罪是依赖于网络而存在的,没有网络、没有网络技术就没有网络犯罪,和传统犯罪相比,网络犯罪具有以下一些特点和发展趋势。

1. 高智能化的新型犯罪

网络是现代社会高科技快速发展的产物,是人类智力水平达到一定高度的充分体现。网络犯罪是以网络为载体的,是高科技发展所带来的人类文明成果的特征,网络犯罪也具有高度智能性的特点,犯罪人员与其所使用的犯罪工具均不同于以往传统犯罪,它们的智能化程度均较高,主要体现在两个方面:一是犯罪主体人员的高智能性。网络犯罪作为网络发展的一种负面产物,是一种典型的智能型犯罪,实施这种犯罪的行为主体具有较高的网络专业技术知识和娴熟的操作技巧,熟悉网络中存在的缺陷和漏洞。在具体的犯罪过程中,他们能掌握时机最有效率地运用丰富的网络技术知识,利用覆盖面广泛的网络平台,攻破网络系统的安全阀门,或者打开各种数据库及其网络系统的密码,对网络信息系统进行破坏,以达到犯罪目的。二是使用的犯罪工具的技术含量与自动化程度均较高。一般来说,技术含量高的犯罪工具只有技术性强的人员才能掌控,由于这类人员大多是技术层面的精英型人才,数量较少,相对而言这类高智能的犯罪工具与犯罪主体所引发的犯罪占的比例较小。但有些高技术的犯罪工具对使用人员的技术水平要求并不高,这种利用互联网实施犯罪活动的情况还是比较多的,如使用群发电子邮件、论坛灌水软件等大量发布虚假信息、诈骗信息时,一般的网络使用者都可以操作,这类自动化工具虽然智能化程度较高,但对使用者的技术要求却并不高。如在利用计算机病毒、网络黑客进行犯罪活动时,同样这些自动化犯罪工具的技能很高,但随着这类技术的发展,对使用者的技术性门槛要求却大大降低。比如"熊猫烧香"的作者李俊,仅仅是中专学历,接触计算机的专业学习也仅仅是在中专二年级时,学校开设的计算机一级课程,学习了DOS、Windows 等操作系统和 Office 办公软件的一些基本操作。瑞星的反病毒工程师史瑀认为,"李俊的技术水平只能算中等","以李俊的水平,他只能做病毒测试的工作,他不具备编写杀毒软件的水平","熊猫烧香"的编写原理,采用了网上流传已久的一些技术手段,李俊原创的成分很少。

2012 年 5 月 11 日,重庆挖出了一条横跨全国的开发制作、策划组织、指挥种植"木马",再通过"木马"植入盗窃 QQ 信息,将 Q 币进行网上销售的网络犯罪产业链。2012 年 2 月,重庆市公安局网安总队接到多起群众报案,称 QQ 号码和 Q 币被非法窃取。警方调查发现失窃的Q 币都被换成网络游戏"QQ 仙侠传"中的元宝进行了转移,接收者是一个名为"小懒虫"的游戏 ID。他仅一个月内便涉及交易 QQ 号码1471 个,折合人民币近 29 万元。经调查,"小懒虫"梁某是重庆合川人,与妻子明某在淘宝网开设了一间名为"懒虫猫小宝"的网店。从2011年7月起,梁某夫妻通过在网店贩卖"QQ仙侠传"元宝,获利达86万余元人民币。警方循线追踪,挖出了梁某的主要联系人"亮亮"。通过海量数据侦查比对,一个庞大的网络盗窃Q币犯罪链条浮出水面。一是策划、组织、指挥工作,由网名"亮亮"的犯罪嫌疑人吴某负责。他系网络犯罪圈内"知名人物",具备较强号召能力和丰富的"从业史"。二是"洗信"和"挂马",前者由犯罪嫌疑人尹某负责,即按照"亮亮"授意,对盗窃而来的用户QQ信息进行分类处理;后者系网名"香草"的犯罪嫌疑人翁某等五人开设"楠天网络科技公司"作为掩护,通过种植木马病毒,控制客户主机的方式,大肆开展DDOS攻击,导致用户计算机感染。三是开发盗号辅助软件,犯罪嫌疑人吴某等三人自行开发软件后协助"亮亮"传播木马,收取费用分成。四是销售环节,如犯罪嫌疑人梁某及其妻子犯罪嫌疑人明某,从"亮亮"处以7.0—7.3折的折扣买进Q币,以游戏元宝形式在网店再以7.9折出售,赚取差价。犯罪嫌疑人和某等三人也在"亮亮"指使下,协助梁某夫妇进行销赃活动。由于犯罪嫌疑人分散在全国各地,今年3月11日,专案组7个抓捕小组在重庆、海口、杭州、福州、泉州、保定、成都同步出击。当日23时45分,18名犯罪嫌疑人全部归案。在进一步侦查中,警方又将"神秘"的木马制作者——武汉某大学二年级研究生王某抓获。经调查,该团伙自2011年3月以来,涉嫌对1000多万台计算机植入木马,盗取Q币进行贩卖,非法获利600万余元。同时他们还将被盗QQ号码广泛用于诈骗好友、靓号买卖、微博推广、垃圾短信等违法犯罪活动。本案网络Q币犯罪,已经形成了制作木马、研发辅助软件、挂马、盗号、洗信、贩卖Q币等犯罪全程流水线作业,危害面广。

　　Q币是腾讯公司开发的网络虚拟货币。Q币犯罪,是指一些不法分子趁机窃取计算机用户信息及其Q币,再转卖获利的违法犯罪行为。十几名犯罪嫌疑人,何以能在不长的时间内轻松窃取了上千万计算机用户的信息,作下震惊全国的大案?网络信息安全大案屡发原因何在?其主要原因有两点。一是由于犯罪分子利用网络社会所具有的智能化、隐秘性、跨区域的特点来作案,导致公安机关侦查取证困难。本案中制作、传播木马、挂马、洗信、贩卖Q币乃至于资金往来等均通过计算机自动完成,全程智能化操作;团伙成员之间以虚拟的网民身份联系,资金往来也依托虚假银行账号,并通过各种技术手段隐匿个人真实信息,隐秘性强;互联网联通世界,团伙成员因此也遍布各地,跨区域甚至跨国作案,这些都为警方侦查、取证带来了前所未有的难度。二是网络犯罪成本低、收益高,反复作案概率大,只要掌握了一定的计算机操作技能,仅需一台计算机在互联网中即可实施此类犯罪;本案查获的非法金额高达600万余元,犯罪分子收益惊人;QQ用户遍布全国,受害群体广泛,盗窃数额难以取证;由于过去取证不充分,司法处理较轻,涉案人员反复作案概率大,造成恶性循环。因此,为防止QQ信息泄露造成不必要损失,广大网民在使用计算机时,应安装正版杀毒软件,并及时更新病毒库,定期进行计算机杀毒,增强计算机对木马等病毒的防御功能,切勿点击各类色情网站,下载不明缘由的免费软件,网民的虚拟货币一旦被盗,应及时报案,积极向公安机关提供线索。[1]

2. 隐蔽性极强,破案取证困难

互联网信息的处理是依据一定的程序自动进行的,各种数据信息资料都能化为无形的"电磁记录",这些数据经过计算机CPU的自动化处理后,有的是在通信线路上传输,而有的数据经过加密处理,加上现在的计算机的处理速度都是每秒几十万次,甚至上亿次,因此使人

---

[1] 人民网:《全国最大"Q币犯罪产业链"揭开(热点解读)》,2012年5月15日。

们通过直接的方式去接触网络中的信息的机会大大减少。[①] 由于网络犯罪有高技术的支撑,许多犯罪行为的实施不受时间的限制,犯罪行为主体不分白天或黑夜,全天 24 小时都能在网络上作案;有的网络犯罪的作案时间很短,在瞬间即可完成;还有的犯罪行为的实施,作案的时间都难以确定,如犯罪行为主体向计算机系统输入病毒程序或者篡改计算机的系统程序,除非计算机的系统故障或病毒发作立即显现出来,否则是很难觉察犯罪行为何时发生的。不仅如此,网络技术也使得犯罪的地点不受限制,犯罪行为主体可以在家里、办公室、网吧、公共区域等任何能有联网计算机的地方都可以实施网络犯罪,使得犯罪行为的实施地和犯罪结果发生地可以是不同地的、分离的,甚至可以是跨国、跨洲的。此外,又由于计算机处理的信息资料数量庞大,人工进行检查是不可能的;犯罪证据又存于电磁记录物(如程序、数据等)无形信息中,行为人容易对其进行更改或销毁;在犯罪过程中,行为主体也不会遇到什么反抗,几乎不会有目击者,即使有作案痕迹,也能被轻易销毁。鉴于此,网络犯罪中对犯罪主体的确认、证据的获取就存在很大的困难。同时,网络犯罪的手段也趋于隐蔽性,有些网络犯罪甚至在对计算机硬件和信息载体不造成任何损坏、未使其发生丝毫改变的情况下进行,这些犯罪行为手段几乎不留痕迹。以上情形的存在,给犯罪的侦破、取证、审理带来了极大的困难。事实上,在已发现、侦破的网络犯罪案件中,多数是偶然发现,或者是犯罪行为人一时的大意而暴露的,只有少数是被害人发现后报案,相关部门主动侦察犯罪行为的,大量的案件还没有被发现。

3. 社会危害性大,涉及面广

网络犯罪以互联网为载体,对于非财产性的网络犯罪,由于网络

---

① 李文燕主编:《计算机犯罪研究》,中国方正出版社 2001 年版,第 53 页。

信息传播的广泛性,常常造成极大的社会危害性,受害者造成的损失往往难以估计。如 2009 年 5 月 19 日,我国江苏、安徽、广西、海南、甘肃、浙江六省区出现网络故障,很多互联网用户发现访问互联网速度变慢或者干脆无法访问网站。20 日该"事故"牵涉的中国电信、暴风影音均做出了回应。中国电信解释称,这是由于暴风影音网站自身域名解析故障,导致中国电信 DNS 服务器访问量突增,网络处理性能下降。而暴风公司则表示,自己也是受害者,根源是"DNSPod"的服务器受到大量来历不明的"肉鸡"①的攻击,导致其网络瘫痪。事后查明,事故原因是 DNS 域名解析故障。DNS 域名解析是网络用户访问互联网时服务商所进行的必要工作,普通用户在访问互联网时一般都是输入网站的域名,但在后台技术上则需要翻译成数字化的服务器地址,经过这个过程,用户才能看到想要访问的网站。出现问题的是一家名为"DNSPod"的域名服务商,它是目前国内主要 DNS 域名解析提供商之一,暴风公司是其主要客户之一。此次网络故障的导火索为两家网络游戏私服火拼,其中一家动用了 10Gbps 的流量进行,但攻击不成,他们继而转攻 DNSpod,致使 DNSpod 瘫痪。暴风影音在这场网络故障中起到了火上浇油的作用。由于暴风影音使用了 DNSpod 的免费域名解析服务,DNSpod 被攻击之后,暴风影音域名授权工作服务器就无法正常工作。而暴风影音客户端软件存在缺陷使安装了这一款软件的计算机频繁发起域名解析请求,但不能得到正常解析,就转向上一层 DNS 服务器,也就是电信的 DNS 服务器,大量积累的访问申请导致各地电信网络负担成倍增加,网络出现堵塞,以致将电信服务器拖垮,最终造成 19 日的六省网络故障。

而对于财产性的网络犯罪,其造成的经济损失更是普通犯罪所难

---

① 计算机"肉鸡",就是受别人控制的远程计算机。

以比拟的。2011 年度世界著名计算机安全软件公司诺顿的网络犯罪调查报告显示,全球每天就有 100 万人成为网络犯罪的受害者,全球因网络犯罪造成的直接损失每年达 1140 亿美元。因处理网络犯罪问题而浪费的时间价值是 2740 亿美元。因此,网络犯罪导致的损失约为 3880 亿美元,远远超过了大麻、可卡因和海洛因全球黑市的交易总额(2880 亿美元)。同时,网络犯罪的社会危害性与网络对社会所起的作用、社会网络化的进程有密切的关联性,网络对社会所起的作用越大、社会网络化进程越快,网络犯罪的社会危害性也就相应的越大。随着互联网的不断普及与发展,网络技术与社会生活的各个方面的结合日益紧密,国防系统、金融系统、电力电信系统、民航指挥系统、交通控制系统、军事指挥系统等的关键设施都基本上有网络信息系统的控制。这些网络系统中的任何一个环节,如出现安全隐患或存在漏洞或遭受攻击,都会导致该部门及相关的部门领域出现系统瘫痪、秩序混乱,后果将不堪设想,且损失是不可估量的。所以,有人把网络犯罪,特别是网络入侵作为 21 世纪仅次于核武器、生化武器的第三大威胁。我们必须高度重视网络犯罪的危害性,不要等到其发生、造成不可弥补的损失时,才想到要"亡羊补牢",我们应该时刻采取有力的防范措施,防患其于未然。

4. 网络犯罪的跨时空性

网络无国界,网络的发展消除了时空的界限,使得网络犯罪冲破了地域的限制,网络犯罪的国际化趋势日益严重。目前,大部分的网络犯罪案件都是跨地域的案件。犯罪行为主体只要有一台联网的终端机,便可以通过互联网在网络上的任何一台主机、任何一个站点、任何一个终端实施犯罪活动,使得犯罪主体通常在一个国家设立网站,却在另一个国家进行犯罪,导致网络犯罪行为的实施地与犯罪结果发生地往往两相分离。例如,2012 年 2 月,江西省南昌市公安局的网络安全支队破获一个色情视讯网站,逮捕主要嫌疑人龙姓男子和廖姓、吴姓女子3人,以及许多打工的女大学生,他们以"裸聊"的方式赚取男性客户的点数费用,但令人惊奇的是这个色情网站的服务器是架设在美国的,而且调查后发现这些男性客户居然全都是台湾人。此外,有的网络犯罪主体在多地实施违法活动,使得单一受害人的报案不能达到刑事立案标准;有的犯罪主体常常利用不同国家律上的漏洞来进行犯罪,以规避法律的制裁,如网络赌博,在我国赌博是非法的,但一些犯罪主体将赌博的网站设在一些赌博开放化且合法化的国家,如古巴等,通过互联网让一些好赌的网络用户进入"网上赌场"。同时,网络的跨时空性使得犯罪在作案时间上具有不确定性,有时犯罪的行为时间和犯罪结果发生的时间跨度很大,有时犯罪行为的时间和结果发生的时间几乎同步发生。因此,网络犯罪具有的超时空性大大降低了行为人实施网络犯罪被发现的可能,其危害性也就更大。

5. 网络犯罪主体的犯罪动机与目的日益多样化

计算机的诞生与发展是伴随着大国之间的军事斗争而兴起的,经过多年的发展,计算机网络信息系统已成为各个国家的核心机密的集中部位,各种政治集团、势力之间纷纷利用网络来对他方的核心信息系统进行攻击,窃取、解密他方的各种机密信息,已达到各自的目的。所以,网络信息系统运行的干扰与反干扰,历来是各国进行异常激烈交锋的战场。除了政治目的以外,网络犯罪多以获取非法的经济利益为目的。随着经济全球化越来越明显,世界各行业的发展似乎都在追求经济利益最大化的效果,互联网技术的发展,为一些不法人员获取非法的利益提供了便捷的犯罪工具。此外,由于现实社会生活一些复杂情况,一部分人感到压力巨大,网络为他们提供了释放压力、宣泄情绪的自由空间,所以,宣泄情绪、发泄不满也是网络犯罪的目的之一。还有一些网络犯罪的主体并无明确的作案动机与目的,仅把自己的犯罪行为视为一种智力"游戏",或者对自己能力的"挑战"。当然,网络犯罪主体的犯罪目的还有很多,随着现实社会与网络社会的不断发展,犯罪主体的犯罪目的还将会日趋复杂化。

6. 网络犯罪主体的多元化、低龄化

近年来,网络犯罪主体的犯罪动机与目的日益多样化、复杂化,导致网络犯罪主体也呈现多元化的趋势,既有自然人犯罪主体,也有法人犯罪主体,也有其他各种社会组织的犯罪主体;既有单个的犯罪主体,也有团伙的犯罪主体,特别是一些网络诈骗案件中,网络犯罪活动常常带有家族化、团伙化的特点。从网络犯罪主体的年龄上来看,也呈现低龄化趋势。根据调查统计,计算机网络犯罪者的年龄区段主要为 18～46 岁,平均年龄约为 25 岁,[①]例如,互联网病毒"熊猫烧香",其 6 名制作者,最大的年仅 25 岁,最小的才 21 岁。目前青少年网络犯罪现象已经十分严重,根据《2010 年我国未成年犯抽样调查分析报告》抽样调查显示,未成年犯中上网聊天和玩游戏的人占 60％以上,许多未成年人犯罪与网络的不良影响有关。由于青少年的心理特性,他们需要得到满足感、虚荣心,再加上他们的性格较为冲动,现实社会满足不了他们的需求,网络社会就是他们展现自己的性格的理想空间。所以,整体上看网络犯罪特别是网络病毒的制作者,年龄在逐年减小,越来越多的中学生和大学生加入制作和传播计算机病毒的队伍,借以显示自己高超的技术能力。

7. 网络犯罪客体的多样化

网络犯罪的客体十分广泛,和互联网覆盖的领域几乎一样,换句话说,就是只要用网络技术所涉及的领域,就会有网络犯罪发生的可能。网络犯罪侵犯的客体还超出了传统刑法所保护的范围,如由网络

---

① 　谢宜辰:《网络犯罪的特点及发展趋势》,《南华大学学报(社会科学版)》,2007 年第 6 期。

发展而产生的新型社会关系。如果从利用互联网实施的犯罪行为来看,网络犯罪侵犯的客体有:国家安全、社会秩序、财产权利、人身权利、民主权利等。如果从网络犯罪侵犯网络自身的角度来看,网络犯罪侵犯的客体有:网络计算机本身的软件程序、计算机网络处理、存储、传输的数据信息、网络信息系统本身等传统刑法所未涵盖到的新型社会关系。

8. 网络犯罪成本低,风险小

和传统犯罪相比,网络犯罪的成本较低,一般由单个人、一台联网的计算机就可以予以实施。在通常的情况下,犯罪行为主体只需要轻轻敲动一下键盘、挪动下鼠标就可以使得网络犯罪按照犯罪行为主体的意愿发生,并且犯罪行为人利用计算机网络技术,不需要花费太多的资金、人力和物力,就能使其犯罪得手。如发一份带病毒的电子邮件,要做的只是点击一下鼠标,很快就可以把电子邮件发给全世界范围内任何一个计算机联网的用户。相比传统寄信与传统犯罪,这不仅大大缩短了犯罪时间,而且所花的成本要小得多,尤其相对寄到国外的邮件而言。同样相对传统犯罪而言,网络犯罪的风险也较小。由于网络犯罪是发生在一个虚拟的空间,犯罪的时间较迅速,犯罪的主体难以确定,相关的侦查取证较困难,控制犯罪的难度也较大,因此,网络犯罪的行为主体承担的风险小,网络犯罪才会以前所未有的速度蔓延。

如《扬子晚报》2012 年报道了一起案件,一个少年在网络拜师学习网络诈骗,之后一人分饰多个角色狂骗了 8 万余元。17 岁的张雨初中毕业以后辍学在家,他觉得打工太辛苦,又没什么技术和手艺能自己谋生,整天无所事事,常常跑到家附近的网吧上网玩游戏。一天,张雨正在上网,感到眼睛有点累了,就停下来休息,这时,他无意中看到旁边上网的那个人在和别人聊天。网络经验丰富的张雨观察了一会儿,很快就看出了名堂。知道那个人正在网上卖游戏金币骗人钱，随后，张雨暗暗记下这个人的 QQ 号。"请问你能教教我怎么卖金币吗？我手头紧没钱花。"过了几天，张雨把那个人加为 QQ 好友，并发了留言，表示要拜对方为师学本领。一来二去之后，这个自称为"明哥"的人就向张雨传授了他的"致富经"。先在热门游戏里面喊话卖金币，价格要比正规游戏网站充值的便宜，吸引对方加为 QQ 好友。然后，再通过 QQ 发假的平台链接给对方，让对方充值到这个假的游戏平台。当对方照做后，并不能得到游戏金币，而钱却已经充值到明哥的账户了。明哥与张雨约定，如果骗成功了，若对方充 100 元，张雨就可以得到 80 元。明哥还将骗人的话事先编好发给张雨，让他存在 QQ 的网络硬盘里，以备不时之需。短短两个月，张雨就以这种手段骗了几千元。一天，张雨用昵称"诚信商人"在网上喊话："200 元 9 万金币，送黄金会员卡。"很快，有一个叫"暗香"的人加了张雨的 QQ，问："100 元 6 万金币，送会员卡，做不做？"张雨回复道："做。"接着给对方发了一个网址 www. youxipt08. com，这实际上是一个事先做好专门用来骗钱的假链接。张雨让"暗香"注册一下，再充值购买金币，之后找"担保客服"取货。待"暗香"充值后，张雨又化身为"担保客服"，对"暗香"说，对方是第一次使用 YOUXIPT08 国际交易平台，要充值 1200 元押金开通办理交易资格，系统才可以完成此笔交易，充值后系统将在第一时间返还 1200 元到对方指定的银行账户中。"暗香"就此提出质疑，张雨顺势发了个惊讶的表情过去："啊？您还没有开通交易资格啊，那你去找客服办理吧，办完就退钱了，然后我们就可以完成交易了。""暗香"想都没想，就充了 1200 元。张雨一看得手了，欣喜不已，又以"担保客服"的身份告诉"暗香"说，用户尚未安装资金返还证书导致财务系统出现异常，返还资金 1200 元失败，押金已经被系统暂时冻结。要充值 5000 元才能激活返还证书。充值 5000 元成功后，财务系统将会启动程序返还全部资金 6300 元。如此这般,张雨以"办理资金返还证书"、"资金充值超时被冻结"等理由,分 5 次让"暗香"向张雨提供的账户中充值 82800 元。加上之前骗取的 1300 元,张雨一共从"暗香"那里骗取了 84100 元。为了让"暗香"放心汇款,张雨还以"担保客服"的身份向他提供了"0898－31218682"的客服电话。当"暗香"打电话过去询问返还资金的情况时,有个男子接了电话,并告知他确实有个返还资金的程序,让他放心转账。"暗香"哪里知道,这个电话就是明哥给张雨方便他在网上诈骗的,而接电话的不是别人,正是张雨本人。当"担保客服"再次以"资金充值超时被冻结"要求"暗香"汇款 3 万元时,"暗香"察觉到自己被骗了,于是向警方报案。警方接报后,通过侦查发现所谓"诚信商人"和"担保客服"都是张雨一个人,随即将其抓获。[①]

(二)网络犯罪的表现形式

由于互联网的快速发展和日益普及,高技术的网络犯罪也随之日趋严重,利用网络破坏社会秩序、侵害他人人身权与财产权的现象时有发生。同时,利用信息网络或信息网络技术进行的各种犯罪行为,也呈现多发性特征,一般来说,常见的网络犯罪表现形式如下。

1. 网络诈骗

网络诈骗,是犯罪行为主体以非法占有为目的,利用互联网信息交流,通过虚拟事实或者隐瞒事实真相的方法,骗取受害者数额较大的公私财物的行为。网络诈骗是通过利用受害者的好奇心、贪婪、信任等心理弱点或本能反应来实施欺骗行为,以达到取得不法利益的目的。与此同时,和传统诈骗方式不同,网络诈骗犯罪的行为主体可以不亲临现场,因此其诈骗行为更具欺骗性,犯罪手法也呈多样化。根

---

① 扬子晚报:《少年拜师学网骗,一人分饰多个角色狂骗八万余元》,2012 年 6 月 5 日。

据美国联邦贸易委员会 2000 年公布的《扫荡网络诈骗报告》,互联网上存在的网络诈骗犯罪方法有:利用网上拍卖实施的诈骗、网络服务诈骗、信用卡诈骗、通过国际拨号诈骗、提供免费网页取得信用卡账号、编造商业机会骗网民投资、伪造账户、操纵股市等。近年来,利用互联网进行诈骗的案件日益上升,并且呈现以下特点。一是"点"对面,诈骗团伙在网上大量发送虚假诈骗信息,受害人分布地域广。二是诈骗团伙有一定的地域性特点,核心成员大多是亲戚、老乡、熟人相互勾结作案。团伙内部分工明确,一些团伙成员相互之间并不碰面。三是一些网民防范意识差、自我保护能力弱,以及寻求网络刺激和享受"天上馅饼"的心理,给一些不法分子提供了可乘之机。一些网站和互联网服务商受利益驱动,疏于管理,客观上为网络诈骗活动提供了犯罪条件。[①] 四是网络犯罪分子的诈骗技术较高,受害人很难对其进行辨别,例如,在 2010 年,有市民接到手机短信,内容为"中国银行目前已开通网上查询业务,网址为:www.956666.net."按照上面的网址登录后,就会看到一个与中国银行网站几乎一模一样的网页。但仔细观察,会发现中国银行的英文名却是拼错的。同时,在网页上端多出一个查询业务,可填写账号、密码并查询。但是如果有客户输完账号及密码,点击查询后页面却显示"系统维护中",而实际上客户的账号及密码已经被窃取了。幸运的是中国银行及时发现了这种诈骗现象,并马上报了案,使这个假网站在开通 7 小时之内得以查封。

2. 网络色情

互联网承担了全球信息传递的主要媒介,也使之成为传播淫秽色情信息的主要渠道之一,只要计算机处于联网状态就可能会受到各种色情信息的骚扰。由于互联网管理秩序还不是很健全,一些不法分子

---

① 钟忠:《中国互联网治理问题研究》,金城出版社 2010 年版,第 129 页。

在利益的驱动下,利用一些电子刊物、论坛、影视网站等管理的失控,注册色情网站收取费用、链接广告获取非法利益。目前,网络色情信息主要是以色情网站的形式存在,色情网站在网页上提供各种色情服务信息,以吸引用户访问网站、浏览网页,从而接受其所提供服务的目的。这些色情网站主要提供的内容是:在网上张贴淫秽图片,在网上贩卖淫秽图片、光盘、录像带,在网络上提供、散布卖淫信息及在网上提供超链接色情网站等。即使在色情行业可以合法存在的西方国家,网络色情信息的传播也引起了社会公众的密切关注,尤其是青少年的家长更为此感到忧虑和不安。例如,素以治学严谨著称的英国牛津大学由于学生们通过互联网观看黄色录像的时间比进行学术交流的时间还多,这严重影响了学校的正常学术氛围,最后学校当局不得不决定,禁止学生用互联网看黄色录像,并切断了所有可以看这种录像的渠道。当前,互联网上淫秽色情信息活动主要有四个特点。一是传播方式更加隐蔽,一些犯罪团伙在网上利用视频聊天室,组织淫秽色情表演,将淫秽色情网站服务架设在境外,采用会员注册、熟人介绍等方式逃避打击。二是传播手段更加多样,利用点对点网络即时通信服务和博客等互联网新技术、以及 WAP 网站传播淫秽色情的问题比较突出。三是团伙作案、组织化程度高。[①] 四是网络色情犯罪的实施常常与其他的网络犯罪联系在一起的,网络色情犯罪呈现多元化,例如,2011 年 12 月初,贵州黔东南州三穗县公安局网安大队发现一名叫"台湾甜心联盟"的网站疑似裸聊网站。警方透露,该联盟里的"主播"[②]们,直接与网民联系,不断以视频裸聊为饵诱骗网民充值,但充值后主播便不再与网民联系,少数主播会为网民播放一小段事先准备好的淫秽视频,每名网民至少被骗1000 元以上。

① 钟忠:《中国互联网治理问题研究》,金城出版社 2010 年版,第 129－130 页。
② 从事视频裸聊表演者。

3. 网络盗窃

网络盗窃是指利用网络技术,通过盗窃密码、各类账号、修改程序等方式,将他人有形或无形的以网络信息形式存在于网络上的财物和货币占为己有的行为。某种程度上讲,网络盗窃是现实盗窃犯罪分子逐渐将犯罪场所转移到网上,相对传统盗窃犯罪而言,网络盗窃不仅作案手段更加具有隐蔽性,且风险也大大降低了。目前,最常见的网络盗窃案件就是利用"挂马"的手段或通过计算机病毒程序来实施盗窃行为,当然也有些网络盗窃案件是犯罪行为主体利用了软件程序本身固有的漏洞或信息系统管理的漏洞,而直接侵入网络系统实施盗窃的。例如,2011 年 8 月 30 日,天津公安保税分局接到报案,一家商品交易市场有限公司的网上交易账户被他人操控,账户内的 265 万元被神秘划走。该报案公司的运营方式主要是通过建立网络电子交易平台,跟交易商在网上进行交易,每年交易额可达千万元。接到报案后,警方随即调取了被盗账户的交易明细,发现该账户从当天 14 时 30 分至 15 时共交易了 15 次,都是通过高买低卖的方式。通过该方式,账户在短时间内亏损了 200 多万元,而对方的账户则快速盈利。一般来说,网络盗窃的主要目标是网络用户的银行账号和密码、网上股票交易的账号和密码、QQ 号码、游戏账号及游戏装备等一些虚拟财产。此外,网络盗窃犯罪还有一个突出的特点就是以传播木马病毒来实施网络盗窃犯罪,已形成了一条"制作木马病毒—传播木马病毒—盗窃账号—转移赃款—第三方网络洗钱—提取现金"等分工严密的作案产业链。近年来,由于网络用户的防范意识提高、网上银行的防范措施得到加强,网络盗窃犯罪在一定程度上得到遏制,但是由于有些网络虚拟财产的价值难以确定,法律地位也不明确,导致部分网络盗窃案件无法进行有效地侦查破案。

4. 网络赌博

网络赌博近年来发展比较迅速,虽然网络赌博案件的数量远远不及网络诈骗案件、网络色情案件与网络盗窃案件,但网络赌博案件的涉案金额往往数量巨大。网络赌博案件大都是境外网络赌博公司在境内通过代理人员,以各种方式组织、发展、吸引参赌者,进而从事网络赌博活动。目前,中文赌博网站主要设在中国香港、中国台湾、东南亚和美国等地,在中国大陆设立的赌博网站数量非常少,绝大多数网站只是担任国外网站的代理,其运作方式类似于传销活动:首先国外网站在境内设立总代理,再由总代理发展下一级代理,类似地发展以至形成了多级代理。通常情况,最后一级代理只接受赌客的投注,其他各级代理,既可以发展下级代理,又可以接受赌客的投注。总之,赌博网站的每一级代理,都可以与赌博客户发生业务关系。网络赌博的类型具有多样性:赌球网站以参赛球队输赢、名次等级进行赌博;六合彩网站用猜特别号码、押大小等进行赌博;还有些赌博网站直接开设与传统赌博类型相似的活动进行赌博等。这些网络赌博活动参赌人员甚多,涉赌金额巨大,赌博团伙内部等级分明、组织结构严谨,且赌博手法隐蔽,赌资的结算主要都是网上电子结算。因此,与传统的赌博相比,网络赌博的危害性更大,它不仅具有传统赌博所带来的危害,而且还造成境内资金的大量外流,给国家、社会、个人带来严重的损失。

5. 非法侵入、破坏计算机信息系统

非法侵入计算机信息系统,又称"非法访问",是指行为人未经授权,非法利用计算机访问系统,非法侵入计算机信息系统,擅自浏览、干扰该系统数据、文件、程序,最典型的就是"黑客"侵入计算机信息系统。破坏计算机信息系统主要有三种情形:即行为人未经许可,对计算机信息系统中存储、传输或处理的数据及应用程序进行删除、增加及修改;或对计算机信息系统的功能进行干扰、破坏,以致造成计算机信息系统不能正常运行;或是故意制作类似计算机病毒的破坏性程序,对计算机系统进行攻击。对计算机信息进行破坏,特别是计算机病毒的传播,已经成为威胁网络安全最严重、危害最大的现象,一旦局域网中有一台计算机感染病毒,计算机病毒可在极短时间之内感染数千台计算机,瞬间传遍整个网络,甚至可以导致整个网络的瘫痪。

以上是网络犯罪最常见的表现形式,其实随着网络技术的快速更新与互联网的不断普及,网络犯罪的表现形式更趋于多样化,如网络恐怖活动、网络谣言、网上销售违禁物品、网络毒品交易、网络洗钱、网络非法侵犯知识产权、网络侮辱诽谤、网络侵犯个人隐私、网络伪造证件及货币、网上教唆及煽动各种犯罪、传授各种犯罪方法等。

二、网络犯罪的成因分析

自从计算机网络产生以来,网络上的违法犯罪活动便相伴而生,并且随着网络的不断发展与普及而与日俱增。网络犯罪的产生与发展极大地冲击了社会生活中现有的传统的伦理道德、法律权威与体系、社会秩序与治安状况以及行社会管理水平,威胁了国家的政治安全、经济安全及文化安全等,乃至危及国际社会的和谐发展。所以,防范和打击网络犯罪任重而道远。为防治网络犯罪,有效地制止和减少网络犯罪活动,就必须对网络犯罪的原因分析清楚,这样才能从根本上依法对网络犯罪进行防范和治理。产生网络犯罪的因素是复杂多样的,既有犯罪行为人自己主观的原因,也有社会上存在的一些客观原因,概括起来可归纳为以下几个方面。

(一)网络犯罪的主观原因

1. 为获取巨大的经济利益

从现实社会犯罪的整体数量来看,财产型犯罪占据多数,同样,在网络犯罪中,大部分的犯罪都是由于犯罪行为主体贪图他人的钱财,以企图利用计算机互联网的便利,非法占有他人的财产。所以,只要行为人认为自己所掌握的计算机操作水平能够获取他人的财产,行为人就会不遗余力地利用计算机网络的优越条件,对他人的财产进行不法的占有,甚至行为人在极缺乏资金的情况下,很可能直接地去实施违法犯罪活动,而不考虑自己的技术水平。和现实社会一样,对钱财的贪婪也是网络违法犯罪行为的原始动力,如世界上发现的首例计算机犯罪(1966年)以及我国发现的首例计算机犯罪(1986年)都是属于谋财类型的,前者是犯罪分子通过篡改计算机程序来增加自己的存款金额,后者是利用计算机伪造存折和印鉴,从而将客户的存款窃走。从目前的网络犯罪的表现形式来看,无论网络盗窃、网络诈骗还是网上伪造印章、网络介绍卖淫,最终的目的都是为了获取他人的财物,到目前为止,在全球范围内的网络犯罪活动中,多数犯罪行为人为了获取经济利益而从事犯罪活动。加上与传统财产型犯罪相比,如盗窃、抢劫、抢夺等,网络犯罪可以说是获益大而风险小,犯罪分子只需轻轻点击下鼠标,就可以获得巨大的物质财富,使受害对象遭受无法弥补的损失。

2. 法律意识、安全意识、责任意识淡薄

(1)法律意识缺乏。网络技术的发展形成了与现实社会相对的虚拟空间,在这种虚拟的空间中,法律制度正在建立与完善,加上网络社会具有隐蔽性和跨时空性,导致犯罪行为人的侥幸心理加大,他们敢于以身试法。特别是具有高尖端技术的网络犯罪行为人,更是以追求技术的胜利为荣耀,敢于正面无视法律的威严,挑战法律的权威。还有一些青少年常常受到网络不良信息的侵蚀,更加激发了他们好冲动、好争斗的特性,所以他们很容易不考虑法律后果而进行网络犯罪活动。

（2）网络安全意识淡薄。人们在利用互联网进行社会生产生活，享受信息化所带来的生活时，常常缺乏一定的网络安全意识。虽然频繁发生的网络安全事故已给社会造成较大的损失，但网民的安全意识还相对较薄弱。根据 2010 年 3 月 30 日中国互联网络信息中心和国家互联网应急中心联合发布的《2009 年中国网民网络信息安全状况系列报告》显示：仍有 1/4 的网民个人计算机未安装任何安全软件；在2.33 亿手机网民中仅有 1/4 的手机网民担心会出现手机安全问题，不足 8% 的手机网民安装有手机安全防护软件；近五成的网民不重视网上的安全公告。除了个人计算机网络安全问题，网民对个人网络信息安全的重视程度也不够。《报告》显示，近 2100 万网民缺乏密码设置方面的保护意识。2009 年，使用过和正在使用网上银行专业版的网民总计达到 66.5%，但与此形成对比的是，28.4% 的网民表示从没有听说过或关注过第三方机构为公众网站颁发的诚信标示。这些都显示了社会大众的网络安全防范意识差，最终会导致网络犯罪的有机可乘。

（3）社会责任意识不强。由于网络空间所具有社会的虚拟性、身份的隐匿性和言论的自由性，一些网民的责任意识不强，随意地在网络上发布谩骂、侮辱、诽谤他人的不负责任言论，甚至对政府、国家进行一些非法的言论攻击，还有一些网民受到不良信息的影响，不仅不对不良信息进行举报，而且还积极策划、参与诸如网络色情、网络盗窃及网络赌博等违法犯罪活动。此外，网络运营商及其管理人员在网络社会中应承担着很重要的责任，但由于法律法规对其相关责任的规定和认定不够明晰，且由于对网络信息的筛选、审核和监控的工作，需要投入大量的人力和财力，再加上为了谋求利益的最大化，使得他们很难也不愿意去承担相应的责任，最终导致他们对网络违法甚至犯罪行为不予过问，甚至采取措施回避。所以，网络社会责任意识的淡薄，不利于建立良好的预防、治理网络犯罪的网络环境。

3. 道德观念缺乏

互联网已成为遍布全球的一种公共设施，在这虚拟空间里，固有的社会规范、社会道德观念，在新奇刺激的网络信息的冲击下变得十分混乱，特别是受到一些不良信息的刺激，网民原有的那条最低的道德底线也会被突破，如一些青少年接受不良信息后，网络道德意识欠缺，制造计算机病毒并破坏他人信息系统后，居然得意洋洋，自以为了不起，到处炫耀自己的"才华"、"本事"。与此同时，互联网的发展，限制甚至改变了人们那种传统交往方式和情感交流方式，一些人就此可能丧失了传统的道德准则，最终，在网络上通过一些违法犯罪活动来释放自己的压抑的情绪。当然，我们不能为了维护传统道德而排斥互联网进入我们的生活，但我们也不能听任网络空间的道德无序状态，或消极等待其道德机制的自发形成，我们要通过提高全社会的道德素养来营造一种健康有序的网络环境。

(二)网络犯罪的客观原因

1. 互联网立法的滞后性、不健全性

任何一个社会健康有序的发展都离不开法治的保障，在网络社会里也同样需要法治的规范，打击网络犯罪更需要网络立法的保障。但是网络立法不是现实社会中的法律简单移植到网络社会中去的，而是应该结合网络自身的特点来进行。目前，我国有关网络治理方面的立法主要集中在行政法规和规章方面，而且基本上都是一些简单、片面和应急性的规定，可操作性较差，在网络的运行、管理及使用等方面还存在着立法的空白，在《刑法》方面，其涉及网络犯罪问题的规定很少，也只是规定了几个计算机犯罪的罪名，这远远不能涵盖现有的各种计算机网络犯罪。正是因为这些网络立法的空白使得对网络犯罪行为的惩治无法可依,特别是刑事立法的欠缺,直接导致打击网络犯罪无法可依,致使不少违法犯罪分子长期逍遥法外。另外,网络立法的滞后性是一个全球性的问题,即使发达国家的网络立法也很不完善。因为网络技术在不断地普及发展,很难制定出相对成熟稳定的法律。但是,在网络立法存在空白、不健全的情况下,我们可以通过扩大法律解释的方式来缩小网络法治的真空状态,以免网络犯罪分子在网络社会中继续为所欲为,实施网络犯罪活动。

2. 技术给网络犯罪的防治带来挑战

网络技术是高科技发展的产物,网络犯罪的防治需要依靠高科学技术,但高科技也给网络犯罪的防治带来了挑战。其一,网络的普及与应用,网民的数量日益剧增,网络犯罪行为主体的技术水平也随着网络的发展而在不断提升,他们获得网络技术知识和获得攻击网络病毒的渠道也日益多样化,使得网络社会成为了没有绝对安全的社会,很难避免网络犯罪行为的侵害。其二,打击网络犯罪的主要力量是公安人员,一方面,从数量上看,目前我国掌握网络侦察技术的公安人员还是比较少的,远远不能满足有效打击网络犯罪的需要。另一方面,公安人员的整体技术水平不高,具备高精尖技术与法律的复合型人才更是缺乏,这严重削弱了我们有效打击网络犯罪的力度。此外,具备网络技术的检察人员和审判人员也是数量较少,这也给网络犯罪案件的起诉和审判带来了一定的困难。其三,由于网络犯罪的技术性特征,使得网络犯罪行为的隐蔽性加强了,并且加大了网络犯罪取证的困难,加上对网络犯罪的防治上投入的技术设备、资金等资源不足,也导致了网络犯罪的侦破率不高。

3. 网络犯罪的侦破困难

由于网络发展具有超时空性,突破了传统时空的界限,并且网络的操作具有跨国性、传播具有广泛性、网络用户的匿名性等特点,因此,对网络犯罪行为的侦察、取证、行为主体的确定等方面都存在相当大的难度。犯罪行为主体作案时,只需轻轻地按一下键盘或点击一下鼠标,网络犯罪在瞬间就能完成,而对案件的侦破却需要花大量的时间来细致地分析、破解。网络犯罪的行为主体实施犯罪活动,尤其是"黑客",其行为迅速而具有隐蔽性,根本不能像现实空间中那样对其进行包围来实施搜捕。此外,要想在网络社会里有效地防治网络犯罪,反犯罪、防犯罪的技术必须要高于犯罪的技术,这样才能有效地打击犯罪活动,可是实现的一些情况却恰恰相反,部分网络犯罪行为主体所具有的技能常常高于前者,因此,有时抓捕一个网络犯罪的高手的成本要远高于犯罪主体做一次坏事的原始成本。同时,由于网络天生具有开放性,常常出现跨国的网络犯罪,如果没有良好的国际合作,许多犯罪都将无法侦破。

4. 网络自身所具有的开放性

整个网络社会就是建立在自由开放的基础之上的,甚至有人把网络空间认为是相对于领陆、领水、领空的第四空间。网络的开放性意味着任何社会主体都能够获取已经发表在互联网上的任何信息资料,同样也意味着任何社会主体都可以在互联网上发布信息,更意味着任何个人、任何组织包括国家和政府,都不能完全地控制互联网。开放互联网的出现,在很大程度上削弱了这些主体对信息的控制,而且为社会个体在基于实力平等的基础上对国家和社会进行挑战提供了可能,也为一些犯罪主体提供了挑战国家与社会的平台。从某种意义上说,犯罪在实质上就是一种典型的犯罪主体反社会、反国家的违法行为,网络的开放性一方面大大提高和扩展了犯罪主体的犯罪能力,提升了犯罪发生的可能性,另一方面又使国家和政府在获取和控制信息方面不再有任何优势可言,削弱了国家和政府的预防、打击、控制犯罪的力量,最终使得国家难以有效地威慑和控制犯罪,从而导致犯罪率的上升。

三、我国网络犯罪的现状及趋势

互联网技术迅速发展使得各种基于计算机网络的犯罪行为快速地滋生蔓延,愈演愈烈。甚至有人曾预言:未来信息化社会犯罪的形式将主要是计算机网络犯罪。由于互联网上的犯罪现象越来越多,网络犯罪已成为发达国家和发展中国家不得不关注的主要共同的社会公共安全问题之一。2011 年度世界著名计算机安全软件公司诺顿的网络犯罪调查报告显示,全球每天就有 100 万人成为网络犯罪的受害者,从网络犯罪受害者人数来看,中国地区的网络犯罪相较于全球可能更加恶劣:2010 年,全球有 4.31 亿成人遭受过网络犯罪的侵害,这其中就有差不多一半的受害者(1.96 亿人)是中国人。从首例计算机犯罪(1986 年利用计算机贪污案)被发现至今,1994 年实现了与国际互联网的全功能的连接,标志我国正式接入国际互联网那一刻开始,无论从犯罪类型、犯罪数量的层面来看,还是从犯罪发案的频率来看,我国有关网络的犯罪都在逐年大幅度地上升。根据国务院新闻办公室 2010 年发布的《中国互联网状况》白皮书显示,1998 年公安机关办理各类网络犯罪案件 142 起,2007 年增长到 2.9 万起,2008 年为 3.5 万起,2009 年为 4.8 万起。特别是我国当前正处于社会重要的转型期,各类社会犯罪日益高发,包括在网络社会中,网络犯罪也呈现犯罪发生频率增长迅速、犯罪手段隐蔽多样、犯罪侵犯领域日益广泛、新的犯罪类型层出不穷、犯罪社会危害性更加严重的形势,网络犯罪所呈现的这些发展形势与趋向对整个社会经济、文化、政治等各个领域造成了全方位的冲击。

(一)我国网络犯罪现状

从网络犯罪的宏观发展形势来看,我国网络犯罪的案件数量呈现较快、持续增长态势,网络犯罪的类型除了传统犯罪依托互联网呈现新态势外,又出现了许多新的网络犯罪类型,部分网络犯罪案件的发生率呈现高发趋势。除了从网络犯罪的宏观发展态势上认识网络犯罪的目前状态和发展趋向之外,我们还要进一步更深入地了解网络犯罪的具体现状。目前,我国网络犯罪的具体发展现状如下。

1. 互联网财产型犯罪日益频发

无论在现实的社会还是在网络虚拟的社会,财产型犯罪都是社会犯罪中频发的、数量最多的领域。随着互联网技术的发展与普及,社会财富在短时间内以惊人的速度在不断地增加、聚集,特别是互联网中电子商务的兴起,社会财富的创造更加巨大,并且加快了货币电子化的进程,大量的社会财富以电子的形式出现在网络社会中。为了追逐更多、更大的财富,传统的财产型犯罪主体把犯罪的场所开始转向网络社会,利用计算机网络盗窃、诈骗等传统的犯罪类型,也呈现了"科技化、智能化"的趋势。与此同时,犯罪主体借助于互联网获取不法利益的手段也越来越多样化。在巨大经济利益的诱惑下,犯罪主体更多地把目光从过去的传统货币、财物转移到电子化的货币和网络社会中的"虚拟财物"上。从网络犯罪被侦破的案件来看,财产型犯罪在互联网上发生的频率越来越高,涉案金额也越来越大。如2010年8月,四川乐山警方侦破一起非法获利高达170万元的特大网络黑客盗窃案,犯罪嫌疑人雷某从2009年10月起多次使用黑客技术,进入销售盛大游戏充值点卡的网络点卡公司的计算机中,盗取网络充值点卡和游戏虚拟装备,再通过"淘宝网"售卖获利,不到一年的时间,获利上百万元。此类案件由于收益大、风险小也越发受到犯罪分子的青睐。

2. 病毒、木马等网络犯罪工具日益漫延

网络犯罪在网络上得以漫延,很大程度是依赖于一些网络犯罪的工具,如计算机病毒、木马程序等。根据国家计算机病毒应急处理中心《2010 年全国信息网络安全状况与计算机病毒疫情调查分析报告》显示,2010 年计算机病毒感染率为 74％,多次感染病毒的比率为52％。国内著名计算机安全软件厂商金山公司《2010－2011 年中国互联网安全研究报告》表明,2010 年,新增计算机病毒木马就有 1798 万余种,新增了两大类木马:绑架型木马与网购木马,其破坏性超传统木马 10 倍。该《报告》还显示,以"钓鱼网站"为首的网络犯罪,成为新增的网络安全威胁,网购经济也在一定程度上催生了钓鱼网站的泛滥。与此同时,犯罪行为主体利用操作系统及应用软件中存在的漏洞编制病毒程序、有害数据,采取选择点击率高的娱乐、资讯类热门网站作为挂马的重点目标,这扩大了病毒传播感染范围。还有行为主体通过电子邮件形式,利用网络经济"打折"、"甩卖"和"团购"等字眼骗取计算机用户点击下载,最终导致感染计算机病毒,扩大传播范围。在互联网经济的巨大推动下,现在互联网上纯粹基于技术挑战、好奇、炫耀而利用程序漏洞与计算机技术的脆弱性进行犯罪的行为已经不多,巨大的利益诱惑使得技术、资金、人员源源不断地加入依靠病毒获取利益的团体当中,这也造成了网络中各种病毒感染事件的屡见不鲜且日益渐增。

3. 利用网络传播有害信息的犯罪频发

现代社会是一个"信息爆炸"的社会,尤其是在网络社会体现得更为深刻。网络改变了人们传统的那种"一对一"、"一对多"的信息交流方式,发展成为"多对多"的信息交流方式,多元化的信息可以在网络中自由地发布、交流、传播甚至碰撞。犯罪行为主体也正是利用网络传播信息的迅速性、广泛性、隐蔽性及便捷性等特点而实施各种类型的犯罪,特别是在我国当前社会改革不断深化的复杂期,各国利用网络传播虚假信息、有害信息的犯罪不断上升。如一些外国敌对势力利用互联网对我国的社会事件进行歪曲报导,煽动社会民众颠覆政府、破坏我国政治稳定,这类案件近年来不断上升;也有一些网络用户利用网络制作、复制、传播色情、淫秽信息,在网络经济利益的驱使下,此类犯罪案件的出现更是十分突出;还有一些不法分子利用网络发布虚假信息,对他人进行随意侮辱、诽谤的犯罪在近几年也呈增长趋势。国务院新闻办公室 2010 年发布的《中国互联网状况》白皮书也认为,目前我国制作传播计算机病毒、入侵和攻击计算机与网络的犯罪日趋增多,利用互联网传播淫秽色情及从事赌博等犯罪活动仍然突出。

4. 跨地域、跨国犯罪的高发

网络冲破了地域限制,网络犯罪呈国际化趋势,现代社会,跨国、跨境犯罪成为网络犯罪的常态。由于经济发展的全球化,犯罪主体追求全球化的利益促使其实施的犯罪行为具有跨地域性与跨国性。同时,犯罪主体可能分别在不同的国家,由此能规避本国法律的禁止性的规定。此外,网络犯罪的行为手段具有隐蔽性,一般情况下很难察觉到,加上跨国犯罪所获得的资金数额非常巨大,这就使得跨地区、跨国性的网络犯罪发生的频率很高。如2010 年8 月,北京市公安局查获的"可人儿社区"特大网上淫秽色情案件,该色情网站 IP 地址位于美国,通过在国内发展会员收取费用及广告方式牟利,该团伙在全国 24 个省市设有网站管理员、版主等,在境内外构成刑事犯罪的涉案嫌疑人达 154 人。又如 2011 年 11 月 29 日,江苏省苏州市公安机关接到报案,经过半年的缜密侦查,发现一个特大跨国跨两岸电信诈骗犯罪集团,其诈骗平台和话务窝点设在泰国、马来西亚、印尼、柬埔寨、斯里兰卡、斐济 6 个国家及中国大陆和中国台湾,转取赃款窝点设在泰国和中国台湾,涉及中国大陆 30 个省(区、市)510 多起电信诈骗案件,被骗金额 7300 多万元人民币。跨地域、跨国性犯罪的案件还在增长,特别现在常常与洗钱、诈骗等犯罪相互交织在一起,这种类型犯罪的发生率还会继续提升。

5. 有关青少年的网络犯罪增多

随着网络用户的不断增加,青少年网民在网民整数中占绝大多数比例,根据中国互联网络信息中心发布的《第 29 次中国互联网络发展状况统计报告》显示,10～19 岁、20～29 岁网民比例在 2010 年 12 月与 2011 年 12 月分别达到了 27.3％、29.8％与 26.7％、29.8％,已经超过了总人数的 50％。同时,学生仍然是网民中规模最大的群体,占比为 30.2％,网民中初中学历人群延续了 2010 年的增长势头,由 32.8％上升至 35.7％,所以,青少年群体是网络用户的最大群体。但随着青少年上网的规模不断增大、频率不断上升,在青少年的主观心理原因和客观的社会原因的影响下,青少年网络犯罪也随之剧增。中央社会治安综合治理委员会(2011 年 8 月更名为中央社会管理综合治理委员会)预防青少年违法犯罪工作领导小组办公室与中国青少年研究中心合作,于 2008 年 5 月—2009 年 5 月开展了"青少年网络伤害问题研究"的课题项目。课题调查报告指出,青少年网络犯罪的主要类型有:利用网络侵犯他人隐私权、名誉权、财产权等权利;传播色情、暴力、恐怖等网络违法信息;非法破坏或者非法侵入计算机信息系统的网络违法犯罪行为;基于网络的诱因实施盗窃、诈骗、故意伤害等违法犯罪行为。报告还显示,青少年网络犯罪的案件每年都在不断增多,根据公安机关公开发布的数据统计,1999 年我国立案侦查的青少年网络犯罪案件为 400 余起,2000 年增至 2700 余起,2001 年为 4500 起,2002 年为 6600 起。这些数据表明,青少年网络违法犯罪已成为严重的社会问题。根据中国预防青少年犯罪研究会于 2011 年末发布的《2010 年我国未成年犯抽样调查分析报告》显示,其中 80％的未成年人犯罪和互联网有关系。

(二)我国网络犯罪趋势

从目前网络犯罪的发展现状来看,以上网络犯罪还会存在并且有所发展,除此之外,网络犯罪还呈现以下发展趋势,应对其加强防范。

1. 威胁国家安全的网络犯罪将更加突出

信息网络现已是一个国家的重大基础设施,社会各个领域的科技化、信息化、自动化程度日益增加。在信息网络化的同时,一些不法人员借助网络实施危害国家安全的犯罪行为将成为全社会面临的严峻问题,特别是有关恐怖主义的犯罪,就连在计算机网络技术最为发达的美国,其联邦调查局和美国情报界都发出预防网络恐怖主义的警告。近年来,危及我国国家安全的犯罪也很多,有"法轮功"邪教组织及其顽固分子利用互联网宣传煽动、组织指挥、相互勾结,进行非法活动;有"东突"恐怖组织利用互联网煽动民族歧视和仇恨,组织指挥境内民族分裂分子从事恐怖活动;还有一些不法人员受境外敌对势力和敌对分子的蛊惑、影响,在网上传播恶意攻击党和政府的反动有害信息等。这些都是我国今后防范网络犯罪的重要工作之一,要引起警惕。

2. 窃取商业秘密和个人信息的犯罪将更加突出

网络经济的发展,也引起了网络商战的愈演愈烈,在激烈的市场竞争下,为抢占商机,有些不法的企业通过网络来窃取他方的商业秘密,从而获取不法的经济利益。如 2009 年 2 月间,杰作工作室负责人李育举利用推销羊毛衫设计图之机,获取了浙江爵派尔服饰有限公司技术部人员的 QQ 号码。之后李育举雇用"黑客"远程控制自己的计算机,由"黑客"操控,向该 QQ 号码发送捆绑远程木马程序的羊毛衫设计图片,一旦对方打开图片就将木马程序安装进对方计算机,从而远程控制对方计算机,窃取浙江爵派尔服饰有限公司 2009 年秋冬款羊毛衫 14 个系列 912 个款式的样衣照片 2500 余张,并将该批样衣照片出售给其他羊毛衫生产厂家,从中牟利。目前,一些不法人员利用技术手段非法截取、收集公民个人电子信息的案件也屡屡出现。非法收集大量的公民个人信息,其危害是不仅侵犯了公民个人隐私权,而且犯罪分子经过对大量信息的分析,可以从中谋取非法利益,扰乱社会安全秩序,这不能不引起社会的警惕。近来公安机关对相关非法获取公民个人信息案件的侦破也说明了网络非法获取信息的犯罪案件已越来越多。如 2011 年,徐某(网名"香烟弥漫着肺")向网名叫"SO"的人按每 10 万条 100 元钱的价格购买公民个人数据信息 3000 万余条,这些数据主要包含公民支付宝登录账号和密码信息。徐某将购买的部分数据信息按每 10 万条 1000 元钱的价格转卖给他人,从中获利 20 万余元。最终,犯罪嫌疑人徐某等人因利用网络非法获取公民个人邮箱数据信息,被湖北保康县检察院批准逮捕。再如,犯罪嫌疑人丛某(律师)通过 QQ 律师群聊天得知向他人提供企业信息可以获利后,通过网上寻找客源,多次在无正常业务情况下,以律师身份从本市相关工商部门非法调取企业工商档案及法人信息;或通过互联网随机搜索外地律师事务所的信息,查找合作律师,帮其查询当地企业工商信息;以及在网上购买相关企业法人信息,后以每条利润 100~1000 元不等的价格非法对外出售,共获利人民币 4 万余元。2012 年 4 月 20日,犯罪嫌疑人丛某因涉嫌非法获取公民个人信息罪被依法刑事拘留。这些案件的发生表明了我国非法获取商业秘密、个人信息的犯罪也是我们治理网络犯罪中的一个重点问题。

3. 网络引发的社会矛盾案件将更加突出

由于网络具有信息交流与传播的及时互动性,所以,它成为最容易牵动社会大众敏感神经的信息发源地与传播地。当前,由于我国正处于社会转型期,各类社会问题、社会矛盾更加突出。社会大众对于一些社会不公、政府违法等问题反应敏感,难免在网络上发泄一下自己的情绪,而敌对分子、敌对势力会在网络社会中利用一切机会制造矛盾,或者利用一些社会"热点"问题进行炒作,进而激发大众的不满情绪,引发社会骚乱。如云南省"躲猫猫"、湖北省"石首"案后,当地网站被恶意篡改。国家互联网应急中心 2012 年 1 月对互联网进行评估时显示,仅 2011 年 12 月份被篡改的政府网站数量就有 163 个,平均每天就有 5 个政府网站被篡改。因此,鉴于我国目前特殊的历史时期,应加强防范利用网络恶意炒作、挑发激化社会矛盾的犯罪行为,将其纳入今后我国预防网络犯罪的一项重点内容。

四、我国网络犯罪预防与治理策略

互联网现在已经成为进行违法犯罪的理想国。网络犯罪相对传统犯罪而言,犯罪主体更加具有不确定性,犯罪形式也更加具有复杂性,犯罪手段也更加具有隐蔽性,因此,网络犯罪比普通犯罪更加难以获取案件的证据,难以对案件进行及时的侦破。由于网络犯罪的复杂性,这就决定了对网络犯罪的防治需要从多层级、全方位的角度来入手,需要社会中的每一个网络用户加强自身的道德建设,需要互联网行业的所有组织加强行业内部的建设,需要国家政府制定完备的立法体系加强对网络犯罪的管理,也需要国际间的共同合作等。总之,要对网络犯罪进行有效的防治,只有采取一种综合性的治理措施。具体来说,有效预防、治理网络犯罪应同时从以下几方面入手。

(一)加快完善我国网络犯罪的相关立法

我国现行的有关互联网安全的法律框架有以下四个层面。一是法律,如《刑法》、《全国人大常委会关于维护互联网安全的决定》。二是行政法规,如《互联网信息服务管理办法》。三是行政规章,如《互联网安全保护技术措施规定》。四是司法解释,如《关于办理利用互联网、移动通讯终端、声讯台制作、复制、出版、贩卖、传播淫秽电子信息刑事案件具体应用法律若干问题的解释(二)》。这些法律、法规的制定和实施为保障和促进我国信息网络的健康发展起到了巨大的积极作用。但是,随着科技的发展,网络犯罪新问题的出现,现行的立法体系因其立法结构比较单一、层次较低,难以适应对网络犯罪进行有效防治的需要,所以,为有效地防治网络犯罪,我们有必要在现行的法律系统的基础上,进一步完善相关的立法工作。

1. 逐步推进网络犯罪立法模式的转变

对于打击网络犯罪而言,一般有三种立法模式:有将网络犯罪的法律在原有刑法中单列为一章的,如法国、俄罗斯;有将有关网络犯罪的法律分布在刑法各章当中的,如德国、日本;有专门制定单行的网络犯罪法律的,这种做法典型的是美国。很显然,从治理的便捷和效率角度来看,惩治网络犯罪最好的立法模式就是这种制定单行刑事法规的模式。但就我国目前的实际情况来看,较难采用这种立法模式。

目前,我国有关网络犯罪的主要法律规定有:全国人大常委会制定的《全国人大常委会关于维护互联网安全的决定》规定了五类应追究刑事责任的网络犯罪;网络犯罪在《刑法》中只是由第二百八十五条、第二百八十六条、第二百八十七条及《刑法》修正案(七)增设的三条加以规定,并将网络犯罪单列在妨害社会管理秩序罪当中,尚不是完整的一章,这是不利于有效打击网络犯罪的,因为网络犯罪早已突破了社会管理秩序的范畴,它经涉及了整个刑法所规制的领域。所以,根据我国目前的立法情况,我国网络犯罪的立法只能采取渐进式的立法模式,还不能如美国模式那样一步到位。首先,对于那些基本达成共识、需要上升到立法层面予以规制的网络行为,以刑法修正案的形式修订现有刑法。其次,对那些新出现的网络行为需要立法予以规制的,可以增设新罪名,根据情况在刑法典分则各相关章节中予以规定。对于有关网络犯罪的罪名设置较多,在条件成熟的时候,可以在刑法典中设置专门章节予以规范。最后,根据社会发展的需要,在必要的时候,制定单行的网络犯罪的刑事法律规范。

2. 适当扩大网络犯罪的主体

从现有的设置网络犯罪的法律来看,其犯罪构成要件的设计存在着一些不合理的部分,如目前我国《刑法》所规定的计算机犯罪,其犯罪主体仅限于自然人,而缺乏对法人单位网络犯罪的规定。理论上讲,法人单位为谋取自身的经济利益或维护已有的利益,很有可能实施网络犯罪行为。从实际情况来看,网络社会存在着各式各样的由法人实施的"网络犯罪",而且已经出现了很多由单位在互联网上从事的违法犯罪活动。从必要性上看,或从危害性上看,单位实施"网络犯罪"要比自然人犯罪具有更大的社会危害性。因此,从立法上明确规定单位可以成为网络犯罪主体应当是现实的需要,也是我国网络犯罪立法发展的趋势,有必要在《刑法》中增设法人网络犯罪的相关章节或条款,如增设"单位非法侵入计算机系统罪"。除此之外,网络犯罪主体要件设计存在的另一个问题就是有关青少年的网络犯罪问题。从网络犯罪的实际情况来看,网络犯罪低龄化已是普遍现象,年满14周岁不满16周岁的人实施网络犯罪行为是日趋增加的。但我国《刑法》对犯罪主体的规定是:除8种严重的犯罪行为外,14～16周岁的青少年可以免除刑事责任的追究,也即14～16周岁的青少年即使触犯了《刑法》第二百八十五条、第二百八十六条、第二百八十七条的规定也不负刑事责任,这与网络犯罪青少年化的客观事实是不符的。为加强对网络犯罪的治理,有必要让部分青少年为自己的犯罪行为承担一定的刑事责任,因为他们以自己独立的行为主动地实施网络犯罪,他们能预见自己的行为会导致一定的社会危害性,并且他们犯罪行为所导致的社会危害性没有因为他们的年龄小而减小,所以有必要对其进行一定的刑事惩罚。不过在让青少年承担刑事责任的时候,要考虑对他们进行特别的保护,可以对其犯罪行为不留档案记录,在定罪量刑的时候要遵循减轻的原则来进行。对不满 14 周岁的青少年可以予以一定的教育,但应责令其监护人对受害者负一定的民事赔偿责任。

3. 适当提高有关网络犯罪的刑罚度,增加一些刑罚的种类

从我国目前的有关网络犯罪法律规定来看,网络犯罪的处罚手段基本上是自由刑,这不利于打击网络犯罪,也不符合世界刑罚的发展趋势。从当今世界各国打击网络犯罪的立法规定来看,多数国家在网络犯罪的刑种中基本上规定了自由刑、资格刑和罚金刑。其实,我国刑法也可以增设资格刑和罚金刑,对于具有特定职务和专业技术能力的人可以对其网络犯罪设置资格刑,剥夺其从事某种职业的资格;对于给国家、社会和他人造成严重经济损失的网络犯罪应当课以适当的罚金。与此同时,我国《刑法》对有关网络犯罪自由刑规定的法定最高刑也是很轻的,如《刑法》第二百八十五条对非法侵入计算机信息系统罪的法定最高刑只有 3 年有期徒刑,这和网络犯罪所带来的严重社会危害性是显然不相称的。在某些情况下非法侵入计算机系统,其造成的损害是非常严重的,甚至可能会对国家的安全、社会的稳定带来不利影响,这有悖罪责刑相适应的刑法原则,也不利于对网络犯罪行为的有效打击和震慑。此外,网络犯罪的刑罚过轻,也不利于打击跨国犯罪,因为刑罚过轻可能会导致对犯罪分子从他国引渡上的困难,进而无法将犯罪分子绳之以法。根据国际间引渡的相关惯例,一般要求行为人所犯之罪法定最低刑在 3 年以上,而《刑法》第二百八十五条规定非法侵入计算机信息系统罪的法定最低刑为 3 年以下有期徒刑,不利于对犯罪分子引渡的实现。因此,要提高有关网络犯罪的刑罚力度和扩大刑罚的种类,真正做到罚当其罪。

4. 健全网络犯罪的证据制度

无证据则无犯罪,证据是打击网络犯罪的坚实基础,证据制度也是在刑事程序方面打击网络犯罪的重要组成部分,虽然 2012 年 3 月 14 日第十一届全国人民代表大会第五次会议通过的刑事诉讼法修正案已经将电子证据纳入刑事诉讼法的证据种类当中,但是其规定仍然比较模糊,这不利于对网络犯罪的有效打击。传统的书证是有形物,除可长期保存外,还具有直观性、不易更改性等特征,如合同书、票据、信函、证照等。而电子证据往往储存于计算机硬盘或其他类似载体内,它是无形的,以电子数据的形式存在,呈现与传统书证不同的特征。

　　首先,电子证据保存的长期性、安全性面临考验,计算机和网络中的电子数据可能会遭到病毒、黑客的侵袭、误操作也可能轻易将其毁损、消除,传统的书证没有这些问题的困扰;其次,电子证据无法直接阅读,其存取和传输依赖于现代信息技术服务体系的支撑,如果没有相应的信息技术设备,就难以看到证据所反映出来的事实,提取电子证据的复杂程度远远高于传统书证;再次,虽然传统书证所记载的内容也容易被改变,在司法实践中也曾发生过当事人从利己主义考虑,擅自更改、添加书证内容的现象,但是作为电子证据的电子数据因为储存在计算机中,致使各种数据信息的修正、更改或补充变得更加方便,即便经过加密的数据信息也有解密的可能。从这一点可以看出对电子证据可靠性的查证难度是传统书证无法比拟的。关于对电子证据如何采用,目前在中国理论界存在争议,而司法实践中的做法也不一而足。一种观点认为,电子证据同传统证据相比并无特别之处,它们在本质上都同属于证明的根据,传统证据的采用标准仍然可直接延伸至电子证据上。另一种观点认为,电子证据确有不同于传统证据的地方,法官在审查判断电子证据的可采性与证明力时必须进行全新的特别考虑。因此,如何适用电子证据,还需要进一步完善相应的证据制度。

（二）提高防范网络犯罪的技术水平

网络犯罪的迅猛增加，是由于多种因素的共同作用，网络防范技术方面的薄弱性也是其中不可忽视的重要因素之一，网络防范技术的薄弱使得网络犯罪发生的客观障碍力变小，并且对付网络这种高科技的犯罪，必须用高科技的手段来进行防范。要构筑安全的网络信息系统，提高防范网络犯罪的技术水平，降低网络犯罪的成功率，主要从以下几个方面来进行。

1. 设置防火墙

防火墙是指一种将内部网和公众访问网（如 Internet）分开的方法，它实际上是一种隔离技术。防火墙是在两个网络通信时执行的一种访问控制尺度，它能允许你"同意"的人和数据进入你的网络，同时将你"不同意"的人和数据拒之门外，最大限度地阻止网络中的黑客来访问你的网络。防火墙的作用主要有：第一，对流经它的网络通信进行扫描，这样能够过滤掉一些攻击，以免其在目标计算机上被执行；第二，防火墙还可以关闭不使用的端口，而且它还能禁止特定端口的流出通信，封锁木马程序；第三，它可以禁止来自特殊站点的访问，从而防止来自不明入侵者的所有通信。所以，防火墙具有很好的保护作用，它是网络安全的屏障。

2. 进行访问控制

访问控制是系统管理员控制用户对服务器、目录、文件等网络资源的访问，也是防范网络犯罪的有效措施之一。它的主要作用是防止非法的主体进入受保护的网络资源，允许合法用户访问受保护的网络资源，防止合法的用户对受保护的网络资源进行非授权的访问。访问控制可分为自主访问控制和强制访问控制两大类。访问控制实现的策略主要有入网访问控制、网络权限限制、目录级安全控制、属性安全控制、网络服务器安全控制、网络监测和锁定控制、网络端口和节点的安全控制及防火墙控制,各种安全策略必须相互配合才能真正起到保护作用。

3. 提高入侵检测技术

入侵检测被认为是防火墙后的第二道安全闸,或是对防火墙技术的一种补充技术,它是在不影响网络性能的情况下能对网络进行安全监测的,进而对内部攻击、外部攻击和误操作进行相应级别的抵制,提高对网络的实时保护,特别是当入侵检测系统发现入侵事件后,它会及时做出相应有效的响应,包括切断网络链接、记录事件及报警等。所以,入侵检测技术是一种动态安全防范技术,它通过对具体的网络入侵行为进行研究,确保安全系统能及时地对入侵事件和入侵过程作出反应,有助于提高内部网络或主机系统对付入侵攻击的能力,从而增加了系统管理员的安全管理能力,确保了信息安全系统基础结构的完整性,最终也有助于防范网络犯罪的发生。

4. 加大研发数据加密技术

数据加密技术是指将一个信息经过加密钥匙及加密函数转换,变成无意义的密文,而接收方则将此密文经过解密函数、解密钥匙还原成明文。数据加密技术要求只有在指定的用户或网络下,才能解除密码而获得原来的数据,这就需要给数据发送方和接受方以一些特殊的信息用于加解密,所以,数据加密技术是网络安全技术的基石。要通过各种技术手段,加大对数据加密技术的研发与推广,利用手掌指纹扫描等手段,提高网络用户登录网络系统时的安全性,增加网络安全功能,预防网络犯罪的发生。

当然防范网络犯罪的技术远不止于以上的这些技术,还有很多防范技术需要去提高,如对有害信息的过滤技术,安全漏洞的防护技术等。要真正做到防范网络犯罪的发生,从技术层面上,一方面,我们要不时地去更新这些技术,对这些防范技术进行及时的升级;另一方面,还要开发新型的防范技术,这样才能有效地对网络犯罪进行治理。

(三)加强对网络犯罪的管理力度

治理网络犯罪需要在网络社会管理中真正落实,必须加强对网络犯罪的管理力度,建立一套维护网络治安秩序的有效措施体系,主要管理措施如下。

1. 建立健全"网上警务室"制度

和现实一样,公安机关也应该承担网络社会治安管理的主要职责,随着社会犯罪网络化程度的不断提高,公安机关也需要加强对网络社会的管理,以适应新技术的发展需要。公安机关通过在本地网站上设立"网上警务室",能在第一时间接受网络用户的报案求助,及时发现、制止网络违法犯罪活动。同时,公安机关通过"网上警务室"发布、公示一些违法犯罪的信息,一方面,对一些潜在的犯罪分子予以警示;另一方面,可以提高网民的自我保护意识,利于对网络犯罪的防范。目前,公安机关已在相关网站上开设了"网上派出所"、"网上警务室"、"网上公安局"等网络执法机构。通过这些网络执法机构,公安机关进行网上接警、发现和跟踪网上的各种非法活动并进行法律宣传等相关工作,有力地打击了利用网络进行犯罪的活动,也预防了一些网络犯罪的发生。当然,要更加有效地发挥"网上警务室"的作用,还需在运行机制、技术保障、法律规范等层面加以完善,使之能有效治理网络犯罪问题,维护广大网民的合法权益。

2. 加强网络警察队伍的建设

维护网络社会秩序的稳定,需要一大批既懂互联网技术又懂公安业务的复合型网络警察队伍,从类别上来看,不仅需要能保证互联网络安全畅通的网络交通警察,而且还需要能维护网络治安秩序、对网络实施监管的网络治安警察,还需要能够打击网络犯罪的网络刑事警察。通过设立这些网络警察,使得网络管理能够全面化,确保网民报警求助有人接管,网络犯罪行为有人查,并及时开展各项专项行动,对网民反应强烈、影响恶劣的网络犯罪予以快、准、狠地打击。此外,在设立、扩大网络警察队伍的同时,应加强网络警察的网络技术、法律知识及侦查技能等方面的常规化培训,保证网络警察队伍正规化、现代化的水准,大力提高网络警察队伍侦查和打击网络犯罪的能力。

3. 加强对联网单位、场所的信息安全的监管工作

首先,在联网单位如高校、信息服务、网络接入等单位内,设立信息安全管理的专职人员,建立健全有关网络有害信息、病毒,以及网上攻击破坏的发现、预警、防范及处理的安全防护制度,加强对其信息安全的监管。其次,要着重加强对互联网数据中心的信息安全监管,建立用户身份信息登记制度,健全信息安全技术保护措施。再次,加强公共上网场所的信息安全的监管工作,特别是要继续加强对网吧的信息安全的监管,加大对黑网吧的查处力度,全面督促网吧实行网吧实名上网登记制度。此外,也要对宾馆、酒店、电子阅览室等公共上网场所安装信息安全保护设施。

4. 对于多发性的网络犯罪要实施"严打"措施

目前网络犯罪比较高发的类型是网络淫秽色情类犯罪、网络诈骗类犯罪、网络赌博类犯罪、网络盗窃类犯罪,以及网络攻击、破坏系统类犯罪,对这些多发性的网络犯罪,要按照"什么问题突出就重点治理什么问题"的原则,保持一种高压的态势,加强侦查、严密监控,持续性地开展专项的打击治理措施,及时地清理、关闭这些违法犯罪信息或含有此类信息的网站,从而遏制这些经常性的网络犯罪案件的发生。

5. 筹建网络治安联防队

仅靠公安机关是不能对网络安全实施全面监管的,还必须依靠其他社会力量来协助国家机关进行管理。由于网络犯罪一般是高科技的犯罪活动,而作为网络安全监管、打击网络犯罪、维护网上秩序的职能部门——公安机关,其技术人员和技术水平相对而言是受到限制的,在这种现实情况下,公安机关需要与互联网行业进行某种程度上的联系,取得其技术支持与配合。联系的方式可以多样化,从社会管理的角度来看,可以建立网络治安联防队。网络治安联防队以互联网行业的信息安全管理人员为主体,借鉴现实社会治理联防队的管理经验,协助公安机关开展网上治安巡查和法治宣传工作。

(四)加强网络道德建设,发展良好网络文化

单纯地从宏观的法治规制和从微观的监督管理来对网络犯罪进行防范治理,只能暂时地从表面上取得一些效果,防范网络犯罪的源头治理措施还是要加强网络社会的道德建设,发展良好的网络文化,正如美国计算机犯罪专家吉思·史蒂芬斯所言:"展望未来,要通过技术或常规立法程序去遏止信息空间的犯罪活动困难重重,最根本的解决办法只有一条,那就是道德与人生价值观,要让人们有这样的信念:偷窃、解密和私自侵入是不可取的。如果全部计算机网络用户都遵守这样一条信念,信息空间就如同其缔造者所设想的那样,成为神奇的美好之地。"①目前,越来越多的国家普遍认可网络道德建设的重要性,普遍采取各种措施来发展符合社会道德价值主流的思想文化。从预防网络犯罪的角度来说,当前我国在加强网络道德建设主要有两个方面需要积极去完善:其一就是应该尽快建立一套统一的网络道德规范;其二是着重加强对青少年的网络道德教育。

1. 加快建立网络道德规范体系

网络社会在本质上与现实社会是相同的,网络用户在互联网上所

---

① ［美］吉思·史蒂芬斯:《计算机领域中的犯罪》,《青少年犯罪研究》1996 年第 10 期。

进行的社会活动除了遵守法律外还必须遵循一定的道德准则,网络人也必须具有一定高度的道德意识,不能随意进入他人信息系统、制造信息垃圾、进行信息欺骗等不道德的行为,否则,其必将受社会舆论的谴责和自我良心的自责。但网络社会对我们来说是一个崭新的世界,基本上还没有形成一套大家都认可的、具体的、切实可行的道德规范,加上道德具有多元性特征,每个人的道德标准是不一样的,人们只是按照自己内心道德意识来进行网络社会活动,用自己的道德准则来约束自己的某些行为,在没有统一的道德规范的指导与约束下,会导致网络社会活动的混乱,也会导致一些网络犯罪案件的出现,甚至当此类网络犯罪案件发生的时候,犯罪行为主体还认为自己的行为没有违反法律、道德。从实践来看,目前,一些互联网大国已经研究制定了适合自己国家国情的道德规范体系,并且这些道德规范涉及网络社会活动的方方面面,甚至对电子邮件使用的语言格式、电子邮件签名细节,都有相应的规范。例如,美国华盛顿一个名为"计算机伦理研究所"的组织,推出的《计算机伦理十诫》,南加利福尼亚大学《网络伦理声明》中指出的六种网络不道德行为类型等。所有这些规范起到了规范网络用户行为的积极作用。

对于建立我们的网络道德规范,一方面,我们要借鉴国外一些比较好的经验;另一方面,根据我们在现实社会中所倡导建立的道德规范,以其为基础,结合网络社会活动的特殊性,建立一套道德规范体系,以便统一人们的思想认识。同时,随着互联网的不断发展与更新,也要使网络伦理道德的标准和规范不断地丰富起来。在建立网络道德规范时,特别需要注意的一点是,我们必须树立起集体主义价值观。因为网络的灵魂是自由,同时网络是源自西方的,西方文化中所蕴涵的个人主义价值观,崇尚绝对的个人自由,也赋予了网络更加开放自由的特性。而正是由于网络中绝对的自由文化使得网络犯罪更加猖狂,所以,需要在网络社会中倡导这种集体主义理念,作为构建网络道德体系的一个重要部分。当然,网络道德体系的构筑并不是随着网络不断的发展而自然而然地形成和完善,也不是一蹴而就的,这需要社会各个方面的共同努力,期间还要不断地吸收人类优秀的文明成果。

2. 加强青少年的网络道德教育

目前我国互联网网民结构的一个突出特点就是青少年网民所占的比例最高,青少年网络犯罪的案件每年也是居高不下的。所以,要高度重视青少年网络道德教育的建设,这对预防网络犯罪具有重要的作用。加强青少年的网络道德教育主要从以下三个方面来进行。

第一,家庭教育是基础。家庭教育是预防青少年网络犯罪最直接、最有效的方式,在家庭教育中,家长应该主动向孩子们普及网络知识,帮助他们树立正确的网络价值观,同时也要管理、约束他们上网的时间、内容、方式等不合理的上网习惯,特别是要及时地关注孩子们的网友信息,警惕并及时地制止网络不良信息对他们的影响。

第二,学校教育是关键。学校是青少年学习和生活的主要活动场所,更要注重对青少年的网络道德教育,把其纳入素质教育中去,让学生们在学到网络知识的同时还要不断提高自身的网络道德修养。此外,还要加大普及相关的法律知识,使其具备一定的法律意识,掌握一定的法律知识,确保其在互联网上的合法权益不被侵害。这样也能预防有关网络犯罪的发生。

第三,网络社区教育是重点。青少年在互联网上的活动主要是玩网络游戏与网络交友聊天,这些网络社区也是青少年网络犯罪的高发区域。所以,也应该大力加强这些网络社区的精神文明建设,使其具有一个良好的网络文化氛围。这些网络社区也要配备专业的网络管理人员,健全网络管理制度,塑造一个健康的、积极向上的网络社区环境。

(五)加强打击网络犯罪的国际合作

网络环境的开放性、互通性使得网络犯罪是一种具有跨国性的国际化犯罪,从某种程度上说,网络犯罪危害的是整个世界的网络安全,现在已经成为各国共同面临的问题,仅以一个国家的力量打击网络犯罪是不可能达到预期的效果的,也是不现实的,所以打击网络犯罪应在全球范围内予以展开,世界各国需要通力合作,协调行动,共同防治网络犯罪,才有可能有效地预防和打击跨国网络犯罪,保持网络社会的健康发展。但加强国际合作打击跨国的网络犯罪,实践中还存在不少问题,如对有关网络犯罪的刑事管辖权问题,这是涉及国家的主权问题的,还有各国的法律不统一,难以有效地进行通力合作,还有涉及一些技术共享的问题,一般国家都不会向他国提供先进的技术帮助等问题。目前,加强打击网络犯罪的国际合作,从以下两个方面来着手是比较具有可能性的,实施起来相对而言比较容易。

1. 确保在法律上的一致性

为打击有关网络犯罪,我国现已采取了一些有关国际合作的措施,如协助美方侦破了"王代军"向美国销售仿冒"万艾可"药品案,依托上海合作组织制定了《上海合作组织成员国保障国际信息安全行动计划》,建立了网络犯罪侦查取证协作机制等,但法律上的差异性使得开展进一步的协作难以有效进行。所以,我们必须和各方进行进一步的协商协调,统一对相关问题的认定,相互吸收各方的立法经验,把一些大家都遵守的国际公约转化为国内法,或在相互平等的基础上制定一个预防网络犯罪的国际公约,真正确保在打击国际化的网络犯罪时能够做到依各国的法都可以进行打击。

2. 建立专门打击跨国网络犯罪的部门

在国内,我国可以在公安机关内设一个专门打击跨国网络犯罪的部门,这个部门必须熟悉外国的法律法规,建立、加强与外国的长期性国际合作,从而减少与各国开展合作的相关审批环节,提高办案的效率,逐步推动全面的双边、多边合作机制,共同打击、防治网络犯罪。在国际上,建议在国际刑警组织内设置一个打击网络犯罪的国际协调机构,负责进行打击网络犯罪的情报信息交流和技术合作,提高各国共同打击网络犯罪的能力。

　　总的来看,在建设网络社会法治化的过程中,不仅要打击、治理网络犯罪活动,而且还要预防网络犯罪的发生。从成本效益上来看,事前的预防工作要比事后的治理措施要更具有效益价值,所以,打击网络犯罪活动要抢占先机。要有效地防范、治理网络犯罪,必须采取法律、科技、管理、道德、合作等多方面的措施,健全法制,发展技术,加强管理,提高道德,进行合作,只有这样才能有效地保护网民的合法权益,维护网络社会的秩序,确保网络社会的健康发展,促进全社会的不断进步与发展。

第八章

网络道德建设

‑ ‑

　　2012 年 5 月,天津卫视求职类节目《非你莫属》中,海归求职者郭杰因被质疑学历而晕倒,主持人张绍刚怀疑其"表演",引来了众多争议。5 月 31 日,创新工场 CEO 李开复以节目羞辱人为由,在微博中发起了"万人实名抵制《非你莫属》"的投票活动,引来了 40 多万网友的抵制高潮。与此同时,李开复被质疑投票雇用网络水军。而李开复的行为也引起了《非你莫属》BOSS 团和外景主持人徐睿的不满,李开复表示《非你莫属》组织水军在微博对他进行了攻击,其中部分 BOSS 有爆粗口的现象。徐睿在微博中发长文讽刺李开复履历造假,伪称自己是奥巴马同学,故而不可信。而 BOSS 团方面,据李开复列出的有 FESCO 网络公司副总经理葛晓非、北京伊力诺依投资有限公司董事长史晓燕、聚美优品高级副总裁刘惠璞、解决网 CEO 许怀哲等,李开复都截屏统计贴于微博中。其中以史晓燕为最甚,6 月 8 日,史晓燕在微博上对李开复约战称:"好吧,我们约明天下午 3 点丽都星巴克门口决斗吧……"之后史晓燕连发三条微博,用"乌龟王八蛋"等低俗、不堪、很难入耳的语言约战李开复,使骂战瞬间升级。大家也都被史晓燕的用词震惊,网友不敢相信一个如此身份的人竟然公开说这些话。有媒体对此评论道:"公众人物的骂战,比泼妇骂街影响更坏,不但让公众真假难辨,恶化网络环境,更会激化公众情绪,放大现实矛盾,往小了说是狗咬狗一嘴毛,往大了说,那就是利用社会公器践踏公共道德和底线。"

网络道德是社会道德在网络社会中的延伸,是社会道德体系的重要组成部分。网络道德是以网络社会为载体的,网络道德的构建又促进网络社会的健康发展,但随着网络社会的不断发展,网络道德问题也随之出现,不仅阻碍了网络社会自身的进步,而且也威胁了现实社会的稳定,加强网络道德建设是一项紧迫且艰巨的任务。

一、网络道德概述

(一)网络道德的概念与特征

正如网络社会是人类社会的一部分一样,网络道德也是社会道德体系中的一个重要组成部分,是社会道德在网络社会中的一个延伸,它的产生是以网络社会为依托的,是网络社会的一种反映。网络社会是建立在电子信息网络基础上的网络社会,自从它形成的那一刻起,它就以其特有的功能影响和改变着现实的社会生活。一方面,网络社会既给现实社会带来积极的影响,也给这个社会带来许多负面的不利影响,网络道德就是建立在网络社会所引起的双重社会效应的基础之上的;另一方面,网络社会也改变了几千年来逐步凝结而成的"传统"社会道德体系,在此基础上,一种"新型领域"的道德体系随之孕生。

1. 网络道德的本质

网络道德是随着网络社会的产生而产生的,是现实社会道德在网络社会中的特殊表现,所以对于网络道德概念的界定,既要从网络社会的角度来说明,又要从社会道德的角度来阐述。一般来说,网络道德有狭义和广义之分,狭义的网络道德仅指网络用户在网络社会中所应该遵守的道德;广义的网络道德不仅包括网络社会中的道德,而且也包括由网络社会引发的现实社会道德。但从本质上来看,由于网络社会是现实社会的一部分,是依赖于现实社会的,同时,网络道德是网络社会的反映,也是社会道德的重要组成部分,所以,广义和狭义的网络道德往往是相互联系的,逻辑上是包含与被包含的关系。

和现实社会道德一样,网络道德也是规范网络主体的伦理准则规范,它是现实社会道德基于网络社会的新颖性特点而形成的新的行为规范,所以网络道德的本质是社会道德,是社会道德在网络领域中来新体现。首先,网络道德是现实道德在网络社会中的一种新体现。网络道德是随着互联网时代的到来,由现实社会道德在网络社会中来具体体现。网络道德的建立是以现实道德为根基的。现实社会道德反映社会存在、社会客观规律,网络道德就是现实社会道德反映网络社会存在、社会客观规律的体现。其次,现实社会道德包含网络道德。人类社会的外延随着时代的发展而不断扩大,网络社会是人类社会发展到一定高度的产物,它必然包含在人类社会的大范围之内,而现实社会道德也是随着人类社会的发展而不断发展的,其外延也是在不断扩大,依附于网络社会的网络道德也必然包含在现实社会道德的范畴之内的。再次,网络道德不可能脱离、突破现实社会道德。遵守网络道德的主体都具有现实社会成员和网民的双重身份,逻辑上来讲,网络道德主体首先具有一般社会成员的身份,然后才成为网络社会的网民。所以,网络社会的主体既要遵守现实社会道德又要遵守网络道德,如果网络道德脱离和违背现实社会道德,那么会导致网络社会的行为主体"人格分裂"。其实,网络社会的行为主体都要先在现实社会中接受一定的道德教育,现实社会的相关道德随着他们一起进入了网

络社会,形成网络道德。也就是说,网络社会的行为人在现实社会中
具有什么样的道德,在网络社会中也应该具有如此相同的道德。最
后,从调整范围来看,网络道德是社会道德的组成部分。现实社会道
德的调整范围涉及现实社会生活的方方面面,网络社会是现实社会的
一个组成部分,所以社会道德的调整范围当然包括网络社会。而网络
道德的调整范围一般只包括网络领域或由网络引起的社会领域,但这
些也都是现实社会道德所调整的范围。总的来说,现实社会道德是网
络道德得以形成的基础,网络道德是社会道德在网络领域中的延伸与
拓展,本质上是现实社会道德的一个重要组成部分,是网络社会的发
展所带来的一种规制网络社会主体的伦理规范。

2. 网络道德的特点

虽然网络道德是现实社会道德的一部分,但由于网络社会具有时
代性、开放性、自由性、虚拟性等特点,使得网络道德又与现实社会道
德有些不同,如网络道德是伴随着 20 世纪中期后网络技术的发展而
出现的,现代社会道德是伴随着历史传统发展至今的;网络道德以网
络社会为依托,规范的是网络用户的行为,现代社会道德以现实社会
为依托,规范的是社会生活中的所有人;网络道德主体的身份是建立
在网络社会平等性的基础之上的,不存在什么级别之分,不具有不同
级别的道德规范,而现实社会道德所规范的主体都有既定的社会角色
和地位,他们所遵守的道德规范会有所差别,如老人与小孩所遵循的
道德规范就有不同之处。因此,网络道德本质上虽然是现实社会道德
在网络社会的延伸,但与现实社会道德相比,它又有自己的一些特点,
具体表现在以下几个方面。

（1）自主性。如果说现实社会道德是一种依赖性道德,那么网络
道德则是一种自主性道德。与现实社会道德相比,网络道德呈现一种

更少依赖性、更多自主性的特点。首先,在网络社会中,每个人都是自主的,网络社会本身也是人们自主创建的社会,每个人的身份都具有多重性,既是组织者,又是参与者;既是管理者,又是被管理者;既是导演,又是演员。所以每个人都必须主动地明确自己什么该做,什么不该做,以维护正常的网络社会秩序。为了确保这种秩序的稳定,人们又积极地制定道德规范。其次,网络社会使得人们交往越来越频繁,交往的内容日益丰富,交往的层次日益增多,这就导致了包括道德关系在内的各种社会关系也越来越复杂化,一些负面的道德行为也随之产生并影响甚至威胁到人们的生活。在这种情况下,人们从自身的利益和需要出发,自觉地对建立网络道德规范进行认真的思考,并积极主动地建立和遵守网络道德规范。再次,由于网络道德是人们根据自己的利益和需要制定的,是人们自觉行为的结果,因此,这也增强了人们遵守这些道德规范的自觉性。同时,对一些违反这些道德规范的行为进行主动的制止,自发地维护这些道德规范的完整性,使其不被他人破坏。最后,网络社会是开发性的、信息资源共享的社会,人们可以从中自主地、根据自己的意愿选择自己需要的信息,而不再是被动地接受信息。人们从被动地接受信息资源到主动地参与选择信息资源,也促使人们的网络道德行为由被动到主动、由依赖到自主的改变。总之,网络社会是人们自发建立起来的,在网络社会中,人们拥有更多的自主性,其行为也较少受到社会和他人的干预,这需要人们"自己对自己负责","自己管理自己",自觉地成为网络社会的主人。

(2)自律性。网络道德的自主性,要求网络道德必须具备自律性。在现实社会中,人们的行为常常受到法律、社会舆论、他人等影响,促使人们的行为符合社会的道德。但在网络社会里,没有人会认识真实的你,所有的网络用户在互联网上只是一种信息符号,现实社会中直面的道德、舆论谴责、抨击难以实现，那种由熟人的目光、社会舆论和法律筑成的道德防线在网络社会中不能很好地发挥作用。与此同时，网络社会没有类似于现实社会的权威控制与严格的社会管理，人们大多是根据自己的意愿来决定做什么和怎么做，其行为拥有极大的自主性，任何人都可以通过互联网与任何其他个体进行网络互动交流，其过程无须登记并且完全匿名，这就使得道德舆论所评价的对象变得极为模糊，这样强调道德的自律性就显得更为重要了。此外，网络道德规范是由网络主体根据自身的利益和需要制定的，这也要求人们具有更高的自律性。网络道德的自律性也即网络道德的"慎独"，要求网络社会中的行为主体即使在没有任何外在的监督和管理下，也能遵从网络道德规范，恪守网络道德准则。网络主体只有靠自身道德意念来控制自己的网络行为，做到"自己把握自己"、"自己规范自己"、"自己约束自己"，才能共同维系一个健康有序的网络社会。

（3）开放性。随着互联网的不断发展和普及应用，网络社会呈现全球化的趋势，它打破了过去人们那种各自为政、条块分割、相对独立的生产生活方式，人们通过互联网自觉地走出了过去那狭小的生活圈子，开始与世界进行沟通、互联与融合。人们的交往范围、交往空间大大扩大了，通过互联网人们可以自主地与全球范围内联网的任何人进行交流，使得一些具有共同志趣、共同爱好的人方便地进行沟通、合作，彼此可以及时地了解全球范围最新的信息资料，人们之间的交往关系从相对封闭的地域性关系中拓展开来。网络社会的开放性必然使得网络道德也具有开放性。在网络社会中，不同的网络用户带来了各种各样的价值观念、道德规范、风俗习惯及生活方式等精神层面的东西，当这些奇特的精神文化呈现在全世界网民面前的时候，一方面，使得这些具有不同文化传统、意识形态、道德规范、生活习惯的网民了解其他网民所处社会的道德传统,促使他们通过交流、学习等方式,增进相互间的理解和沟通,使得他们能更加宽容地对待世界;另一方面,由于这些不同文化传统、意识形态、道德规范、生活习惯在网络上的并存,他们之间的冲突也频繁发生。先进的、合理的、代表时代发展趋势的道德规范日益受到网民的推崇与效仿,一些落后的、有碍社会发展的道德规范则受到网民们的猛烈抨击,网络上的绝大多数道德主体会认真地审视自己所认同的或遵循的道德规范,崇尚先进的道德规范,摒弃落后的道德规范,使自己的道德水平与开放的世界道德趋势保持一致性。

(4)多元性。正是由于网络道德的开放性,使得其又具有了多元性特征。首先,由于网络社会的开放性,所有不同的文化传统、意识形态、道德规范、生活习惯等精神层面的东西都可以进入网络社会并存在于网络社会,使不同的道德进行相互的冲突、碰撞。其次,网络社会打破了现实社会道德的一些禁锢,使人们的自我个性得到尊重、发展,自我的个性化需求得到满足,人们获得了独立的、自由的、多样化的发展空间,最终使得网络上人与人之间的关系也变得多元化。最后,网络社会也使得现实社会的管理方式发生了巨大的变化,相对传统金字塔的管理结构而言,民主自治化的管理方式更适合网络社会的发展。网络社会民主自治化的管理方式,也为人们提供了多样化的生活方式与多样化的道德选择。

(二)网络道德的原则

网络道德原则是网络道德规范的根据,它贯穿于网络道德规范的全部。网络道德规范应遵循和体现网络道德原则。网络道德原则形成于网络社会的实践中,体现了人类历史上的优秀文明成果,并是网络社会礼仪和道德规则的集中表现,是人们在构建网络社会道德体系需要的一个总方向。网络道德原则虽不涉及网络具体的行为道德规范,但其却是所有网络道德规范的基本指导原则。具体来说,网络道德具有以下几个原则。

1. 全民原则

网络社会是一个开放、自由、包容、共享的社会,现实社会中所有的法人、组织及公民个人都能参与其中,不会因为每一主体现实社会的某些条件、某些因素的不同而不同,它是排斥现有社会成员间存在的政治、经济和文化等方面的差异,一切愿意参与网络社会交流的成员具有平等的交往机会。基于此,网络社会对网络道德原则最基本的需求就是全民原则。网络道德的全民原则指网络社会中所有行为人在实施网络行为、参与网络社会活动时必须以网络社会的整体利益、全民利益为大局,不得为个体的利益而损害网络社会的整体利益、全民利益,个体利益必须服从整体利益、全民利益。此外,全民原则还要求网络社会决策、网络社会管理、网络社会活动等都必须以服务于一切网络社会成员为最终的目的,不能因为网络社会主体的经济、政治、文化、社会地位和意识形态等方面的差异,而把网络社会构建为只满足社会一部分人需要的畸形社会,并使得这部分人成为网络社会资源的占有者和社会的主宰者,排斥其他网络社会行为的主体。

总的来说,全民原则可以概括为两个方面:一是一切网络行为、网络活动必须服从于网络社会的整体利益、全民利益;二是一切网络社会的行为活动都必须以一切网络社会成员为终极目的。

2. 公正平等原则

和现实社会一样,公平正义也是网络社会制度的首要价值,每一网络主体都希望自己被平等地对待,与他人具有同样的权利和义务。在网络社会里,网络对每个用户都是一视同仁的,任何网络主体发出信息时,其信息都会被计算机系统转化为一组由 0 和 1 代码构成的比特(BIT),这组信息比特(BIT)没有任何可以让发出该信息的网络用户享受到任何特权,网络社会只识代码不认人,所以,网络社会不会为部分特别的用户制定特别的规则并给予特殊的权利。网络主体当拥有与别人相同的权利和义务时,也不能强求网络社会赋予自己与众不同的特殊待遇。此外,网络社会的无中心性、无政府性、无权威性、人际关系的非直接性,也增加了公正实现的可能性。

网络道德的平等原则主要包括两个层面的含义,其一是指网络社会中的每一网络主体在实施网络活动时都平等地享有网络社会权利,平等地履行网络社会义务,网络社会所提供的一切便利服务,每一网络主体都能平等地获得,网络社会中的所有规范都应该被所有的网络用户所遵守,并履行其规定的职责。其二,平等原则是指所有的网络用户在网络社会中一律平等,特别是在遵守网络社会规范的方面,网络社会是排除特权的,更不创造特权,无论这些网络用户在现实社会中具有什么样的社会地位、职务和身份,也不管其文化背景、民族、国籍和宗教如何,在网络虚拟的社会里,他们都只是与别人毫无身份差异的网络用户,他们都拥有一个普通的和别人一样的网址代码,所以,任何网络主体都不要把自己置于高他人一等的地位,也不要把自己置于低他人一等的地位,网络社会人人平等。

3. 兼容原则

兼容原则是指网络主体间的行为方式应符合具有某种一致性的、相互认同的规范、标准,每个行为主体的网络行为应该被其他网络用户及整个网络社会所接受,最终实现人们网络交往语言的理解化、行为的规范化和信息交流的无障碍化。兼容原则的核心内容就是要求消除网络社会由于各种原因造成的网络主体间的交往不畅通、交往障碍。基于兼容原则总的目的是要达到网络社会人们交往的无障碍化和信息交流的畅通性。所以,尽管网络兼容问题的产生直接起源于计算机技术,但网络兼容问题不仅仅是技术上的问题,而且是道德上的问题。在网络社会中,如果因为计算机硬件和操作系统不相兼容性的原因而无法与其他网络主体进行交流,或者因为网络不具备某种通用的语言而不能与其他网络主体正常进行网络交往,或者某些网络主体被排斥在网络系统的某个功能之外导致不能进行交流沟通,那么这样的网络是不健全的。从道德原则上讲,这种样子的网络社会也是不道德的,因为它排斥、阻碍了网络社会主体一些参与网络社会正常交往的基本需要。

从社会层面上说,网络道德的兼容性原则要求网络主体间的行为方式的相互认可、认同;要求网络主体在参与网络活动时,彼此间要遵守共同的道德规范,摒弃那些其他网络主体不认可的或者共同规范所不认同的行为方式;要求网络社会确立相对一致的、为网络社会主体所接受的道德标准。网络道德标准的建立,应适用于大部分的网络用户,并且得到大部分网络用户的认可。同时,要避免网络道德强权现象的出现,不能强迫其他网络主体去接受强权道德标准,避免形成单一的网络道德文化。因为谁都没有理由把自己的独有行为方式确定为唯一的网络道德标准,只有经过网络公认的标准才是网络道德的标准。当然需要注意的是,在面对那些与自己的价值观念、道德情操相违背,或者那些自己认为不可理解甚至难以接受的价值观念、宗教信仰等,在某种程度上,没必要为了增进相互之间的融合而去改变、甚至放弃自己的价值观念和信仰。因此,兼容原则更多地体现的是宽容、开放的道德价值。

4. 互惠原则

互惠原则表明作为网络道德的主要原则之一,表明每个网络社会中的用户都必须认识到,自己既是网络信息资源和网络服务的使用者和享受者,也是网络信息资源的生产者和提供者,当其享有了网络社会所赋予的交往权利时候,也应承担网络社会对其所要求的社会责任。此外,由于网络信息交流和网络服务具有双向性,网络主体间的关系是交互式的,所以,如果网络用户从网络社会和其他网络用户那享有了一些权利、利益和便利时,那么其也应该同时给予网络社会和对方对等的权利、利益和便利。同样,互惠原则也集中地体现了网络主体道德权利和义务的统一,网络主体在享有网络社会的一切权利时,也应积极承担相应的责任(包括社会赋予的责任,为网络社会提供有价值的信息),不应该有只享有权利而不履行义务主体的存在,也不能使网络主体只承担义务而不享有权利及利益。更进一步来说,互惠原则本质上体现的是赋予网络主体平等与公正,无论网络用户本身在现实生活中具有什么样的社会地位、职务和身份,也不管其文化背景、民族、国籍和宗教是什么,都无权侵占他人的劳动成果或强迫他人做不愿意做的事情,也即兼顾原则的利益导向是双向的,利益的主体也是平等的,所体现的也是公正的。

5. 无害原则

无害原则指网络社会中的每个网络主体的任何网络行为对其他网络主体、对网络秩序,以至于对整个网络社会不会产生有害的负面影响,或者说网络主体的网络活动至少对社会是无害的,他们不应该利用计算机网络技术,给其他的网络主体和网络空间的秩序造成任何伤害,无论这种伤害、这种负面的影响是直接的还是间接的。网络社会发展至今,已经成了一种全民参与的生产、生活空间,虽然不能强制要求每个网络主体对这个社会空间的环境采取什么积极保护的手段或作出什么突出的贡献,但每个网络主体至少要维持现在稳定的网络社会秩序或网络社会环境,即要求他们的网络行为至少应该无损于其他网络主体的合法利益、无损于网络社会的公共利益。毋庸置疑,无害原则应该是一个最低限度的道德标准,是网络道德的底线,如果网络道德都无法满足这条最低限度的要求,那么网路道德从根本上来说也就无从谈起了。换句话说,无论网络社会选择什么样的伦理道德规范,无害原则都是其中的应有之义,任何网络道德都应包含这一原则,它是评价网络行为、网络活动是否具备正当性的最低道德检验标准。所以,无害原则在辨别、分析网络社会中出现的道德两难的问题是很有益处的。辨别、分析任何网络道德问题的逻辑起点就是要考虑在该问题中有没有出现有害的现象,谁是致害的主体,致害的程度有多大,等等。根据这一原则来分析网络病毒、网络犯罪、网络色情传播及黑客等行为,显然这些行为对其他网络主体和网络社会造成了危害,是严重的道德失范行为,应该予以绝对禁止。当然在坚持无害原则的时候,应该注意的一点是,如果网络主体在故意的情况下实施的对他人或网络社会有损害或破坏其合法利益的行为,当然是公然地违反了无害原则;如果网络主体在过失的情况下其行为客观上对他人或网络社会造成了危害,则要具体分析行为人的主观心态,当行为人有义务或有能力来预见自己行为可能产生不利后果时而由于过失而导致危害后果的发生,那么行为人的过失行为也应该是违反了无害原则,反之,则没有违反该原则;如果在不可归责于行为人的情况下,行为人的行为产生了危害后果,那么就不能认定其行为违反了无害原则。

6. 自由原则

自由原则是指在网络社会中,在一定的社会和技术允许的条件下,网络主体在不对他人造成不良影响的前提下,有权根据自己的个人意愿选择自己的生活方式和行为方式的活动原则,其他任何网络主体和组织不得进行无理干涉。互联网的出现给网络主体提供了前所未有的自我发展的空间,在这种无中心、无政府、无管理者的网络空间里,网络主体可以自由地按照自己的意愿来进行网络活动,那些在现实社会中基于某种权威、某种义务、某种责任的行为在这里可以变得毫无顾忌了,只要该行为没有违反无害原则。此外,网络社会中,现实社会的行为主体的形象、身份、特征行为等具有了数字化、符号化特征,使得行为主体没有了社会目光的监督,没有了舆论的约束,行为人可以建立自主性道德意识,以自主自愿的态度去面对社会,激发了人们心中的自主意识,为网络主体一定程度自主权的实现提供了可能。尽管网络社会是个信息资源纷繁复杂的社会,人们的行为自决权得到了充分的展现,但是在遵循自由原则的同时,行为主体必须对自己的行为担负着道德责任,自己所享受的自由都是合理的和正当的,都是自律的而不是"放任的"或"随意的"。

7. 诚信原则

诚信不仅是现实社会行为主体进行人际交往的基本准则,同样也是网络主体进行信息交流的基本保障,它对改善网络社会的精神风尚、提高网络主体的思想素质、保障网络社会秩序良性运行起着重要作用。网络社会是一个完全虚拟化的社会,网络主体或其网络行为在网络社会中都是以虚拟的数字化方式存在的,网民进行信息交流、信息交换都是基于对信息交流对方的信任,如果网络主体都缺乏诚信,那么整个网络秩序就会遭受破坏。因此,坚持诚实守信原则对于规范网络社会行为尤为重要。在当前网络社会中所出现的道德失范现象,大部分都与网络主体失去诚实守信、缺乏诚信理念有着重要关系,所以,要改变这种频频出现的网络道德失范现象,就必须从加强网络主体的诚信理念建设入手,确保其在实施网络行为时坚持诚实守信的原则。此外,网络道德建设和道德教育的最终目的,就是要使网络道德原则和道德规范,转化为所有网络主体的内心信念,并能在具体的网络行为中把它付诸实践,并且网络道德的教育不仅要使网络主体懂得什么行为是道德的,什么行为是不道德的,更重要的是,是要行为人能以诚挚、理性、真实的态度,把道德要求蕴涵在自己的行动中。因此,网络用户以什么样的态度来对待道德原则和规范,是网络社会道德能否收到实际社会效果的关键环节。网络主体能够以真诚的态度在行为中做到诚信原则,那么网络社会的道德规范就必然取得越来越大的社会价值;如果网络主体不能以诚挚的态度贯彻诚信原则,那么网络社会的所有道德规范、道德要求都会沦为空谈,失去诚信的网络社会就会濒临崩溃。

二、网络道德存在的问题

互联网的发展改变了人们的时空间观念,拓宽了人们的交往范围,使人们之间的关系出现了新的变化,这为社会道德的发展提供了新机遇;同时在网络社会里,也产生了许多新的价值观念与伦理精神,拓展了社会道德的研究范围。网络社会的发展,一方面,使得道德在网络社会的平台上对社会的进步与发展呈现积极正面的作用;但另一方面,这种数字化的社会生活空间,也确实带来了很多负面的影响,甚至冲击着最低限度的道德——法律。对于促进社会发展的网络道德我们要大力发扬,至于在网络社会中产生的负面网络道德问题,我们应予以积极防范,加强治理。当前从加强网络道德建设的迫切性来看,主要是由于网络道德问题的严重性引起的。所以,需要我们清楚地认识目前网络道德问题的现状,以便有针对性地采取措施加以控制。

(一)网络道德问题的表现

当我们在为网络给人类社会带来巨大的惊喜时,我们也应该看到网络中存在的暴力侵权、盗窃诈骗、传播色情等不道德的行为、现象,同样也令我们触目惊心,这种网络道德缺失、网络道德失范的现象随着互联网的发展也在不断扩大,对人们造成的负面影响也会越来越大。从网络道德发展的现状来看,这些网络道德问题、道德失范问题主要有以下常见的表现形式。

1. 网络文化霸权问题

网络文化霸权是网络信息强国利用自身先进的网络技术优势和文化地位的优势,向其他信息技术水平较差的国家进行文化的输出和文化的扩张,迫使他国接受其意识形态、价值观念、生活方式等,以达到其战略目标的国际文化霸权的行为。由于计算机网络技术是来源于西方的,其发源地是美国,所以,网络文化在美国产生,英语也是电子文本中最主要的语言工具,约有90%的网络信息是出自西方国家的英文信息。一些西方发达国家正是利用网络语言以英文为主的优势,在其与其他国家和地区进行通常的文化信息传播时,极力进行网络舆论导向的控制,与此同时,它们也不断地向其他国家和地区输送其世界观、价值观、生活方式等。特别是20世纪90年代以来,美国极力以网络信息力来提升综合国力,以信息强国、大国的强势地位来拓展自己主权的行使范围,并努力营造实质是在自己霸权统治下的国际“和平”,建立以自己为核心的西方国家主导下的国际秩序,造成了全球力量的严重失衡,这种失衡使得网络社会也面临着文化霸权的压力。当面临西方的这种强势文化进攻时,在本国网络技术还不足以对之进行不良信息拦截时,绝大部分网民会在西方文化的某些诱惑下,会在自觉或不自觉中对西方文化产生认同感和亲近感,在潜移默化中接受西方的意识形态、价值观念和生活方式。更为严重的情况就是一些网民会产生唯西方文化马首是瞻的倾向,这不仅会使得本民族的文化传统和价值观念遭到空前的危机和挑战,给本国的文化、文明的延续带来负面影响,而且那些不良的外来文化会使得一些网民感到精神迷茫甚至会走向更为负面的生活困境。正是由于这些带有霸权性质的网络文化通过互联网以空前的渗透力和影响力逐渐地侵蚀着当代国人的道德价值观念,其危害会导致人们为自己的精神生活感到困惑与迷茫,导致个人主义、物欲主义在社会中泛滥成灾,网络犯罪日益严重,甚至会导致本国传统文化的丢失。

2. 网络隐私权问题

隐私权是法律赋予每个公民的基本权利,保护个人隐私是一项最基本的道德伦理要求,但网络的出现使人们隐私权受到了挑战。网络技术的发展大大增强了信息系统的采集、检索、重组和传播的能力,一方面,这使得网民产生了需要使用更多的信息的欲望;另一方面,网络通信技术的发展确实也使网民更容易地获得他人数据资料和机密信息,个人隐私面临着空前威胁。与此同时,互联网技术作为"信息高速公路"连接着网络社会中的各个信息点,它奉行的是信息资源的开放与共享,强调的是网络人的言论自由与人际无障碍的虚拟沟通,鼓励对真实世界的认知与对自我个性的追求和张扬。互联网的这些特性造成的后果有可能是个人隐私权被剥夺,私人生活的空间予以公开化,个人隐私的价值也会流失。所以,对隐私的侵害是互联网经常受到批评的一个重要伦理问题。私事不被擅自公开是每个社会主体都享有的基本生活权利,在法律上是受到保护的,他人也负有尊重个人隐私的自明义务,保护隐私也是对人性自由和尊严的一种尊重,是一项基本的社会伦理要求。实际上,随着全球互联网的快速发展,侵害个人隐私的问题也越来越突出,甚至个人隐私的跨国传递也变得越来越容易,越来越频繁。对隐私权的侵害一般表现为对个人隐私的直接侵害。人们通过网络进行的所有网络活动,如发送电子邮件、网络聊天、远程文件传输、网络转账、网络购物等活动的信息资料都是被记录下来的,任何想要了解你的个人隐私的人都可以通过一定的网络技术得到你的信息资料,对你有恶意的行为人可通过网络的各种渠道向全世界曝光你的个人隐私,对你进行侵害。换句话说,在网络时代,你的生活隐私可能会荡然无存,你所有生活的琐碎事物都有可能被人在网络上编列记录,对你的隐私感兴趣的人,就像打开一本书一样简单地打开你的私人生活空间。个人隐私的被披露,不仅会使被曝光人的人格尊严受到伤害,精神受到折磨,对个人安宁生活产生威胁,而且也不利于社会道德风尚建设,不利于社会秩序的稳定。此外,随着网络经济的不断发展,以他人的隐私作为谋取不法经济利益手段的现象也日益频繁出现,如何界定个人隐私的范畴,防止不良分子以个人的隐私作为谋取不法经济利益的手段,防止损害他人的身心健康,这将是网络社会所面临的一个难题。

3. 网络犯罪问题

网络犯罪是行为主体针对计算机网络或用计算机网络实施的违反刑事法律、应受刑罚处罚的具有严重社会危害性的行为。网络犯罪与计算机网络技术的发展息息相关,如没有计算机网络,就不会有计算机网络这一新型犯罪形式,更不会有网络犯罪这个社会问题。网络社会的隐蔽性增强了行为的自由度和灵活性,为人们逃避道德责任提供了可能;网络的普遍性和快速性,为科技犯罪提供了便利条件,其所特有的"虚拟"环境更是给科技犯罪戴上了安全的面罩,一些人因此把网络当成了犯罪的工具,如网络黑客的入侵引起人们对网络安全的高度重视,计算机病毒的制造和传播给社会带来了极大的损失,恐怖组织、邪教组织也把网络当成新的犯罪工具,等等。网络犯罪一般以网络系统为侵犯的对象或者以网络作为犯罪的工具,它具有犯罪的一般属性,即社会危害性、刑事违法性及应受刑罚处罚性。但网络犯罪不仅仅是个法律层面上的问题,更是个道德层面的问题,因为法律是最低限度的道德,而刑法也是最后规制手段,任可人都不能违反它,否则不仅会受到刑法的制裁,更会受到道德的谴责。任何网络犯罪行为都是不道德的行为,一个具备高素质的网民是不会违反道德规范的,更不会触犯法律(尤其是刑法),而去危害社会。

4. 信息污染问题

如果说近现代工业文明给人类社会带来了环境污染问题,那么当代网络技术的推广也给人类带来了无数的信息垃圾,且这些垃圾信息正日益演变成为信息污染。信息污染是指行为人有意制造和发布的有害的、虚假的、过时的和无用的不良信息,影响了人们的健康生存,导致了人们的信息活动低效率的状况。在目前的网络空间中,网络色情、垃圾邮件、网络虚假信息、网络谣言等网络不良信息散落在网络社会的所有领域,这些不良信息已严重污染了网络社会的环境,成为网络社会的一大公害,并且这一公害随时随地都可以在网络中看见,只要你打开计算机连上网,就可能会遭到一些垃圾邮件铺天盖地的轰炸,被网络谣言和虚假信息所骚扰,以及受到网络色情的诱惑。这些污染信息不仅占用了大量宝贵的网络资源、网络空间,大大降低了网络运行的效率,而且还有碍网络环境的纯洁,对人们的生活特别是青少年的健康成长构成威胁。

5. 侵犯知识产权问题

知识产权是法律所赋予的权利人对其创作的智力劳动成果所享

有的专有权利。知识产权是人类智力成果的结晶,它具有使用价值和价值,理应得到全社会成员的尊重和认可。网络社会的出现使得知识产权具有更丰富的内容与形式,它使得信息传播具有快捷性、即时性、广泛性,加快了信息的流通速度,拓展了信息传播的空间,充分地实现了网络信息资源的普遍共享,但同时网络社会也使得移植、复制信息变得轻而易举,致使侵犯知识产权行为容易发生,导致侵犯知识产权的事件在网络空间中频繁发生。此外,一些软件开发者受"自由软件运动"的影响,更加大胆地来复制别人程序的源代码,或者抄袭别人程序的逻辑结构并嵌入自己的源码,把其作为自己的智力成果。利用网络侵犯知识产权不仅增加了保护知识产权的难度,严重影响了产权人的创新热情,而且使网络创作的风气遭受破坏,也影响了整个网络社会的道德水平。

6. 网络社会公信力问题

网络社会是以网络媒体为主要形式来向网络大众呈现信息的,它是以网络为传播媒介而建立的。网络媒体网站、门户网站和传统媒体一样,起着信息传播和交流的作用。由于互联网的开放性和网络信息的全球共享性,对网络信息的有效管制会存在较大的困难,网络媒体在满足我们的信息需求的同时,其信息传播过程中的种种弊端也日益突显,它的负面效应,已经不仅仅是买卖个人信息、传播淫秽色情信息、发布骚扰网络广告、侵犯知识产权、肆意发布有害言论等这些有害于网络主体权益的现象,而是由这些有害现象所造成的网民对网络内容的不信任。从长期来看,网络大众对网络信息和网络媒体的普遍不信任,会使得社会大众认为网络媒体难以成为一个保障信息可靠性和真实性的信息流通场所,加上网络信息的海量化和匿名性更加使得网络信息的可靠性、准确性受到质疑,最终会使得社会大众不会利用网络进行正常的生产生活,而是重新回归到现实社会,网络也将成为人们进行各种有害活动的场所。因此,网络媒体上出现的各种有害的信息或进行的各种有害活动,最终会影响网络社会的公信度。

(二)网络道德问题产生的原因

网络是一种强有力的信息交流工具,既可以为人类社会造福,又可能给社会带来灾难。网络究竟是给人类社会带来幸福还是带来灾难,这不仅仅取决于网络自身所具有的特性,主要还取决于网络主体的主观意识和网络社会所具有的客观背景。同样,网络道德问题的出现,原因是多方面的,网络自身所具有的特性可能会成为网络道德问题产生的便利条件,网络主体自身存在的问题也是产生网络道德问题的主观原因,网络社会的社会背景也是成为网络道德问题产生的客观原因。

1. 网络自身的原因

在现实社会中,人们的生产生活、社会交往受到方方面面的规制,相对而言也是比较容易对其进行规范、控制的。但网络社会不同于现实社会,网络社会既没有边界的界限、也没有特定的中心区域,更不受任何权威组织机构的控制,事实上也无法对其进行绝对控制,因为网络社会的运行是数字化的、虚拟化的,人们的网络交往只是以字符为媒介的,人们的行为因而表现得非常自由,难以对其进行规范与控制。此外,在网络社会中,人们之间进行直接的、面对面的交流、接触越来越少,人们可以做出许多在现实社会中不敢去做或不可能做的事情,于是部分网络主体在自身没有很好的自律精神、网络社会他律制度还不完善的情况下,他们的行为会无所节制,会做出与社会道德规范不相符的事。

(1)网络社会的虚拟性。现实社会人们之间的交往是一种面对面的现实交往,交往涉及的范围相对较小,交往的对象基本上都是熟识的人,在这个"熟人社会"里,人们之间的交往关系主要以家庭、邻里、亲友关系维系着,人们在交往中逐渐形成了一套交往规范,这些交往规范大都是社会道德规范,人们的行为不自觉地受到这些规范的约束,人们在社会生活中也自觉或不自觉地遵守着道德规范。而在网络社会这个虚拟空间中,由于它是由 0 和 1 构成的一个数字世界,人们所有的网络行为具有数字化或虚拟化的特征,人们之间的交往不再依赖现实社会的各种条件,也不再需要真实的身份,人们也不必以自己的真实面目来进行交流,人们通过计算机终端,成为一个信息符号,人们可以给自己戴上各种各样的面具与他人进行交往,而且完全不必担心自己的面具会被揭穿。这样一来,就很容易引发出一些道德的问题,人们利用"反正没有人认识我"的心理,避开了现实社会中对行为进行约束的机制与监督、避开了社会管理者的目光,公然实施一些无视社会公德的行为,如在网上散布一些网络谣言,进行一些网络诈骗活动等,甚者还有人认为"在网络世界里只有能力的高低,没有道德的善恶",把网络社会视为"道德的真空",这些道德问题的出现,与网络自身的虚拟性有很大的关系。

(2)网络社会的开放性。网络社会是一个自由、开放的信息传递系统,网络社会中网络活动主体是来自世界不同国家和地区的网络用户,而这些来自不同国家和地区的网民们又拥有自己本国和本地区的特色文化,这些不同文化同时存在于网络社会,必然会出现网络信息的多元化。而这种由于网络社会自由开放性所带来的多元化信息也引起了一系列的网络社会道德问题,各种垃圾信息在网络中泛滥,不仅造成了网络信息污染,而且对人的身心健康造成了一定的伤害,如黄色网站、黄色信息传播在有些国家是允许的,导致了这些不良信息在当地网络社会中频频出现,甚至泛滥,当这些不良信息通过开放的互联网传播到我国,就会引起网络道德的危机。首先黄色信息传播在我国是法律明文禁止的,而法律又是最低限度的道德,所以它必然违反道德规范;其次黄色信息的传播也会败坏社会风俗,不利于人的正常发展,特别是不利于青少年的健康成长。与此同时,网络的开放性也使得个人隐私权的保护更加困难,也便利了不法分子对知识产权的侵犯,甚至对网络的安全也会造成威胁。可见,网络社会的开放性不仅使得信息交流更加广泛、快捷,而且也导致有害信息的泛滥,引发网络社会的道德危机问题。

(3)网络社会的隐蔽性。网络社会的隐蔽性容易导致不良道德行为的增多和违法犯罪行为的出现。在网络社会一人一机的环境下,人与人之间不必进行面对面的交流,传统社会的熟人圈子对人们的行为进行约束的评价机制在这里失去了效力。此外,互联网技术使人们的身份在计算机上只表现为一串字符,网络用户可以使用不同的身份随时随地与他人交流并且不会被人觉察。网络主体身份的这种相对隐蔽性,使得网上的不道德行为日益增多。同时,网络的隐蔽性也造成了对网络进行有效性管理的难度加大,侵犯知识产权、恶意制造计算机病毒、网络黑客侵犯计算机信息系统等网络犯罪现象层出不穷,不仅对经济秩序、社会稳定和国家安全构成严重威胁,而且造成严重的网络道德问题。

2. 网络主体的主观原因

人是任何社会的主体,网络社会的一切活动都是以人为最终目的而展开的,当然这些活动也是由人来开展的,网络道德问题的产生也是由人作为深层次的原因而引起的,因为只有人才是道德规范的主体。

(1)网络主体的道德素养低下。网络主体自身的道德素养低下主要表现在网络主体与网络发展所需的道德之间存在着不同步性。网络社会需要一种新的道德规范来予以调整,如果只是机械地沿用现实社会中的道德规范,缺乏与网络社会发展相适应的新的道德规范,那么,就可能造成网络社会中某些领域缺乏道德规范调整的局面。目前,网络主体普遍不知道网络社会发展需要什么样的道德规范,当他们面对网络社会出现的一系列新问题时,现实社会的道德规范又不能对网络社会的某些网络行为进行规范或规范不力,他们只凭借自身的道德伦理水平难以对自己的网络行为进行有效的评价和约束,迫切需要网络道德规范的帮助和指导。因此,网络社会的出现,需要人们及时地了解、认识相应的网络道德规范,具备相应的网络道德观念,这样才能实现网络社会的健康发展。

(2)网络主体缺失对相关网络行为的道德判断能力。网络社会在发展的同时,一些新的网络道德规范也在逐渐形成,这些道德规范大都是人们自发形成的,用来指导、规范人们的网络行为。但由于人们对网络社会的认知水平有限,这些新的网络道德规范的形成尚不成熟,对某些网络领域的规范还存在着某些不清晰的地方,对该领域网络行为的指导、规范效果也不是很明显或者说就没有起到指导规范的作用。所以,用这样尚未成熟的网络道德规范去指导、规范人们的网络行为,不免会使人们产生一些模棱两可的认识,最终会导致对某种网络行为的合道德性判断产生错误的认识,甚至会认为某种不道德的网络行为似乎这样做也有理,那样做也合理。此外,由于网络社会主体是来自全球不同的国家和地区,他们具有不同的风俗习惯、不同的宗教信仰及不同的道德价值观等文化背景,所以,他们很难用一种统一的道德规范作为衡量的标准,来判断人们行为的正确与否,大多时候他们的评价标准呈现多元化,这种情况更容易产生一些不道德的行为。

(3)网络主体缺乏自我约束的道德意识。网络社会道德并非与现实社会道德相脱离,它是立足于现有社会道德的基础之上的,是人们利用既有的道德规范、道德价值及道德观念在网络实践活动中形成的一种对网络社会进行规范的道德体系,其实质还是属于一种现实的社会道德体系。由此可以看出,网络社会道德有两个部分组成:其一是不仅适用现实社会还适用网络社会的现实社会道德,其二则是仅适用网络社会的特殊道德。因此,在网络社会中新的社会道德规范还尚未形成的情况下,人们可以用现实社会中的部分道德规范来指导、规范自身的网络社会行为,网络主体也应该自觉主动地利用这些社会道德规范来进行自我约束,来规范自我的网络社会行为。但是网络社会中频繁出现的网络不道德行为、现象却表明,一些网络主体对其网络行为毫无进行自我道德约束的意识,现实社会中的道德规范在网络社会中难以发挥作用,形同虚设,实际上处于无力约束或者约束乏力的状态。即使网络社会中新形成的网络道德规范,部分网络主体也对其漠视,更谈不上用其进行自我约束了。

3. 网络社会的客观原因

尽管网络社会是一种虚拟的社会,但网络社会也是包含在现实社会中的。只不过是现实社会主体在社会中一个新领域进行的活动,它的存在和运行都是处于一定的客观社会背景之下的。因此,网络社会的道德问题的出现必然有一定的社会客观原因,有必要从外部的客观条件出发来探讨网络道德问题。

(1)网络立法的滞后性。立法本身就具有滞后性,当高速发展的网络社会形成后,立法的滞后性就显得更为突出。在网络社会发展的法治化进程中,法律是规范网络道德问题的主要手段。然而,网络立法的滞后性又使得部分网络行为失去了法律的有效制约,有些网络行为甚至还没有任何法律对其进行规制。没有任何外部约束的网络行为很可能会由此变得毫无顾忌,一些不道德的社会问题也由此产生。网络行为缺乏法律有效规制的一个重要原因就是有关规制网络社会的法律难以制定,其中许多法律问题难以界定。第一,网络立法面临的首要难题就是网络行为的法律主体无法确定或难以确定。因为网络社会本身具有虚拟性,任何行为主体都可以用非真实的符号进行网络活动,这样就屏蔽了网络主体的真实身份。第二,行为人的法律责任及其行为的危害程度难以界定。例如,当某一网站受到黑客入侵的时候,黑客的危害性怎么来界定,造成的损失又怎么来界定,行为人应该根据什么来承担责任,承担什么样的责任等这些问题都是很难界定的,现实中这些问题都是互联网法律体系中的法律盲区或法律疑点。这些法律盲区或法律疑点不仅不利于对互联网的管理、不利于网络社会的健康发展,而且可能还会造成网络环境的污染。要想净化网络社会的道德环境,就必须建立健全网络法律规范,不仅仅因为法律是网络道德环境建设的保障,而且更因为网络法律本身也是道德的最低要求。

(2)市场经济导致价值取向的多元化。从我国社会主义市场经济确立以来,人们传统的道德观念、价值取向正发生着深刻的变化,而且在社会生活中特别是在经济生活中也涌现了许多新的价值观,这些均使得人们的社会价值取向趋于多元化,人们的道德观也在趋于多元化,如是非观、利弊观、得失观、尊卑观、善恶观及美丑观等也正在发生多种变化。这些价值取向、道德观念的多元化趋势,一方面,打破了传统社会许多陈腐守旧的观念,给人们带来了平等观念、竞争观念、自主性观念等;另一方面,也使得社会正统主流道德价值观念受到了极大的挑战,如国家观念、整体观念、集体观念、服务观念、义务观念及社会责任感逐渐被侵蚀、淡漠及边缘化。与此同时,市场经济是全球化的经济,随着我国对外开放进程的不断扩大,我国市场经济也日益成为全球市场经济的一个部分,西方的各种价值观也通过市场大量涌入了我国,这就使得社会价值取向多元化的趋势更加突出和复杂,冲击着社会主流价值观、道德观。市场经济所带来的这种多元化的价值取向带来的负面影响,在网络社会中也有一定的体现,加上网络社会本身又具有自由性、开放性、隐蔽性、虚拟性、无序性等特点,这就极容易为一些网络主体利用网络的这些特性,全然不顾国家观念、集体观念、服务观念、义务观念和社会责任感,极力扩展个人的自我观念,无限张扬自己独特的个性,从而导致网络社会出现一些道德的问题。网络主体在网络社会中进行网络活动时,如果缺乏自律精神,缺乏一些社会规范的约束,那么就有可能过分地强调个人的主观意识、主观个性,摆脱现实社会中各种社会关系的束缚,从而丧失社会责任感和道德感,更加放纵自己的行为,导致侵犯他人隐私、发布虚假信息、宣传网络谣言、充当计算机黑客等严重违反网络道德行为的问题频频出现。

(3)过分追逐经济利益的最大化。在网络社会中,大部分的网络活动基本都是与经济有关的活动,市场经济也是网络社会的重要内容之一,而市场经济的一个最为重要的原则就是追求经济利益的最大化原则。在逐利心的驱使下,一些利欲熏心的网络主体就会利用网络这一自由开放的平台进行非法经济活动。通过对大量的网络社会现象进行分析,我们会发现,网络道德问题的产生,有违社会道德的网络行为、网络活动的出现,大都与行为人过分追逐经济利益最大化有关。正是在这些不正当经济利益的驱使下,使得网络主体藐视网络道德和法律的存在,并在网络这个自由开放的空间中肆意进行有害活动。例如,网络制黄贩黄、网络盗窃、网络诈骗、网络侵犯知识产权、对网络资源进行不正当的垄断等,这些网络行为与追逐经济利益有直接或间接的关联。再加上网络社会中各种规范制度还不健全,甚至存在一些监管空白的领域,相比于现实社会,在网络社会实施这类违法犯罪、违反公序良俗的行为就容易得多了。

(4)意识形态斗争趋于网络化。网络社会不仅是人们进行经济、文化交流的信息平台,而且是各种意识形态斗争的新阵地。随着网络社会的不断发展,各种政治因素、政治势力逐渐渗透到网络社会中,不同的意识形态之间的争论和斗争已在网络上开展起来,不同的政治势力通过互联网平台对意识形态对手进行各种的诽谤和攻击,窃取对方的政治、军事机密,利用互联网煽动对方国内的反动势力进行反叛,发动骚乱,鼓动对方国内的民众进行各种对本国政府的抗议、游行、示威活动,教唆其国民进行犯罪,扰乱社会秩序。甚至有些国家直接运用黑客入侵或破坏他国的信息安全系统,使其信息安全系统陷入混乱和瘫痪状态,等等。这些政治因素介入互联网中,不仅使得国家的安全受到了威胁,社会秩序遭受到破坏,而且还使得"文化霸权主义"或"文化殖民主义"进入网络社会,并且已经有所表现了。特别以美国为首的一些西方国家,仍在推行对中国的"分化"、"西化"政策,它们利用手中掌握的网络控制权、信息发布权,利用强大的网络语言文化优势,加强了对我国的颠覆与演变。这种"文化霸权主义"所带来的影响虽然不能够直接被人们所感受到,但它能在不知不觉之中对国民产生潜移默化的影响,从而使人的价值观念逐渐被西化。所以,意识形态斗争的介入和文化霸权现象的出现,都在冲击着网络社会道德的构建,引起网络社会道德危机。

（5）网络监控技术的不完善。技术手段在监控网络活动、确保网络安全、防治网络违法犯罪等方面发挥着不可替代的重要作用。虽然我国在网络安全技术研发方面取得了显著的成绩，但是，网络监控技术的发展还很不完善，远远不能满足网络社会发展的需要。首先，解决网络监控技术上的难题是网络安全面临的首要问题。网络技术作为一种新的技术，由于受到技术自身发展程度的限制，其自身还有许多不完善的地方，监控技术总能被一些破解技术所战胜，网络安全水平远不够高。在许多网络道德问题中，由于网络防御技术存在缺陷，为一些不良的网络主体实施有违网络道德的行为提供了可能。如当网络黑客在对网络系统进行入侵、挑战网络安全时，如果在网络系统自身的安全防范技术能走在网络技术的前沿，能有效地阻止有害信息数据的入侵，那么就可以避免许多网络问题的产生。因此，有必要通过及时地更新网络安全技术手段，对一些网络不道德行为加以预防和控制。其次，我国网络信息化设备的自主创新还不够，大部分主要是依赖国外的进口。同时，对这些引进的技术和设备仍然缺乏必要的信息安全管理能力和技术改造能力，这也为一些来自他国不良信息进入我国提供了可乘之机。再次，我们还缺乏足够数量的、真正懂得使用和驾驭网络安全防护工具和技术的专业技术人员，这不仅大大降低了网络信息安全的防护水平，而且也不利于网络安全技术在社会中推广普及。

（6）家庭、学校和社会的教育存在问题。家庭、学校和社会是对青少年进行教育的主要场所，这三类教育对青少年的成长都有重要的作用。如果这三类教育出现了问题，那么不但不利于青少年的健康成长，甚至还会导致其走上违法犯罪的道路。从目前的情况来看，青少年的家庭、学校和社会教育的确存在着一些问题，特别是网络出现以后,有关青少年的教育问题就显得更为严重了,青少年网民的网络不道德行为、甚至违法犯罪现象频频出现,这不得不让人们对其进行深刻的反思。

首先,在家庭教育中,虽然父母与孩子在一起共同生活,但父母对孩子缺乏了解,有些父母只忙于事业而忽视对孩子进行家庭教育,很少与孩子进行心灵上的交流、沟通,认为只要保障了孩子的物质需求就能给孩子带来幸福;甚至有些父母根本就没有尽到监护人的责任,出于溺爱心理,对孩子的不良行为视而不见,变相纵容孩子从事一些违法活动。因此,由于孩子们缺乏父母的关爱、家庭温暖,加上青少年时期的逆叛心理,他们便在网络中寻找能满足自己需要的温暖与刺激,这不仅导致了孩子们沉迷于网络,而且还会导致一些青少年违法犯罪现象的发生。与此同时,面对计算机网络这些新鲜事物,父母也不能正确引导孩子们去了解这些事物,只是强行禁止孩子上网,而没有通过正确的引导使孩子明白网络所带来的负面效应,即使孩子们利用网络进行学习,很多父母也因自身网络知识的匮乏,而无法担当起对孩子的网络教育责任,这样就使孩子在面对纷繁复杂的网络信息时茫然失措,甚至受到网络世界负面效应的诱惑而逐渐走向错误的道路。

其次,在学校教育方面,我们长期重视对学生的应试教育,而缺乏培养学生的综合素质,特别在道德教育方面更为松弛。即使在对学生进行德育培养时,也只是进行老生常谈的理论教学,缺乏德育学习的实践锻炼。同时,在进行德育教学时,大多只顾高道德目标的宣扬而忽视低层次道德目标的教育。在网络社会中,学校这种德育的培养方式形同虚设。由于缺乏对道德的实质性教育,不少学生经常在网络中实施各种有违社会道德的行为,甚至有时候他们还不知道自己的行为会给他人、社会带来危害。

最后，社会道德教育的失调。网络社会的到来，一方面，冲击了原有的社会伦理观念和道德准则，使其评价约束机制的作用大大降低；另一方面，网络社会的存在，也使各种具有不同文化背景的价值观念在网上交织碰撞，享乐主义、极端个人主义、道德相对主义也在此传播泛滥。由此可以看出，由于社会道德监督机制的破坏，某些负面价值观的盛行，加上社会道德教育的缺乏，形同虚设的社会公德宣传教育，多方面的负面因素导致了青少年在网络活动中的责任意识下降，易受不良价值观、人生观的影响，从而开始怀疑甚至否定传统的价值观，最终会出现网络道德行为失范的现象。

三、网络社会的网络道德建设

网络道德问题的产生特别是网络道德失范行为的频频出现，不仅妨碍了网民个人正常的网络社会生活，而且也破坏了整个网络社会的生产、生活秩序，并在一定程度上影响了网络社会正常发展的进程。从网络社会种种社会公共事件可以看出，大多负面社会现象的出现都是由网络道德问题而引起的，其原因正是由于传统的社会道德及其运行机制在网络社会中并不完全适用，而网络社会主体对网络道德建设又不够重视，以至于一些落后、低俗、腐朽、没落的思想价值观在网络社会中逐渐形成、扩散，导致网络道德失范现象频频出现，最终这些网络不良思想及网络失范行为影响了人们的身心健康，破坏了正常的经济秩序和社会秩序，甚至危害了国家改革发展的稳定大局。与此同时，随着网络技术的不断发展、网络社会化普及程度的提高，网络道德在网络社会生活中所起的作用越来越重要。所以，加强网络道德建设、增强网络主体的道德意识已成为网络社会发展的一项紧迫而长期的任务。

2007年1月23日,胡锦涛同志在中共中央政治局进行的第三十八次集体学习中,就加强网络文化建设和管理提出了五项要求:一是要坚持社会主义先进文化的发展方向,唱响网上思想文化的主旋律,努力宣传科学真理、传播先进文化、倡导科学精神、塑造美好心灵、弘扬社会正气。二是要提高网络文化产品和服务的供给能力,提高网络文化产业的规模化、专业化水平,把博大精深的中华文化作为网络文化的重要源泉,推动我国优秀文化产品的数字化、网络化,加强高品位文化信息的传播,努力形成一批具有中国气派、体现时代精神、品位高雅的网络文化品牌,推动网络文化发挥滋润心灵、陶冶情操、愉悦身心的作用。三是要加强网上思想舆论阵地建设,掌握网上舆论主导权,提高网上引导水平,讲求引导艺术,积极运用新技术,加大正面宣传力度,形成积极向上的主流舆论。四是要倡导文明办网、文明上网,净化网络环境,努力营造文明健康、积极向上的网络文化氛围,营造共建共享的精神家园。五是要坚持依法管理、科学管理、有效管理,综合运用法律、行政、经济、技术、思想教育、行业自律等手段,加快形成依法监管、行业自律、社会监督、规范有序的互联网信息传播秩序,切实维护国家文化信息安全。胡锦涛同志的这段讲话不仅对我国网络文化建设提出了明确的要求,而且也为我们加强网络道德建设指明了方向。从这五项要求中我们可以发现,要加强网络道德建设,真正提高网民的道德素质,建立和谐、有序、文明的网络社会,就必须从多方位加强网络道德建设。网络社会建设的实践也表明了,如果仅仅依靠某一方面的措施或对策来加强网络道德建设,是不可能达到预期的良好效果的。因此,只有综合运用多种手段来加强网络道德管理,才能保证网络社会的和谐稳定,才能提高网络主体的道德素质,才能净化网络社会的道德风气,从而保证网络社会良性、健康、可持续的发展。我们可以从网络道德的指导思想、网络道德的规范及网络主体自身的道德修养三个方面来进行网络道德建设。

(一)确立网络道德建设的指导思想

1. 以优秀的道德传统作为基础

　　网络道德是建立在传统社会道德基础之上的,许多优秀的道德传统也应当是网络道德建设的重要内容,特别是儒家文化道德中的精髓更是网络道德教育的宝贵资源。我们应该充分发掘和提升这些传统道德价值中的合理成分,把其吸收到网络社会道德规范和行为准则之中。在这些优秀的传统道德中,网络道德建设最需要去吸收的道德或道德观念主要有:一是"和为贵"的观念。现实社会需要和谐,网络社会同样需要和谐秩序、和谐关系。"和为贵"的思想观念对网络道德的建设也具有重大的现实意义。因为在网络社会中,网络活动的主体是来自世界不同的国家和地区的,人们的价值观念、文化传统、价值取向等都存在着很大的差异性,这就需要我们在处理网络社会中不同主体之间的关系时要强调"和"的重要性,求同存异,尊重各种不同文化的价值,按照和谐进步的发展方针来进行信息交流,这样才能保证网络生活的稳定。二是"慎独"的思想。网络社会健康有序、文明和谐的发展需要"慎独"的道德观念来保障。因为在网络社会中,网络主体的行为往往是缺少监督,也很难时刻被监督,行为主体可以自由进行网络活动。这样行为主体很可能做出一些有违道德的事情。而"慎独"思想则要求我们无论在何时何地,都要严格地要求自己的行为和思想,即使一个人在独处时也能控制住自己内心的意念,谨慎自己的行为,特别是要遏制那些有违道德的念头,防止那些不符合社会道德价值的行为发生。换句话说,"慎独"意念就是行为人在没有任何监督之下的一种自律性的表现。因此,网络社会就需要网络主体具有"慎独"这样的思想观念,在缺少监督的情况下也绝不做出违背道德的行为,这对网络道德的建设显得尤为重要。三是"仁爱"的道德。由于网络社会是一种新型的社会形态,网络用户可以在网络上匿名地、开放地、自由地来进行网络活动,这不免会产生很多网络行为之间的冲突及一些道德失范行为,而解决这些问题的关键还是在网络主体的本身。所以,最有效和最根本的解决方法是让网络主体树立起"仁爱"的道德观念,培养他们的爱心,让其做到"己所不欲,勿施于人"。

2. 以社会主义核心价值观作为主体

网络道德建设只有以社会主义核心价值观为主体,才能保持网络道德的社会主义先进性。《十八报告》明确指出:社会主义核心价值体系是兴国之魂,决定着中国特色社会主义发展方向。要"倡导富强、民主、文前、和谐,倡导自由、平等、公正、法治,倡导爱国、敬业、诚信、友善,积极培育和践行社会主义核心价值观。"建设网络道德体系必须以社会主义核心价值观为主体,使之成为全网络主体奋发向上的精神力量和团结和睦的精神纽带,把其融入网络道德建设的全过程,这才能使其体现出社会主义意识形态的本质,使其保持社会主义的先进性。

3. 借鉴他国先进的伦理思想

中华民族优秀的传统道德是我国网络道德建设的重要伦理根源,社会主义核心价值观是我国网络道德建设主要组成部分,然而互联网是超越时空界限的,它使得世界的每个区域都联系在一起,这种无国界、超地域的特性使得我们在构建网络道德时,不仅要坚持立足我国现实国情,而且还要坚持批判和吸收的原则,汲取他国优秀的伦理道德,学习别国先进的构建经验。互联网是来源于西方的,西方的基督文明赋予网络道德以丰富的内容,而且西方的各种道德资源也影响着世界范围内网络道德的建设。与此同时,西方国家尤其是美国,在互联网建设方面起步较早,且具有人才、资金和技术等方面的建设优势,在网络道德建设方面也取得了不少的成就,这里面有许多的成功网络建设经验是值得我们去学习、借鉴的,我们应以宽容的态度来学习他们成功的建设管理经验。

4. 加强对网络道德的理论研究

网络道德的建设不仅要在网络社会实践中来进行,而且还要在理论上来对其进行研究。通过对网络道德的理论研究,一方面,可以总结分析现行社会道德是否有利于网络社会的进步与发展,从而宣扬优秀道德,摒弃恶俗"道德";另一方面,可以用研究出来的理论成果来指导社会道德的实践活动。网络道德建设是一项全新的社会系统建设工程,迫切需要一套科学的道德理论来为其进行指导。因此,网络道德理论研究也是网络道德建设的一项重要任务,我们应以网络社会中所出现的道德问题为研究的切入点,深入分析网络道德问题出现的原因,联系网络社会活动实践,提出切实可行的解决道德问题的方法和措施,并形成系统的网络道德建设的理论,以理论来指导具体的网络建设实践。正如一个理论体系从产生到建立一样,网络伦理体系的建立既要与网络社会的背景和网络社会的需要等社会客观条件相联系,也需要人们主观的积极努力,不断提高自己的理论研究水平。因此,要加强对网络道德建设的理论研究,需要注重以下几个方面的工作:首先,我们应大力培养有关网络道德问题的研究型人才,把网络道德教育纳入伦理学教育中去,同时在一些机关团体、行业组织、科研院校成立专门性的研究组或研究所,专门研究有关网络道德方面的课题;其次,在具体的理论研究过程中,应长期指派专门工作人员对网络社会道德问题进行调研,收集整理道德问题;再次,对这些网络道德问题进行专题研讨,召开各类理论研讨会,请相关专家学者出席研讨,广泛征集各方的意见和解决问题的方案,并对这些方案的可行性进行论证,确定最终有效的解决方案;最后,应多开办专门性的期刊杂志或在其他刊物上开辟专栏,发表相关的研究成果,以扩大社会对网络道德的关注和认识,同时还能在大家的建议之中吸取宝贵的经验。在条件允许的前提下,还可以对这些理论进行整理并形成相关的立法建议,供有关机关进行立法参考。总之,必须在现有的基础上进行网络道德问题的理论研究,不断提高研究的层次和水平,使现有的网络道德理论的研究成果不断扩充,使现有的理论研究体系不断充实、完善。

(二)加强网络道德规范建设,健全网络道德规范体系

网络社会与现实社会一样,也需要有相应的道德规范,因为无论网络社会还是现实社会都需要在正常的秩序下运行。网络道德规范是人们在网络社会的生产生活中逐渐形成和发展的,是健康和谐的网络社会对网络主体行为所提出的要求,也就是网络主体在网络社会生活中应当遵循的行为准则。目前,无论网络社会还是现实社会都迫切需要加强网络道德规范建设。由于网络社会中出现的网络盗窃、网络诈骗、网络色情传播、网络侵犯知识产权、网络病毒传播、利用网络进行政治颠覆等网络违法犯罪的活动呈日益上升趋势,这些违法犯罪活动空前活跃、猖獗,不仅对网络社会的正常运行构成了威胁,而且也影响了现实社会的安全稳定。与此同时,传统的道德规范不但不能对所有的网络行为进行规制,反而是个别网络主体利用网络社会开放、互动、自由的特性,不断冲击、破坏这些传统的道德规范,这也使得加强网络道德规范建设日益迫切。此外,由于各国的国情不同、历史文化背景不同、生活习惯不同,这就使得不同的思想观念、宗教信仰、价值取向、风俗习惯及生活方式共同存在于同一个网络社会中,而且这些

不同的社会文化相互混杂交织在一起,最终导致网络社会混乱局面的出现,如文化冲突、道德冲突异常激烈,高尚的与卑劣的、进步的与落后的、科学的与反科学的、健康的与腐朽的同在,孰是孰非、孰真孰假,界限不清,难以正确判断,甚至被人颠倒对错、真伪、美丑与善恶。要解决这些纷繁复杂的网络道德问题,就必须统一我们的网络道德标准,健全网络道德规范体系。

网络社会道德是社会道德的一部分、一个子集,尽管与现实社会道德规范的适用范围不同,但网络道德规范的建设也必然要在社会道德的基础上来进行,网络道德的系统也要在社会道德体系的基础上来进行完善。而且,人们的网络行为性质是与现实社会中的行为性质在本质上是相同的,如在现实社会中,不杀人、不欺诈、不偷盗、不说谎等是人类保持文明性的最基本的道德底线,网络社会行为也应该遵守这最基本的人类道德底线。因此,网络道德规范的建设要以现实社会道德规范为参考,同时结合网络社会自身的特点来进行补充。当然,目前有关网络道德的行为规范,大多由行业内部的组织、高校、社会团体组织等来制定,它们制定的这些规范,涉及网络社会行为的方方面面,如电子信件使用的语言格式,通信网络协议,匿名邮件传输协议,这些协议有的制定得相当具体,甚至对字母的大小写、信息长短、主题、电子邮件签名等细节也都有详尽的规定。其中较著名的如美国计算机伦理协会所制定的"计算机伦理十戒",美国的计算机协会所倡导的八条伦理道德和职业行为规范,我国青少年网络文明公约的五点倡议,复旦大学的六点倡议等,这些有关网络道德的规范虽不具有很强的外部制约性或者根本就没有强制性,但对大多数网络主体而言,仍是必要的、有约束力的,最起码能根据这些规范辨别出哪些行为是对的,哪些行为是错的,哪些行为是允许做的,哪些行为是禁止实施的。

一般来讲,这些网络道德规范的内容主要有:不利用网络从事有损于国家和社会的活动;尊重他人的隐私权;不利用网络攻击他人;不散布虚假、色情等信息;不侵犯他人的知识产权等。在现阶段,我国关于网络道德规范的研究与建设才刚刚起步,还处在一个探讨期和实验期,但这些初步形成的网络道德规范将为我们今后的网络道德建设、为统一的网络道德规范体系的形成奠定基础。要注意的是,在完善网络道德规范体系时,我们不能笼统地不分类别地对所有的网络主体的行为进行统一抽象的规定,应该着重详细明确网络社会中各类行为主体的行为道德规范,包括入网者、站点、网络服务提供商、网络产品制造者、各级政府、网络团体及广大网民等,只有明确了不同的网络主体行为的方向,只有不断建立健全这些道德规范体系,才能使网络社会的道德建设走上良性发展的轨道,网络社会也才能正常有序地予以运行。

(三)加强网络主体的道德修养

网络技术的发明,网络社会的形成,都是人类社会发展到一定阶段的文明产物,这些文明成果是人类智慧的结晶,最终也都是为人类社会服务的。当然,人类不仅要享受网络文明的成果,也要积极地承担起维护网络文明的义务。为此,必须要提高网络主体自身的道德修养,使网络能够为全社会、全人类发挥积极向上的作用。网络道德建设最基本的问题和最核心的问题也就是要如何加强网络主体的道德建设问题。

1. 培养良好的网络道德意识

网络道德意识是在网络社会生活中逐渐形成的,对网络主体的网络行为起支配作用的意识,也是网络主体在实施网络活动时自觉遵守和践履网络道德规范的意识。一般来说,树立良好的网络道德意识一般要做到以下三点：第一，要求网络主体有维护整体利益的意识，即网络主体在实施网络活动时，应具有个体的利益服从或不损害网络社会整体利益的意识，其一切网络行为都要位居于网络社会整体利益之下，不得以任何借口把网络当成仅仅满足于自己需要的工具。网络主体维护整体利益的意识还要求网络主体具有强烈的社会责任感，积极地去承担社会责任，履行社会义务，当社会的发展需要改变其自身行为，或对其网络活动有所限制时，那么我们应对自己的行为做出适时的调整，以适应社会发展的需求。第二，要求网络主体有平等的意识。网络社会是一个人人平等的社会，每个网络主体都是网络信息和网络服务的生产者和提供者，也是网络信息和网络服务的使用者和享受者，每个网络主体在享受网络社会交往所获得的权利与利益时，也应承担网络社会所要求的义务和责任。网络主体之间的关系是相互的，如果想从网络交往的对方得到利益和便利，也应同等地给予网络对方等价利益和便利，任何人都不能用现实社会中的特权和地位获得特别的利益。当然，在给对方提供利益便利或有用信息时，不能提供一些垃圾信息或者有害于网络社会的信息，否则其行为都是违背网络道德的。第三，要有道德自律的意识。网络社会为人们的生活提供了广阔的自由空间，但网络主体在行使自己的自由权利时，存在不少行为冲突和失范的现象，在网络社会外在的监督机制还不够成熟的情况下，网络主体必须要有强烈的道德自律意识。只要具备了自律意识，即使网络主体在没有人提醒、监督的情况下，也能保持良好的道德风貌，保持严于律己的态度，从而自觉地去遵守、维护网络道德规范。

2. 学习、吸收传统的道德精华和社会主义核心价值观

网络道德修养是网络主体在一定道德思想指导下，在道德层面进行的自我教育与自我塑造活动。它使网络主体对道德规范的认知切

实转化为道德行为.即促使外在的道德规范内化为网络主体的内在的
自律准则,进而形成自觉、自律的行动。对于网络主体而言,要加强自
身的道德修养,就必须要学习和吸收传统的道德精华和社会主义核心
道德观。其一,是因为我国传统文化本身就非常重视和强调个人的道
德修养,个人要想达到至善的境界,就必须具有尚志、自讼、笃学、内
省、克己、慎独、力行等一系列的内在素养,传统道德中有许多优秀的
成分需要我们充分地去学习、吸收,如"集体至上"、"克己奉公"的社会
责任感和使命感,"兼爱兼利"的人际和谐原则,"自强不息"的刚健精
神与"厚德载物"的宽阔胸襟以及"修身自律"、"躬行实践"的道德修养
原则。通过学习吸收这些优秀的传统道德,我们可以不断反思自己的
言行,评价、调控自己的行为,完善自我的道德情操,形成高尚的网络
道德人格,提升自我的社会价值。其二,是由于社会主义核心价值观
是社会主义制度的内在精神和生命之魂,它决定着社会主义的发展模
式、制度体制和目标任务,在所有社会主义价值目标中处于统帅和支
配地位。没有社会主义核心价值体系的引领,构建和谐社会、建设和
谐文化就会迷失方向,网络道德的建设也将走入歧途。因此,只有加
大对社会主义核心价值观的学习吸收,才可以培育出具有马克思主义
的世界观、人生观、价值观,才能自觉抵制网络社会中各种腐朽思想的
侵蚀,树立起牢固的"精神屏障",锻炼出良好的道德意志,养成良好的
网络行为习惯。

3. 在实践中加强自身的道德修养

网络主体加强自身的道德修养不仅要树立正确的道德意识,吸收
优秀的道德精髓,而且还要把这些道德意识、道德认知、道德素养等转
化为具体的行动,一个人道德修养的高与低都是从一个人的具体行为
中体现的,第三人评价一个人道德高尚与否也是从他的行为是否得体

来判断的。所以,网络主体在实践中的表现也是提高自身道德修养的重要方面,最基本的要做到以下三个方面:首先,在提高自己的网络技术水平的同时也要提高自己的道德修养水平。网络技术是高速发展的新型技术,它的更新周期是非常短的,如果网络主体长时间不注意知识的学习与更新,那么很可能被网络社会所抛弃,跟不上网络社会的发展进程。同样,如果网络主体不能时时提高自己的道德水准,即使有再高的技术水平,那么也会被网络大众所唾弃、被法律所制裁,最终会被网络社会所抛弃。所以,网络主体在提高自身的网络技能时,也要提高自我的道德修养层次。其次,网络主体要从小事做起,注重防微杜渐。网络主体在实施网络活动时常常有这样的错误思维,认为自己只要不触犯网络法律,不造成他人财产的损害,就可以自由地行使网络行为。因此,个别网络主体仅仅是以检测自己网络水平或者纯粹是为了好奇的目的,经常在他人计算机系统上制造一些恶作剧,虽然没有破坏他人数据资料、窃取他人财产,但这种只坚守法律底线而不遵从道德规范的思想、行为都是极其有害的。最后,要坚决同不道德的行为作斗争。任何网络主体都是网络社会的一员,净化网络社会风气是每一网络主体的义务。当然,这更是一个严于律己、品德高尚的网络主体所义不容辞的责任,具有高修养的网络主体,不仅自身严格遵守网络道德规范,而且还能勇敢地同一切不道德的网络行为作斗争。无论是谁,只要其实施了不道德的行为,就对其进行抵制、反对、抗议及批评。网络道德建设需要我们每个网络主体的努力。套用马克思在《共产党宣言》里面的口号,我们也可以大声疾呼:"为了美好的Internet,全世界网民们,联合起来!"

郑 重 声 明

为保护广大读者的合法权益，打击盗版，本图书已加入全国质量监督防伪查询系统，采用了数码防伪技术，在每本书的封面均张贴了数码防伪标签，请广大读者刮开防伪标签涂层获取密码，并按以下方式辨别所购图书的真伪：

固话查询：8007072315

网站查询：www.707315.com

如密码不存在，发现盗版，可直接拨打13121868875进行举报，经核实后，给予举报者奖励，并承诺为举报者保密。